JN064789

フランスチーズのテロワール戦略
―風土に根づく新たな価値創出

フェルム・デュ・プチボルジェ Ferme du Petit Borgéのチーズ工房

水曜社

REPORT ❶

レポート ①

新規就農酪農家、フェルム・デュ・プチボルジェ

イタリアの国境に近いフランスのアルプス北部、サヴォワ県の小さな村ヴァロワールValloireで新規就農した酪農とチーズ加工、熟成、販売（フェルミエ産品）を行うカップルを紹介しよう。この村は本文でも紹介するモーリエンヌ広域行政圏の1つであり、人口は1,000人程度。ヴァロワールは戦後、リゾート地として発展した観光業を中心とした村となった。とりわけ冬季は、ファミリー層向けのスキーリゾートとして人気が高い。そのため、戦後は、酪農家も多く存在したが、現在は、4軒のみである。その1つの酪農経営を2021年に継承したのが、ここで紹介するジュリアンJulien DURAND-TALLOUTとクララClara MARTYだ。

彼らが継承した農場は、1900年代初頭に設立され、当時は牛と羊を飼っており、その後、1980年代に彼らの友人ベロBelotが継承している。ベロは、しばらく創業者たちと仕事をした後に、妻とパートナーを組み生乳の生産とチーズの製造を行っていた。彼が引退するため、農業者用のマッチングアプリで後継者を募っていたところに応募したのが、彼ら

1-1（上）フェルム・デュ・プチボルジェのチーズ工房の案内
1-2（右）売店の前ではまだ放牧にいけない子牛がいる。おっかなびっくりでエサをやってみる

ジュリアンとクララだ。

ジュリアンとクララは、サヴォワ県にある国立畜産農業学校ENIVLで、それぞれ酪農とチーズ製造業を学んでいた。ジュリアンの両親の事業（ワイン生産など）を継承するのではなく、酪農経営をすること決めた。2人はベロから経営を引き継いで、2021年4月にフェルム・デュ・プチボルジェFerme du petit borgéを開業した（1-3）。

乳牛80頭（タリーヌ種）、雌ヒツジ40頭（トーヌ・エ・マルド種、サヴォワ地方の希少種）を飼育している。夏の80頭の乳牛は冬には36頭となり、未経産牛は隣のイゼール県に預けられる。250haを経営しているとはいえ、所有地は2haのみでほとんどはコミューン所有のアルパージュ面積であり、冬場の干し草を作るための面積は少ない。夏期、7月から10月には、ボーフォール・デテd'Été AOP Beaufortの生産

1-3（左上）
放牧の様子1
1-4（右上）
放牧の様子2
1-5（左）
搾乳にきたジュリアン

のために生乳を地元の酪農協（Coopérative dé la Chambre、組合員数22人）に出荷している。生乳は合計22万ℓ／年（13.5ℓ／頭／日）で、ボーフォールの農協への出荷以外の生乳はすべてチーズに加工して販売している（一部はヨーグルト）。

製造しているチーズは、トム、ラクレット、大型チーズ。価格は、2021年冬の時点で、トムが17.5€／kg、ラクレットが19.40€、大型チーズが21.50€／kgである。ヨーグルトは、1人分のカップ入りで約1€／個（ナチュラルとジャム8種類）。いずれの価格も、同じ村内にあるボーフォールチーズの酪農協が直営しているチーズ屋よりも割高であるが、直売所ということもあり、ヴァカンス期の人気店となっている。夏期は、クララの妹や母親が販売の手伝いに来ているため働き手が増えるが、基本、2人で経営をやりくりしている。

彼らの夏の1日の流れとして、ジュリアンは朝3時に起き、トラックでアルパージュの牛の群れに向かい、搾乳を行う。搾乳は、移動式搾乳機で行う（1-6、1-7）。トラックは、アルパージュの家畜群にあわせて横づけして

1-6（左上）搾乳の時間が近づくと自ら移動式搾乳機に集まってくる
1-8（左下）搾乳後にトラックで組合に運ぶ
1-7（右上）搾乳後の表情がさわやかに見える
1-9（右下）スキーゲレンデの一部で干し草を刈る

いる。時間になると牛のほうでも搾乳をしてもらいに集まってくる。搾乳の後、酪農協同組合に生乳を届ける。これを朝夕2回行っている。組合での生乳の買取価格は一律ではなく、品質によって価格が異なる。組合では脂肪分や細菌の数が検査され、買い取り価格が決定する。彼らの生乳は、最も高く買い取られる高品質な牛乳である。また彼は平場の経営の付近で冬の餌となる干し草を作っている。

クララの午前中の仕事は、チーズ、ヨーグルト作りである(1-10〜1-13)。午後から夕方は、工房に併設した店舗でチーズを販売する。この店舗では、地元の加工品(ジャムやワイン、ソーセージなどの肉製品)なども扱っており、近隣の生産者のつながりの場にもなっている。店舗販売の他に卸先としては、地元のレストラン、チーズ店、地元産品を販売している小売り店などである。また金曜日の午前中は、村の中心広場で開催しているマルシェにも参加している(1-14)。

このようなパートナーとの仕事の役割分担は伝統的なあり方だという。

このマルシェは地元の生産者や小売店のみが出店しており、ヴァカンス中の滞在客はそこでの買い物を楽しむ。

とりわけ冬季のヴァカンス、スキーを楽しむ客層は富裕層が多く、少しばかり高価なチーズでも十分に販売可能で、生産者直売経営が成り立っているようである。このカップル

1-10
チーズを作るクララ

1-11
チーズの型に入れる準備

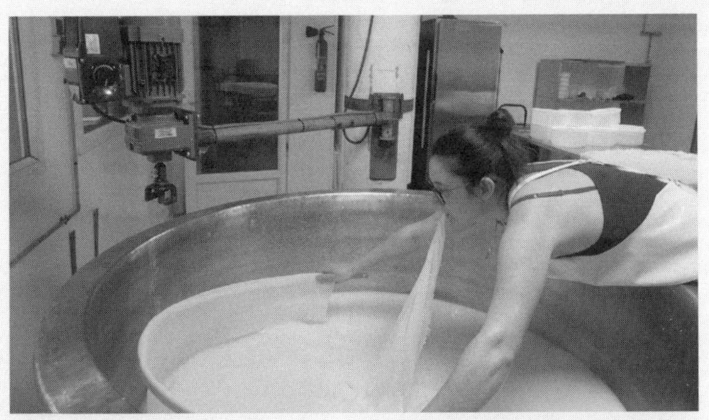

1-12
チーズを型に入れて整える

1-13
朝のチーズ作りが一段落すると工房の隣りの売店でチーズを販売する。開業後あっという間に顧客が増えた

の生産するチーズやヨーグルトは生乳の加工、熟成、販売まで酪農家が行っている、フェルミエ産品である。彼らのチーズは地理的表示産品（AOPやIGP）ではない。フェルミエ産品を通じた、生産者と消費者の近しさによる高付加価値化も、経営および地域資源の経済的、環境的な持続性を確保させてくれることを、このプチボルジェの経営は示してくれる。

同じサヴォワ地方でもボーフォールではフェルミエタイプは極めて少ない。というのも、ボーフォールの製造は伝統的にチーズ組合（フリュイティエール）が担ってきたからだ。山岳地帯は、経営面積も小さく、消費地域から離れていたため、保存性を高めるために大型で硬質のグリュイエールタイプのチーズにする必要があったと言われている。大型チーズを製造するには、多くの生乳と長い熟成期間、そして製造技術が必要である。後述するように、アルパージュでボーフォールチーズを生産する酪農家、放牧集団もあるが、山岳地帯の小規模農業者自らが大型チーズを作るのは技術的に困難なため、毎日、酪農協に牛乳を出荷することで生計を立て、チーズの加工、熟成、販売は組合が担った。プチボルジェの経営もこのように、夏に酪農協に出荷している。農協はこれらの牛乳で通常のボーフォールより高価なボーフォール・デテを製造する。

近年ボーフォールの小型版のように捉えられるアボンダンスチーズAOPは、フェルミエタイプ（農家製）、直売が発展している。

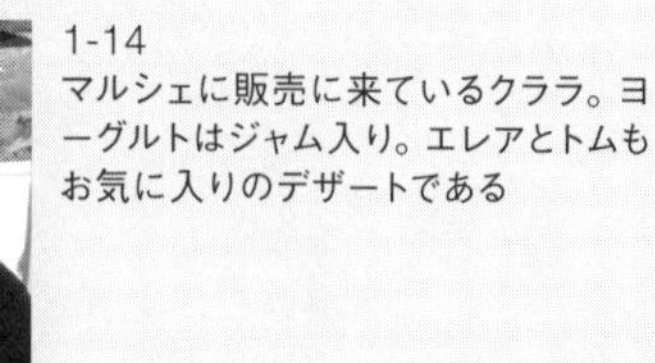

1-14
マルシェに販売に来ているクララ。ヨーグルトはジャム入り。エレアとトムもお気に入りのデザートである

まえがき

本書は、主としてフランスAOPチーズを通じた農村地域振興について、翻訳を中心にいくつかの論文をとりまとめたものであり、内容も多岐にわたる。章はそれぞれ独立しているので、読者はどの章からでも読み進めることができるし、関心のある章だけを拾い読みすることもできるであろう。

本書の構成は以下の通りである。

第1章はフランスの山岳地酪農とAOPチーズについての全般的な統計的分析と、山岳の酪農地帯、とりわけアルプス北部における夏季放牧（アルパージュ）についての具体的な仕組みの紹介である。ボーフォールのアグロ・パストラル・システムについて詳しく論じている。フランスの山岳地帯の酪農についての詳細な研究としては是永（1998）があり、須田（2020）はより最近の動向と、コンテチーズとカンタルチーズを比較して、AOPチーズによる付加価値向上のメカニズムにも大きな違いがあることを示している。

第2章ではフランスの農業普及の歴史についての研究を概観し、チーズのようなテロワール産品がどのように構築されてきたかを論じている。フランスは戦後、1960年の農業基本法を通じて農業近代化を積極的に推進したが、山岳地帯の酪農部門では平野部でできたようには機械化による生産性向上は不可能であった。おりから進んでいたスキーリゾート開発もあり、アルプス北部の酪農経営者は、夏はアルパージュでのチーズ作り、冬はスキー場での兼業を行ってきた。今でも、この地域の酪農家の半分はスキー場での勤務との兼業を行っている。1960年代にボーフォール生産地帯に勤務する農業普及員は国の推進する農業近代化に抵抗して、地域の酪農家や地方公共団体と連携して、ツーリズムと酪農経営を結合させることでテロワール・チーズを作り込んだのである。

第3章は、フランスを代表する農業経営学者の1人であるフィリップ・ジャンノー氏（クレルモンフェランにある農業畜産大学VetAgroSup教授）の書物を編成し直して、経営学理論を大幅に割愛して翻訳してある。コンテの価値共創メカニズムについて詳細に説明し、イタリアのパルミジャーノ・レッジャーノ、ドイツのアルゴイアー・エメンターラー、スイスのグリュイエール・スイス、スペインのケソ・マンチェゴ、フランスのカンタルが比較されている。それぞれのチーズについて、フィリエール（バリューチェーン）の各段階での価格設定や報酬については、数字も細かく、仕組みも煩雑であり、一般の読者は読みづらいかもしれないが、酪農団体や乳業、行政の関係者には関心を持ってもらえると思う。

第4章は、やはりフランスを代表する農業地理学者のC.デルフォス氏（リヨン第2大学教授、農村研究部LER部長）の論文の翻訳である。フランスのAOC（現在AOP）チーズが、それまでワインのみを管轄していた国立原産地呼称機関INAOに1990年に統合され、INAOが、有機農産物を含むすべての公的品質表示産品を管轄するようになった。その際、チーズにおけるAOC申請登録にどのような変更がなされ、翻ってINAOの運営にどのような修正がもたらされたかが論じられている。

第5章はこのデルフォス教授とその下で博士号を取得したピエール・ル・ガル氏の共著論文の翻訳である。ヴォージュ地方の「バルカス」というチーズと、オート・ロワール県の「ダニ熟成チーズ」という、低山地帯の2つの「忘れられた」チーズが取り上げられている。「忘れられた」というのは、農業近代化からも、文化遺産的高付加価値化からも取り残され、地理的表示保護の対象となってはいないものの、それでも、維持され、一定の成功を収めているからである。国内外の富裕層による、テロワール産品への需要に基づいた付加価値向上とは異なった、地産地消的で連帯経済的な地域振興を構想する際のヒントになるであろう（須田、2022）。

編者の1人である森崎は和菓子の食文化を通じた地域振興を研究対象としてきた（森崎、2018）。フランスのアルデシュにおける栗の食文化と景観を通じた農村振興などへと研究対象を広げ（森崎・須田、2022）、科研費国際共同研究（A）の支援を得て、デルフォス教授の下、リヨン第2大学で研究する機会をいただいた。1年間（2021～22）のリヨン滞在で、本書に登場するチーズの産地や生産者を現地で取材し、レポートという形で記録した。最前線でチーズに接する彼らからは大変な刺激を受けた。改めて感謝したい。なお、尊称、敬称は基本的に略させていただいた。現場の実例として読者の方には、堅苦しくなく読んでいただければと思う。新型コロナ禍やウクライナ紛争の先行きがなお見通せないなか、どのような食料システムが萌芽しようとしているのかを解明するには時期尚早であろう。本書では、牧草やアルパージュ、ツーリズムといった多様な資源を活かした地域振興について多くの示唆を読み取っていただけると思う。

参考文献

是永東彦（1998）『フランス山間地農業の新展開：農業政策から農村政策へ』農文協

須田文明（2022）「テロワール産品を通じたルーラル・ジェントリフィケーション」、木村純子、陣内秀信編著『イタリアのテリトーリオ戦略』白桃書房

須田文明（2020）「フランスの山岳地酪農における高付加価値化の条件：AOPチーズ、カンタルとコンテの比較から」『カントリーレポート』農林水産政策研究所、https://www.maff.go.jp/primaff/kanko/project/attach/pdf/200331_R01cr01_03.pdf

森崎美穂子（2018）『和菓子：伝統と創造』水曜社

森崎美穂子、須田文明（2022）「フランスにおける食の文化遺産化：栗の食文化に見る地域振興と文化政策」『文化政策研究』第15号, pp.88-101.

『フランスチーズのテロワール戦略——風土に根づく新たな価値創出』 目次

※本文中の敬称は省略した。

【初出一覧】

第1章および第2章書き下ろし。
第3章
P. Jeanneaux（2018）Stratégies des filiéres fromagéres sous AOP en Europe, QUAEから、第3章および第4章を抄訳。
第4章
Delfosse, C.（2015）“L'intégration à l'INAO d'un autre secteur AOC développé: les produits laitiers”, Wolikow, S., Humbert, F.（dir）*Une hisotire des vins et des produits d'AOC: l'INAO, de 1935 à nos jour.*, Editions universitaires de Dijon, pp.161-180.（抄訳）
第5章
Delfosse, C., Le Galle, P.（2018）“Des fromages locaux〈oublié〉ou maintenus dans des réseaux locaux（1950-2015）: Analyse de la trajectoire de deux fromages de moyenne montagne: le Bargkass et le fromage aux artisous”, Marache, C., Meyzies, P., Villeret, M.（eds）*Des Produits entre Declin et Renaissance（16e-21e siècle）*, Peter Lang, pp.53-69.（抄訳）

【凡例】

INAO：国立原産地呼称機関
AOC：統制原産地呼称
ANAOF：全国チーズ原産地呼称委員会
DDAF：農業省県出先機関
CNPL：乳製品全国委員会
FNAOC：全国統制原産地呼称連合会
CNAOF：全国チーズ原産地呼称協議会
CNAOL：全国乳製品原産地呼称委員会
DSA：農業サービス局
CETA：農業技術研究センター
FNSEA：全国農業経営者連合会
AGPB：小麦生産者総連合会
ANDA：全国農業普及協会
FNGVA：全国GVA連合会
FNCETA：全国CETA連合会
EGDA：農業普及総会
GIDA：広域行政連合農業普及集団
PPT：地域パストラルプログラム
CETA：先進的普及集団
GPA：農業生産性集団
DDA：農業省県出先機関
GDA：農業普及集団
PDO：保護原産地呼称
PGI：保護地理的表示
CNIEL：全国酪農経済業種センター
ODG：保護管理機関
CCCAP：協同組合連合会
UCFFC：フランシェコンテ、フリュイティエール協同組合連合会
CIGC：コンテ・グリュイエール業種委員会
MPNC：国内コンテ加重平均
MPN：粗全国加重平均価格
SICA：農業集団利益法人
GAEC：共同経営農業集団
FNAOP：全国原産地呼称連合会
IPG：グリュイエールインタープロフェッション
CFPR：パルミジャーノ・レッジャーノ・チーズ・コンソルツィオ
CRDOQM：ケソ・マンチェゴ原産地呼称調整委員会

第1章
フランス山岳地酪農の地域資源活用

1. はじめに

フランスの山岳地帯は、酪農経営における生乳生産割当（クォータ）制度（1984～2015年）から恩恵を受けてきた。1970年から1985年の間に全国の生乳出荷量が38％増加したのに対して、山岳地帯の増加率はその半分ほどであった。ところが1984年から2000年にブルターニュとペイ・ド・ラ・ロワールの出荷量が15.6％減少したのに対して、山岳地帯では1.7％増加している（Dervillé, et al., 2012）。クォータ制度は全国に均衡ある酪農生産を維持するという効果を持っていた。クォータ制度の廃止に伴って、山岳地帯の酪農生産が減少するのではないかと懸念されている。

本章ではフランスの山岳地帯の酪農乳製品分野で、生産コスト削減以外での競争力向上のメカニズムについて解明を試みる。フランスでは多くの乳製品、とりわけチーズは地理的表示を取得しているが、地理的表示を取得するだけでは必ずしも生産者の所得の向上につながっていない（須田、2020）。ここではフランスの酪農部門における近年の動向を概観したうえで、地域に特徴的な地理的表示産品（AOPチーズ）が農業生産者の所得向上をもたらすための条件について整理する。

2. フランスの山岳地酪農の特徴

(1) フランス農業と酪農部門の全般的動向

2020年農業センサスによればフランスの農業経営数は38万9,000戸であり、2010年（49万戸）より21％減少した一方、平均経営面積は69haで10年前の55haより25％増加している（Agreste, 2021）。有機農業経営は4万7,091戸で経営全体の12％を占め、2010年の4％から大きく増加している。耕種専門経営は11万2,000戸で10年前から3,100戸減少しただけであるのに対して、乳牛専門経営は3万5,000戸で1万3,000戸減少し、肉牛専門経営も1万5,000戸減少して、4万8,000戸となった。平均経営面積は耕種部門87ha、乳牛106ha、肉牛85haである。近年の穀物価格の高騰を受けて、それが可能な地帯での家畜経営から穀物経営への移行が見られる。畜産部門から穀物部門への移行は不可逆的であり、いったん酪農生産から穀物生産に移行すれば、施設の観点からも再び畜産に戻ることは困難であろう。穀物生産の場合、そのバリューチェーンにかかる雇用は、酪農産品の生産および加工にかかるそれよりかなり少なく、穀物専門経営への大規模な転換は地域振興の観点からも問題があろう。

フランスにおける牛の生乳出荷経営（酪農経営）や生乳生産量の動向を示しておこう（以下の数値はCNIEL,2022による）。1990年から2020年へと酪農経営は20万8,000戸から5万289戸に76％減少しているのに対して、全国の搾乳牛頭数は530万3,000頭から340万頭に36％減少している。こうした酪農経営の集中により経営あたり平均頭数は25.4頭から67.6頭へと増加している。平均経営面積でも2000年の63haから2020年の97haへと増加しているのである。また搾乳牛1頭あたりの年間生産量は2000年の5,358ℓから2020年の7,071ℓへと増加している。飼料効率（飼料1kgで何kgの生乳を生産できるか）の良い牛の育成は今後も、SDGsの観点からもいっそう促進されることであろう。

(2) 酪農経営の州別割合

こうした酪農経営の州（レジオン）別の特徴を示せば図表1-1のようである。生乳出荷量は特定の州に集中している。すなわち大西部（ブルターニュとノルマンディー、ペイ・ド・ラロワール）と、フランス北部のオー・ド・フランス（とりわけアミアン市や北部海岸沿い）である（FranceAgriMer, 2019, p.9）。オーヴェルニュ=ローヌ・アルプ州は経営数は多いものの、生乳出荷量はそれほど多くない。小規模経営が品質差別化（AOPチーズなど）により安定的に生産を維持している姿がうかがえる。

他方、南西部ヌーヴェル・アキテーヌ州の作物と酪農の複合経営地帯では経営数が著しく減少し、酪農から作物専門経営への転換が進んでいる。元々この地帯はトゥールーズを中心とした都市地域への飲料用の生乳を供給していた地域であり、量販店が飲料乳を安売りの目玉商品としていたために、生乳価格も低迷し、酪農からの転換が顕著である。2000年から2020年に全国で酪農経営が58％の減少にとどまっているのに対して、ヌーヴェル・アキテーヌ州では74％、南部オクシタニー州は68％の減少が見られる。こうした背景においてオクシタニーのジェルスGers県では、ダノン社が地域での生乳集荷を中止するという。生産者の減少に歯止めがかからず、集荷コストが増大する一方で、植物飲料（オート麦飲料、アーモンド飲料など）の需要が増加しており、こうした産品の製造に舵を切ることになったのである。また南東部プロヴァンス・アルプ・コートダジュール州や、パリを含むイル・ド・フランス州の酪農経営はきわめて少ない。

州	経営割合	出荷量割合	変化率（2010-2020）
オーヴェルニュ＝ローヌ・アルプ	16.1	10.3	-0.7
ブルゴーニュ＝フランシュ・コンテ	8.2	6.8	+9.2
ブルターニュ	19.8	22.6	+10.1
サントル＝ヴァルドロワール	1.4	1.8	-3.1
グラン・テスト	8.3	9.7	+7.3
オー・ド・フランス	8.9	9.8	+10.2
イル・ド・フランス	0.1	0.2	-8.9
ノルマンディー	14.1	16.0	+11.6
ヌーヴェル・アキテーヌ	4.6	4.2	-30.8
オクシタニー	4.3	2.8	-25.2
ペイ・ド・ラロワール	13.8	15.8	+11.0
プロヴァンス＝アルプPACA	0.2	0.1	-38.1
フランス全体	100	100	+4.6

図表1-1 州別の酪農経営数、出荷量の割合と出荷量変化率（2020年,%）　出典：CNIEL, 2022より筆者作成

（3）フランスの特徴的な酪農システム

フランスの畜産研究所Institut de l’Elevage（Idele）は特徴的な酪農システムを区分して、それぞれの経営の経済パフォーマンスを公表している（Idele, 2022）。これはIdeleと全国農業会議所の共同運営になる酪農経営普及ネットワークInosy-Réseaux d’élevageに加盟する450経営の経営状況を示している。これらの経営は優良経営であり、通常の農業簿記会計ネットワークRICAの職業的酪農経営よりも高い経済パフォーマンスを示している。例えばRICAの酪農経営所得の平均2万€に対してこれらは3万€である。必ずしもフランス酪農経営の実態を正確に反映するものではないが、多様なフランス酪農システムをうかがい知ることができるので以下にまとめておこう。

酪農（標本数）	働き手UMO（人）（うち経営者）	面積（ha）	搾乳牛（頭）	平均出荷量（1.000ℓ）
平野部酪農専門経営89	2.45（1.87）	133	94	749
平野部乳肉37	2.65（2.1）	163	102（肉牛65）	753
乳牛と販売作物47	2.74（2.02）	210（うち販売作物135）	86	718
東部山岳酪農25	2.39（2.15）	104	65	404
南部山岳山麓57	2.04（1.89）	97	66	487
平野部有機39	2.27（1.64）	134	83	429

図表1-2 特徴的な酪農システム（2021年） 出典：Idele, 2022より筆者作成

注：経営が法人の場合、経営に従事する経営者が複数人いることになる。

平野部の酪農専門経営はブルターニュをはじめとして全国に散らばっており、平野部の乳肉牛複合経営は北西部と北東部の経営で、肉牛も65頭（大家畜単位UGB）飼養している（図表1-2）。乳牛と販売作物の複合経営は135haの作物を経営しているため、耕種作物の価格上昇を反映して2021年の経営所得が大きく向上し、経営者1人あたりの所得が5万€を超える。もっとも穀物相場が極端に低迷している2016年のように、経営所得は穀物相場に大きく左右される。東部の山岳酪農はアルプス北部のサヴォワ、オート・サヴォワ、ジュラ山脈のドゥー、ジュラの各県である。南部山岳山麓地帯はマッシフ・サントラルとピレネー山脈の経営で、酪農経営所得は構造的に低迷している。平野部の有機酪農の面積は慣行的経営と同規模であるが、投入物の制約から出荷量が少ない。また近年有機生乳価格の低迷もあり、経営所得の向上が鈍化している。

経営者1人あたりの平均所得の動向は図表1-3の通りである。

	1.平野	2.乳肉	3.乳・作物	4.東部山岳	5.南部山麓	6.平野有機
2021	36,200	35,900	50,800	32,400	16,000	27,300
2020	30,800	32,900	35,300	31,200	17,300	32,400
2016	15,900	12,700	7,800	25,400	13,300	31,100
2011	30,100	33,400	47,200	23,300	19,200	23,200*

図表1-3 経営者1人あたり所得（€） 出典：Idele, 2022より筆者作成

*平野有機は2013年のデータ

2021年の生乳価格を示せば以下の通りである。すなわち平野部の非有機の慣行的生乳価格は380€／1,000ℓで、南部山岳地帯マッシフ・サントラルで390€、有機生乳466€、東部山岳酪農でAOPチーズ向け生乳価格665€である。たとえ東部山岳酪農のように、高価なAOPチーズに向けて高い乳価が得られるとしても、経営規模の狭小さのために、必ずしも平野部の集約的酪農よりも高い経営所得が得られるわけではない。

3. 地理的表示によるチーズの付加価値向上

(1) 酪農における地理的表示産品

フランスで生産される牛の生乳の用途として、チーズへの加工が33％、バター19％、乾燥成分20％、飲料乳10％、ヨーグルトやデザート11％、クリーム8％となっている（Idele, 2022）。チーズが圧倒的に多いことがわかるであろう。本書で山岳地帯の酪農製品の高付加価値化の事例としてAOPチーズを取り上げるのも、こうした事情による。フランスには地理的表示の一類型である保護原産地呼称（AOP）の乳製品（羊と山羊を含む）が51存在しており、うち46がチーズで、3つがバター、2つがクリームである。製造企業によるAOPチーズ出荷額は2020年において22億€であり、これらの企業の消費者向け製品（B to B製品を除く）の販売額全体の13.9％を占めている。またAOPチーズはチーズの販売量の15.8％を占めるが、チーズ販売額の27.4％を占めている。量販店でのAOPチーズの平均価格は14.99€／kgであるのに対して、非AOPチーズは8.99€である（CNAOL-INAO, 2021）。

2020年に地理的表示産品（AOPとIGP）向けの生乳出荷経営（牛と羊、ヤギを含む）は1万6,285戸で、フェルミエ（農場産）生産者1,307戸である。これらの産品の加工事業所は378、熟成事業所は228ある。牛の全国生乳出荷量の11.4％がAOPに加工されている（CNAOL-INAO, 2021）。2017年で、この品質表示を認定されている経営の平均出荷量は365.5㎘である（全体平均では424㎘）。これらの経営の多くは小規模で、その51％は出荷量300㎘以下であり、75％は500㎘以下である（FranceAgriMer（2019, p.20））。

地理的表示産品に加工される生乳を生産する酪農経営の半分以上（55％）は山岳地帯に属し、そのうち55％はマッシフ・サントラルに、アルプスとジュラ山脈にそれぞれ20％が存在する（図表1-4）。生乳生産量で見ると、これら山岳地帯の経営のシェアは39％にとどまり、その平均出荷量は258.7㎘である（平野部は497.2㎘（FranceAgriMer, 2019, p.21））。2020年で酪農経営数3,270を数える、フランス最大の西部のブルターニュ州の酪農県のイル・エ・ヴィレーヌ県（図表1-4の県番号35）の経営の平均出荷量は536㎘であるのに対して、カンタルチーズを産出する、オーヴェルニュ=ローヌ・アルプ州のマッシフ・サントラルを擁するカンタル県（県番号15）は1,274戸、256㎘、ブルゴーニュ=フランシュコンテ州のジュラ山脈を擁するドゥー県（同25）は1,872戸、331㎘、同ジュラ県（同39）は901戸、372㎘である。アルプス北部のアボンダンスやルブロションのAOPを産出するオート・サヴォワ県（同74）は770戸、323㎘で、同地帯のボーフォール・チーズを産出するサヴォワ県（同73）は565戸で、生乳出荷量は206㎘でしかない（CNIEL, 2022, p.39）。

図表1-4
フランスの山岳酪農地帯
出典：Senat（2014）Rapport d'Information, No.384, p.12

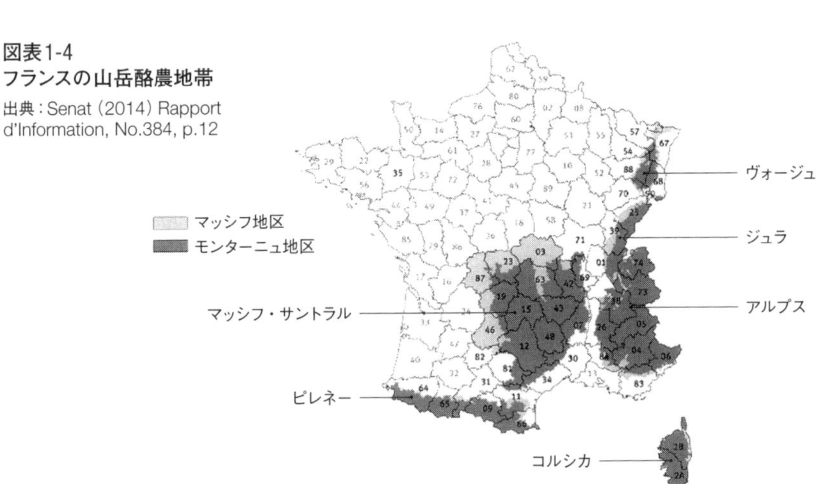

図表1-5は、州別の生産者数と出荷量、地理的表示GI産品向けの生乳生産者数と出荷量のそれぞれの全国に対する割合を示す。平野地帯ではGI産品向けの酪農経営はノルマンディーやペイ・ド・ラ・ロワールに集中している。

この表は行政区分であるため、必ずしも山岳地帯区分とは一致しないが、マッシフ・サントラルとアルプス北部を含むオーヴェルニュ=ローヌ・アルプ州は生乳生産者シェアが17％ほど、生乳出荷量シェアは11％ほどでしかないものの、地理的表示生産者の36％、当該生乳出荷量の24％を占めている。ジュラ山脈を含むブルゴーニュ・フランシュコンテ州の重要さもうかがわれる。

	出荷者数全体	出荷量全体	GI出荷者	GI出荷量
オーヴェルニュ・ローヌアルプ	16.6	10.5	35.9	24.1
ブルゴーニュ・フランシュコンテ	7.7	6.7	17.2	15.8
ブルターニュ	19.7	22.4	-	-
グラン・テスト	8.4	9.5	9.6	13.3
オー・ド・フランス	8.5	9.4	1.0	1.6
ノルマンディー	13.8	15.6	8.9	11.3
ヌーヴェル・アキテーヌ	5.0	4.8	11.0	13.4
オクシタニー	4.6	3.1	8.8	7.0
ペイ・ド・ラ・ロワール	13.8	15.9	6.5	11.8

図表1-5 地理的表示GIチーズの州別割合（%）
-それぞれの州の全国に対する割合（2017／18）-

出典：FranceAgriMer（2019），p.21。

注．酪農生産が活発でないイル・ド・フランス州など3つの州は割愛してある

（2）AOPチーズの多様性と生産動向

フランスで消費されているAOPチーズについて大まかなイメージを得るために、カンター家計消費パネルに基づいたデータを紹介することにしよう。Ngoulma Tang（2017）によれば2008年から2010年の間に、フランスの家計によるチーズの購入頻度で最も多いのは標準的エメンタール・チーズの47万1,538回で、次いで標準的カマンベールの24万776回が続く。AOPチーズではコンテチーズの7万4,342回が最も多く、ついでロックフォール（羊乳）の5万9,272、ルブロションが2万2,275回、カンタル2万1,902回、モルビエ1万5,225回、サン・ネクテールの1万2,940回、ブルー・ドーヴェルニュ1万2,241回等となっている。また同じ期間でのエメンタールの平均購入価格が1kg当たり7.37€に対して、コンテ11.92€、カンタル9.62€である（Ngoulma Tang, 2017, p.118）。

図表1-6では牛の生乳を原料とする主要なAOPチーズの生産量の動向と

2010年から2020年の増減率を示しておこう。ここでは本書に関連するAOPチーズを主として掲載してある。ここに示されるように、オーヴェルニュ地方（マッシフ・サントラル西部）のAOPチーズは、サン・ネクテールを除き、カンタルやブルー・ドーヴェルニュ、マンステールなどは顕著に生産量を減少させているのに対し、ジュラ山脈はコンテをはじめ、モルビエ、モン・ドールなど、生産量を顕著に増加させている。アルプス北部のオート・サヴォワ県のルブロションやアボンダンス、同地帯のサヴォワ県のボーフォールも安定的に生産量を維持している。それぞれの地域のAOPチーズ地帯は重複していることが多く、需給動向に応じてルブロションからアボンダンスへと（あるいはその逆）生乳の仕向先を柔軟に変更させることで、当該チーズの値崩れを回避し生産振興を行っている。

フランスのチーズは、その製造方法により、ブルー・ドーヴェルニュやフルム・ダンベールのようなブルー・チーズ（pates persillees）と、ブリー・ド・モーやカマンベール・ド・ノルマンディー、モン・ドール、マンステールのような白カビチーズ（pates molles）等と分類される。本書が取り扱うのは、コンテやボーフォール、アボンダンスなどの加熱圧搾チーズ（PPC）と、ラクレットやカンタル、ルブロション、モルビエ等の非加熱圧搾チーズ（PPNC）である。PPC産品では3つの大規模乳業グループ（SodiaalとLactalis, Laïta）で全国生産量の69.9％を、PPNCではSodiaalとBel、Lactalisで44.0％を占めている。州別の生産量ではPPCではブルターニュ州が全国生産量の37.5％を、オーヴェルニュ=ローヌ・アルプ州が4.8％を占めるのみである。他方、PPNCではブルターニュ州は生産量の11.5％を占めるのに対して、オーヴェルニュ=ローヌ・アルプ州が32.9％を占めている（FranceAgriMer, 2021）。PPCで集約酪農のブルターニュ州が多くの生産シェアを誇り、また大規模乳業のシェアが高い。

チーズの種類によるこうした地域別特化は、PPCチーズの1つである標準的なエメンタール・チーズの生産の移動によるところが大きい。上述のように標準的なエメンタール・チーズはフランスの大量生産大量消費型の典型的チーズであり、2020年に生産量が25万7,757tで、同種のPPCチーズであるAOPコンテの6万7,000tを大きく引き離している。Calvez（2005）によれば、

1970年でエメンタールの生産量は、旧シャンパーニュ・アルデンヌ州（現グラン・テスト州）が16.5％で、旧ローヌ・アルプ州30％、旧フランシュ・コンテ州33.2％であり、これらの東部の州で全体の80％ほどを占めていた。それに対しブルターニュ州は0.6％のみで、ペイ・ド・ラロワール州でも3.1％でしかなかった。しかし2001年にはブルターニュとペイ・ド・ラロワール州だけで68.8％を占めるに至り、ブルターニュ州だけでも43.3％を占めている。2001年にEntremont社（2011年にSodiaalに買収）の同チーズ生産量6万7,000t、ラクタリス6万5,000tの他、2つの農協Unicopa（2万7,000t）、Coopagri（1万4,000t）で生産量全体の68.8％を占めている。

他方、かつてのエメンタールの生産地帯であったフランシュ・コンテ州では1988年の4万2,615tから2000年に2万7,128tへと36.3％減少したのに対し、AOCのコンテチーズは3万3,973tから4万7,138tへと38.8％増加し、モルビエも2,669tから5,198t（+84.8％）へと、モン・ドールも419tから3,079t（＋634.8％）へと増加している。ローヌ・アルプ州のオート・サヴォワ県はアボンダンスとルブロションを、サヴォワ県はボーフォールを増大させている。このように平野部の集約的な酪農生産地帯であるブルターニュが標準的エメンタールへと転換したのに対して、フランシュ・コンテ州やローヌ・アルプ州ではAOCチーズの転換がなされることになったのである（Calvez, 2005）。

	1985 (1986)	1990	2010	2020	2020/2010
アボンダンス	200	200	2,008	3,497	74%
ボーフォール	1,870	2,800	4,800	5,040	5%
ブルー・ドーヴェルニュ	7,096	8,284	5,780	4,762	-18.2%
カンタル	17,866	16,046	14,161	10,538	-26%
コンテ	36,258	35,336	47,670	64,500	35%
フルム・ダンベール	3,600	4,562	5,332	5,429	2%
モン・ドール	743	649	4,733	5,991	27%
モルビエ	-	-	7,886	11,084	41%
マンステール	7,879	8,665	7,403	5,552	-25%
ルブロション	8,100	10,700	15,133	16,391	8%
サン・ネクテール	9,810	11,417	13,072	13,658	4%

図表1-6 主要なAOPチーズの生産量の動向

出典：Chatellier, V., Delattre,F. (2003)，是永（1998）、CNAOL-INAO（2021）より筆者作成

R E P O R T ❷

レポート②

大型チーズ、ボーフォールのアルパージュ

ボーフォールの「アルパージュ」について紹介したい。

第2章で紹介するように、ボーフォールは、ルブロション（1958年AOC）の後、1968年4月にAOCに登録された著名な山岳地帯の大型チーズである。大型であるのは、山岳地帯から消費地に運ぶのに、硬質で保存の利くチーズにする必要があったからである。

ボーフォール生産地域は、主としてサヴォワ県でオート・サヴォワ県にもかかり、アボンダンスAOPと生産地帯とは一部重複している。しかし、ルブロションとは、重複している地域がより広い。

ボーフォールは、ボーフォール（ときに「冬Hiver」として販売されている）、ボーフォール・デテ（夏Été）、ボーフォール・シャレ・ダルパージュと3つのタイプがある。ボーフォール・デテは、6月1日から10月31日までの高地放牧（アルパージュ）によるもので、多様な草花を含む牧草地があることが多いため、より黄色が強くなるとされる。2021年には大型チーズ5万6,360個が製造された。ボーフォール・シャレ・ダルパージュは、生産は海抜1,500m以上の牧場で、6月から10月までの100日の間、シャレと呼ばれる山小屋のチーズ工房で、単一の牛の群れから搾乳され、伝統的な方法で製造されている。ただしすべてが手作業というわけではなく、重労働になる箇所が機械化されている。ボーフォール・シャレ・ダルパージュは、デテと同様に黄色が強くなり、味と香りが強く、香りには余韻があるという。製造個数は少なく、1万個未満である。

このようなボーフォールの製造にかかわっているフィリエール（バリューチェーン）は酪農経営390戸、協同組合7、農業集団利益法人（SICA）2、生乳買い取り企業1、熟成企業5、放牧集団6、特定の生産者（アルパージュを含む）17となっている。ボーフォールは山岳地帯の小規模農業者

が多く、1年を待たずして生乳を換金できるシステムとして、伝統的に酪農協があった。大きなチーズを搾乳牛頭数の少ない小規模農業者が作るのは難しい（技術的にも）。そのためボーフォールの農家製（フェルミエ）はほとんどないのである。小型で、1つのチーズを作るのにそれほどの生乳を必要としないアボンダンスがフェルミエ産品の直売が多いこととの大きな違いがある。

2019年の生産量は、12万9,000個（5,160t）で、ボーフォールが52.16％、デテが41.52％、アルパージュが6.32％の割合となっている。牧草の生産量など、気候に左右されるが、毎年おおよそこのような割合である。

ボーフォールのフィリエール全体を取りまとめているボーフォール保護組合のマキシム・マテランMaxime MATHELINによると、ボーフォールの価格は、安定的に上昇しているものの、ボーフォールの地域も牧草地も限られているため頭数を増やすことは難しく、また経営での生乳生産量も1頭あたり年間5,000kgとされ、生産量も急増するわけではない。現在のような高級なチーズとしての地位を獲得したのは、山岳地帯に適した戦略があったためだという。1960年代は、どのような業界でも工業化等による量産化が推進され、農業も量産化が目指されていたが、ボーフォールでは、量産化は山岳地帯のチーズには適していないとして、伝統的なチーズの製造方法を維持し、高品質化を目指した。当時、高品質化戦略は、時代に逆行していて、おかしなことのように思われていた（マテラン談）。（この過程については、第2章参照）。本文第3章でも紹介する農業会議所で長くボーフォールについて普及員をしていたD.ルーは「国も農業会議所も、農地の集約化、農業近代化を推し進めようとしていた。サヴォワの山岳地帯はサヴォワの平野をまねするように、サヴォワの平野はブルターニュをまねするように、ブルターニュはオランダをまねするように、指導されていた」と語っている（Lynch,Harvois, 2016）。

マテランによると、現在もボーフォールチーズは、高価な分、その対価に見合う味を維持し、顧客をがっかりさせないようにさらなる高品質化に努力し続けているという。というのも、「ボーフォールは決して安くはないので、1度食べておいしくないと、2度と買ってもらえなくなるかもしれない。お客様にまた食べたいと思ってもらえることが重要なのです。さらには、人気がない、売れないチーズであれば、集乳車が山奥まで来てくれなくなる。限られた山岳地帯の生活(仕事)の安定や、若手、新規就農者の増加(この仕事を魅力あるものと感じてもらいたい)のために高品質化、高付加価値化に取り組んできた」とのことである。今日では、ボーフォール・デテは作る前から買い手が決まっているような状況が続いている。

ここで、ボーフォール・シャレ・ダルパージュを作っている農業法人GAEC PERRETペレ、ペレ家の様子を紹介しよう(GAECペレのホームページより。https://www.fromage-beaufort.com/fr/news/alpage-de-tueda-tarentaise)。サヴォワ県ヴァノワーズ国立公園の入り口のメリベル村のプラン・ド・チュエダ自然保護地区にペレ家のアルパージュがある。33年前から、この家族はコミューン所有地のアルパージュで、自然保護地区とスキー場の間で、150頭のタリーヌ種と、わずかであるがアボンダンス種を放牧してきた。現在、農業法人GAECペレとして3人の兄弟(レミ、ラファエル、セドリック)の組合員で山小屋でのチーズ作りを行っている。その歴史は、彼らの父親のロベールが1988年以降、アリューAllues村との契約で村の所有地でアルパージュを行ってきたことに始まる。この牧場は、広さ600haで標高1,800～2,500mのところに位置する。彼らが父ロベールから経営を取得し、現在に至る。彼らは、4人を雇用している。1人はチーズ職人、2人は牧場担当、1人は食事用のセラック・チーズ作りと搾乳を担当している。チーズ職人は、父親のロベールが指導して育てた職人である。夏の間、彼らは山小屋で家族のように共同生活を送っている。

放牧については、自然保護地区では、全期間で2週間ほどであり、それ以外は保護区以外で行っている。2、3日に一度、牧草地を移動し、移動式搾乳機の位置も変える。アルパージュで生産された生乳は、すべて保護区内にあるチーズ製造所でボーフォール・シャレ・ダルパージュに加工される。仕様書に定められているとおり、餌はサイレージが禁止され、干し草は、70%以上、AOP地帯で生産されたものでなければならない。搾乳牛は冬には麓に降りる。

現在、生乳生産量18ℓ/頭/日であり、このうち10ℓはボーフォールに加工され、残りはホエー、セラック・チーズや粉ミルクに加工され、ラクトセラムは12頭の豚の飼料として利用される。

チーズの製造は、プラン・ド・チュエダ自然保護地区の建物で行われている。そこには、居住用の小屋とチーズ製造所、熟成庫があり、熟成庫で1か月熟成した後に麓におろして、さらに熟成させる。彼らのチーズは、星付きレストランからも高く評価され、販売される前から買い手が決まっている。

レミは、冬期は、スキーのインストラクターとして勤務している。農業者が外部で仕事をするのは、彼らにとってもメリットが大きい。ボーフォールのことを同僚やスキー教室で話題にできる。スキー産業等々の兼業での酪農経営者は、ボーフォール作りの仕事を他の仕事の仲間に伝える機会やコミュニケーションの機会になっている。

こうして組合等の地道な活動の積み重ねとスキーリゾートの結合によって、ボーフォールは山岳地帯の重要な食文化と産業として魅力あるものとなっている。

2-1（上）
GAEC ペレの農場の看板
2-2（右上）
熟成庫にて
2-3（右下）
牧場の近くまで都市化が進んでいる

4. アルプス北部、サヴォワ地方の酪農システム

(1) サヴォワ地方の酪農経営の現状

我々はすでにマッシフ・サントラルのカンタルチーズとジュラ山脈のコンテチーズの比較により、AOPチーズにおいて高付加価値化の度合いに著しい格差があることを論じた（須田、2020）。また本書のジャンノー稿でもコンテについては詳細な分析がなされ、カンタルについても記述がなされていることもあり、ここでは山岳地酪農の高付加価値化の事例としてアルプス北部サヴォワ地方の２つの県、サヴォワ県とオート・サヴォワ県の酪農経済を取り上げよう。2021年にオート・サヴォワ県の酪農経営770戸が2億4,900 ℓを、サヴォワ県の565戸が1億1,600 ℓを出荷している（Agreste, 2022）。なお2016年で両県で集荷されない4,100万 ℓは農場で加工され、フェルミエチーズとなっている（Aubron, Nozieres-Petit, 2018, p.17）。集荷されたほとんどすべての生乳はチーズに加工され、うち80％はAOP／IGPに加工される。酪農家の93％はAOP／IGPの仕様書に対応し、92％の生産者は農協に出荷している。3つのIGP（Tomme-Emental-Raclet）地帯の生乳価格が490€／1,00 ℓ、ルブロションAOP地帯（オート・サヴォワ県）で593€、ボーフォールAOP地帯（サヴォワ県）で800€である（La France Agricole, 2021年10月22日付け）。サヴォワ地方の２つの県で、2016年に4億600万 ℓが生産され、そのうち農協により集荷された3億6,500万tのうち、農協が生乳を加工企業に販売する割合が34％、農協が加工施設の所有者でありながら乳業と契約し、この乳業が生乳加工と販売を行う間接的な管理が46％、農協が集荷した生乳の加工と販売を行う直接管理が19％である。フェルミエ生産者の酪農家も熟成と販売を農協や企業に委託する場合もあるし、酪農家自身が熟成と販売（農家での直売や野外市場での販売）を行う場合もある（Aubron, Nozieres-Petit, 2018, p.18）。サヴォワ地方の最大の酪農協は Fermiers Savoyards で260人の組合員を数えるが（2つの県の他、隣県のアン県のいくつかのコミューンも含む）、酪農協の平均組合員数は25人である。

本書ジャンノー稿で見るように、ジュラ地方のコンテチーズが高い生乳価格を得ているのは、酪農生産者がチーズ組合（フリュイティエール）を管理し、

未成熟チーズ生産までを掌握し、これを販売しているからである。コンテチーズのフリュイティエールは13世紀に隣接するスイスからジュラ地方に普及したように、サヴォワ地方ではやはりスイスから19世紀に普及したようである（Faure, 2000）。アルプス山脈でスイス人たちがアルパージュ（夏季放牧）を行い、そこにサヴォワの農民も乳牛を預け、フリュイティエールでグリュイエールタイプの大型チーズが生産され、製造ノウハウが伝播した。その後フリュイティエールが平場にも定着した（Beyerbach, 2011）。フリュイティエールには酪農家が朝夕の2回、生乳を出荷し、村人やチーズ作りが集う場所であり、噂話や情報交換の場所であった。チーズ工房の建物にはコミューンの知らせが公示され、この建物にはしばしば学校や村役場が入った。サヴォワ地方では、こうしたフリュイティエールは今日、酪農家が直接管理する酪農協同組合となっている。しかし生乳生産者はチーズの加工から切断され、農協に自分で生乳を出荷することなく、農協がトラックにより集荷を行うことも多い（Faure, 2000）。

AOPチーズ生産は生産者乳価の高さもさることながら、川下において雇用創出的でもある。例えば一般的なエメンタール・チーズの生産量は25万7,757tあるのに対して、加工事業所は20しかなく、他方コンテチーズは生産量6万8,984tに対して加工事業所は141もある。ボーフォールでは4,981tに対して13である（Agreste, 2022a）。サヴォワ地方の2つの県で、AOP／IGPに加工される生乳の協同組合の加工事業所が60あり、フェルミエ（農場産）、アルパージュのチーズ小屋の加工場が300以上ある。生乳集荷量1億ℓについて加工事業所の数はサヴォワ両県で13あるのに対して、フランス全土では3つほどでしかない（Breton, 2016）。サヴォワでは小規模事業所が多い。

以下、サヴォワ地方の2つの県の牛生乳から製造されるテロワール・チーズについて表示しておこう。IGPサヴォワには3つのチーズがあり、それぞれエメンタール・ド・サヴォワEmmental de Savoie、トム・ド・サヴォワTomme de Savoie、ラクレット・ド・サヴォワRaclette de Savoieである。これらのIGPチーズが2つの県の全体をカバーしているのに対して、それぞれのAOPは1つの県の一部地域である。ボーフォールはほとんどサヴォワ県で生産される。ルブロションとアボンダンスはオート・サヴォワ県内で生産され、生産地帯が重複している。

	ボーフォール AOP	ルブロション AOP	アボンダンス AOP	トムデボージュ AOP	IGPサヴォワ：エメンタール、トム、ラクレット
制定年	1968	1958	1990	2002	1996, 1996, 2017
生産量（t、2019）	5,160	15,934	3,244	948	12,461
生産者数（2019）	354	650	233	54	607
生産制限	5,000kg／頭／年	1.5頭／ha	1.4頭／ha	6,000kg／頭／年	特になし
飼料	牧草義務付け	牧草義務（50%）	牧草義務（50%）	牧草義務	青刈り飼料、冬サイレージ
配合飼料、乳牛冬の飼料	飼料重量の1／3以下、2.5kg／日以下	1,800kg／頭／年	1,800kg／頭／年	1,500kg／頭／年	制限なし

図表1-7 サヴォワ地方のテロワール・チーズ 出典：Laporte, et al. (2022) p.62.

(2) オート・サヴォワ県のルブロションとアボンダンス

オート・サヴォワ県にはルブロションとアボンダンスのAOPチーズがあり、生産地帯も90%重なっている。牛の品種も、アボンダンス種とタリーヌ種、モンベリアルド種で同じこともあり、需給に応じて同一経営の生乳が複数のAOP製造に仕分けられる。またこれらのAOP地帯の外側では3つのIGPチーズ（エメンタール、トム、ラクレット）が作られている。これらのIGP生産者で、IGP用途のみに出荷しているのは469経営であるのに対して、AOPチーズに出荷している経営は198ある（Savoicime, 2017）。アボンダンスチーズには163の酪農経営が16の加工事業所に出荷しており、うち11はチーズ組合（フリュイティエール）である。このほかに酪農家が加工、もしくは熟成までを行う農場産（フェルミエ）も14ある（フランス農業省HP:https://agriculture.gouv.fr/labondance-aop）。

オート・サヴォワ県のアグロ・パストラル・システムにおけるAOPチーズの実態についてルブロションを取り上げよう。図表1-6に見たように、生産量もコンテに次いで多く、アボンダンスとともに同県を代表するチーズである。上述のようにジュラ地方と並んで、オート・サヴォワ県も伝統的に標準的エメンタール生産地帯であったが、ブルターニュの生産性の高い酪農との競合によりこのチーズから撤退することになった。乳価の低迷を背景に1971年と72年の12月に酪農生産者による県庁占拠事件が起こったことに見られるように、乳製品の高付加価値化によってしか酪農の存続は不可能であった（Brunier, Bourfouka, 2013）。ルブロションは2016年にフェルミエ産が2,900t（うち2,000tは熟成企業を通じて販売）生産され、130戸の酪農が加工もしくは熟成まで行い、場合によっては農場直売を行っている。農協や乳業による生産量は1万4,000tで、550戸の酪農家が出荷している。多くは農協により加工されるが、地元の小規模乳業ジロGirod社が1991年に、2005年にはポシャPochat乳業が大手のラクタリス社に買収されている（Aubron, Nozières-Petit, 2018, p.15）。

ルブロションにおいて大きな課題は年間を通じての需給調整である。このチーズは21日間の熟成の後、1か月半で販売されなければならず、貯蔵が困難だからである。春に牧草が成長し、生乳生産量が最も多いが、冬には生乳生産量が少ない。しかし需要が最も多いのは12～2月であり、このため通年での生産の平準化が求められ、春の生産量に上限が設定されている。またアボンダンスや3つのIGPチーズとの間で、需要に応じて生産量を変更することになる。5つのチーズの仕様書はほとんど同じである。3つのIGPチーズの2020年の生産量は、トム・ド・サヴォワが6,184t、エメンタール・ド・サヴォワが2,854t、ラクレット・ド・サヴォワが3,406tである（CNAOL-INAO, 2021）。またジロGirod乳業（ラクタリス）のブランド・チーズ、ボーモンBeaumontがパリの高級チーズ小売店で販売されている。

農業雑誌からルブロション生産者のプロフィールを紹介しておこう（La France Agricole誌、2021年5月26日付け）。オート・サヴォワ県グラン・ボルナールGrand-Bornard村にあるマロリー共同経営農業集団GAEC du Marolyではアルノー・ミシリエArnaud Missiillierが妻と父親とともに47頭の搾乳牛でフェルミエ産ルブロションを生産している。6か月の冬ごもりの後に4月末に乳牛は外に出て牧草を食べ、5月20日頃、標高1,600～1,800mのアルパージュ（経営面積55ha）へと出発し、そこで10月中旬まで放牧される。「夏には家族全員がアルパージュで過ごします。そこにはすべてがそろっています。麓での暮らしと同じですが、牛は日中、しばしば夜も外で過ごします。搾乳の時に帰ってくるのです。アボンダンス品種の牛を選んだのは健脚だからです。タリーヌ品種よりも乳量が多く、モンベリアルド品種よりも頑強です」。同じ村の他の35人の酪農家と同様、フェルミエを生産しているのは、「村にはチーズ加工事業所がないからです。私たちは熟成後のチーズを卸に、未熟成チーズを熟成企業に販売します」。このGAECは熟成チーズの半分をレストランやスキー場の売店、ヴァカンス村センターで販売する。また8～10日の未熟成チーズをポシャPochat乳業（ラクタリス）に販売する。生乳の20～25％をトムやラクレットのIGPに加工する。需要の減退する4～6月にはルブロション生産は割当量全体の22％に上限設定されている。このGAECについて年間の生乳割当量は2万4,500kgで、ルブロション5万個であり、ラベルで追跡が可能である。冬のヴァカンス客で村の人口は2,000人から2万人に増加する。このGAECはオフィス・ド・ツーリズムで組織された観光客が経営を訪問するとき、ルブロションについて説明する。この経営が抱える課題は牧草地が少ないことであり、麓では8haの牧草地面積を所有しているが、うち6haは傾斜地にあり、干し草の生産が必要量の25％しか生産できず、そのため未経産牛を他の経営に預託しなければならない（La France Agricole誌, 2021年5月26日付け）。

Faure（2000）によれば、1970年代にはオート・サヴォワ県の搾乳牛の80～85％はアボンダンス品種であったが、2000年代にはすでに40％のみになっていたという。平野部ではホルスタインやモンベリアルド品種が主流である。このGAECの例で見たように、オート・サヴォワ県は山がちな酪農地帯であり、スイス国境に近いこともありリゾート開発が盛んなこともあって、アボンダンス品種を再生産するための牧草地が乏しくなっている。酪農家は生後8日ほどのアボンダンスの雌子牛を販売し、あるいは預託し、3年後に買い戻す、という慣行が普及している。アルパージュ面積が多くても低地での経営面積が少ない経営が、夏に未経産牛を預かり、冬に自分の経営の未経産牛を低地の、干し草生産量の多い酪農経営に預ける、という慣行も見られる（その逆のケースもある）（ABEST Ingénierie, 2020）。

こうしてオート・サヴォワ県のイルマンタHirmentaz地区の放牧集団はアルパージュの期間に近隣経営から未経産牛を預かっている。アルパージュに行かない経営は平場で冬用の干し草生産に集中するのである。

(3) サヴォワ県の高い借地率と兼業率

1) ボーフォールを中心とした酪農経営

2010年センサスによれば、サヴォワ県の農業経営は2,750戸あり、平均経営面積110haである。県の農用地面積の86％は草地で、耕作されている農地の53％が穀物、37％は飼料用作物であり、畜産の重要性がわかる。酪農専門経営は経営の25％、県の農業生産額の45％を生乳が占める。次いでブドウ・ワイン（それぞれ10％、15％）、果樹（3％、11％）、肉牛（11％、4％）、羊・ヤギ（5％、5％）である（Préfet de la Savoie, 2022)。サヴォワ地方の特徴として、高い借地率が上げられる。(経営組合員以外の) 第三者から借地している農地の経営面積全体に占める割合について、全国平均は60％で、均分相続慣行の支配的なフランス北部で高いことが知られているが、上述のオート・サヴォワ県で79％、サヴォワ県で83％にのぼる（Agreste, 2022b)。引退した農業者の多くは農地を所有し、農地を近隣農家に貸す。しかも山岳で、起伏が激しく農地が分散しており交換分合も進まなかったことがこうした背景にある。また経営主兼業率の高さもサヴォワ地方の特徴である。オート・サヴォワ県で28％、サヴォワ県で35％を占める。それはサヴォワ県のボーフォルタン地区で49％の他、モーリエンヌで53％、タランテーズでも50％を超える。経営主の多くは冬場のスキー場で仕事に従事する。夏のアルパージュの草地は冬はスキー場となる地帯が多いのである（Pays de Maurienne, 2016)。

サヴォワ県はボーフォール・チーズの産地であり、この地帯における酪農システムについては是永（1998）がボーフォール・モデルとして詳述している。ボーフォール生産者団体（Syndicat de Défence de Beaufort, 2021）によりながら、このチーズについて概要を示しておこう。1960年代にスキー場建設や水力発電所のダム建設工事などにより、農業労働者やアルプス夏季放牧（アルパージュ）に必要な牧夫やチーズ職人などの労賃が高騰し、ボーフォール生産は500tほどにまで減少した。それを受けて1961年に最初の酪農協同組合が設立され、ボーフォール生産者連盟UPBが生産振興に乗り出し、ボーフォールは1968年にAOCを取得した。中程度の標高の牧草地montagnetteでは家畜群は春と秋に放牧され、夏にはそこで干し草が作られる。家畜は夏の6〜9月末の100日間のアルパージュ地帯（1,500〜2,500m）へと放牧される。

ボーフォールは3つの高い標高の渓谷地帯である、ボーフォルタンとタランテーズ、モーリエンヌで生産される。飼養される乳牛はタリーヌ種とアボンダンス種であり、家畜群あたりの平均で5,000kg／頭／年の生乳生産量を超えてはならないことになっている。ボーフォールは通常のボーフォール（11～5月に生産）と、ボーフォール・デテ（6～10月にアルパージュで生産）、ボーフォール・シャレ・ダルパージュ（標高1,500m以上のチーズ小屋で1つの家畜群のみから製造され、年400tほど）に分かれる。

このチーズの生産には390の酪農経営が関わり、7つの農協と5つの熟成企業、6つの放牧集団GP、2つの私人による放牧集団、16のチーズ生産者などがある。なお加工事業所は39あり、うち地元の7つの農協がチーズ生産量の72％を生産している（Savoie lactée, 2015）。民間乳業事業所が生産量の15％ほどを加工し、季節的な事業所（夏のみ、もしくは冬のみ）が10％ほどを加工している。2019年には12万9,000個の大型チーズ（5,160t）で5,600万kgの生乳を加工している（Syndicat de Défence de Beaufort, 2021）。

AOPボーフォールの生産条件として、AOP地帯での放牧とアルパージュにより、飼料はAOP地域からとれる牧草75％、干し草50％以上としている。牛が高山でアルパージュに行っている間に、干し草は平場で生産される。しかし低地は都市化により採草地が減少しており、サヴォワ地方の酪農システムの脆弱性を示している。これはボーフォールに限らず、オート・サヴォワ県の課題でもある。スイスに近いこともあり、同県では不動産価格が上昇し、低地と高地でのリゾート開発により酪農システムの存続は盤石ではない。

図表1-8
農地および田舎の家の価格（€）（2021年）

農地（€／ha）	
フランス平均	5,940
オーヴェルニュ=ローヌ・アルプ州	4,640
サヴォワ県	4,810
オート・サヴォワ県	9,840
住宅・セカンドハウス（€／区画）	
フランス平均	199,000
サヴォワ県	230,000
オート・サヴォワ県	391,000

注：農地はブドウ畑含まず。田舎の家は5ha未満の農地・自然地を含み、非農業者による取得
出典：FNSAFER（2022）

2) モーリエンヌ地帯の広域連合

サヴォワ県の酪農経営の実態を見るために、同県のモーリエンヌ地帯の広域連合（Pays de Maurienne）を事例に取り上げよう。この広域連合は62のコミューンからなり4万5,000人の人口であるが、2,000人を超えるコミューンは3つのみで、1万人を超えるそれはなく、主要な市のサン・ジャン・ド・モーリエンヌSaint-Jean-de-Maurienneでも8,200人ほどである。しかし冬のスキー・シーズンとなると同広域連合は20万人を受け入れる（Pays de Maurienne, 2016）。

モーリエンヌ広域連合の酪農経営数は355戸で、うち69はフェルミエ生産である。職業的経営（搾乳牛8頭以上、雌羊50頭以上）は200戸ほどである（Pays de Maurienne, 2015）。全就業人口に占める農業就業人口は1.7％でサヴォワ県全体と同じである。乳牛専門経営40％、羊・ヤギ25％、肉牛10％、耕種・複合作物・複合家畜10％等となっている。酪農経営は1,210万ℓの生産で、うち900万ℓは3つの農協を通じてボーフォールに加工される。肉牛は多くはイタリアに子牛が出荷されるほか、羊と同様、地元のと畜場を通じて地産地消に向けられる。このと畜場は、モーリエンヌ広域連合が担い手となっている欧州の農村振興政策のリーダーLEADERプログラムにより運営されている。高級チーズを域外に移輸出するだけではなく、学校給食や地元の市場で、地産地消活動を推進しようという意欲を示している。また経営多角化の一環として、経営の19％は、野菜や鶏、養蜂、香料薬用植物、果樹、サフラン、ワインなどの生産に取り組む。

農業経営の支援組織として、サヴォワ地方には2つの県の農業会議所が合併して1つの農業会議所を形成している。またボーフォール生産者連合UPBなどの生産者組織のほか、いくつかのコミューンにまたがる農業普及集団が歴史的に重要な役割を演じてきた。例えばサヴォワ県のモーリエンヌ地区では2つの農業普及集団が存在し、これには160人が加盟して、この地区の職業的農業経営の8割を結集させている。また3つの農協の普及員が酪農経営を支えている。

(4) 山岳地帯におけるツーリズムとの兼業

1) サヴォワ県の高級リゾート

上述のようにサヴォワ地方は有名な高級チーズの産地であると同時に、高級リゾート地でもある。スキーが普及するまではアルプス北部は温泉リゾートとアルプス登山が主流であった。しかし70年代の経済低迷に際して、国や地方自治体がリゾート開発に乗り出し、スキー場を次々と開設することになった。オート・サヴォワ県はモンブランへの入り口であるシャモニーを擁しているし、サヴォワ県は1992年の冬季オリンピック開催地のアルベールヴィルがある。AOPチーズはこうした高級リゾートに不可欠であった。サヴォワ県のモーリエンヌ広域連合では観光収入は直接的には4億€で、うち宿泊が2億€、スキー場リフトの売り上げが1億€である。フランス全体のスキー場リフトの売り上げが13億€、サヴォワ県のそれが5億7,000万€である。この広域連合での宿泊数は年間748万6,400泊（2014）で、63％が冬で35％が夏のシーズンである。その就業別人口もサービスが49％、行政・医療・教育など26％、工業15％、建設8％で、農林業はわずか2％弱である。農業経営者の53％は、主としてスキー場に勤務する兼業である。冬場は搾乳量も少なく、それほど仕事がないのである。

サヴォワ地方では1960年代以降は上述のようにリゾート地での農業者兼業が飛躍的に増加したが、それ以前にも19世紀末から渓谷の豊富な水力を利用した工業化がなされてきた。製糸業のほか、毛織物、鉄鋼業（アルミニウム工業（Pechiey社））などの工場が存在し、平場の農業者は工場勤務での兼業が当初は見られていた。早期の工業化段階では、農業経営は付け足しで、女性と老人が経営を担っていた（Rambaud, Vincienne, p.155, ただしBurnier, 2015, p.324より）。工場がある地帯では、農業者は冬は工場に勤務し、夏はアルパージュに従事した。夏にはイタリアの季節労働者が工場に勤務した。1936年の週40時間労働の制定、交代勤務、工場への送迎サービスの普及などがこうした兼業を後押しし、1950～70年代にピークに達した。しかし70年代後半からの経済低迷によるアルプス北部の生産工場の閉鎖が相次ぎ、こうした兼業は少なくなった。70年代に工場の大規模な撤退と並行してリゾート開発による地域振興が始まったのである（Simon, 2002）。

アルプス北部の渓谷は水力発電所のダム建設により雇用を増大させたほか、フランス電力公社EDFによりコミューンにもたらされる事業所税のおかげで、コミューンはリゾート開発を行うことができた。また地域の電気料金の安価な設定とダムがもたらす水資源は冬のツーリズムの発展に寄与した。例えばモーリエンヌの1つのコミューンであるオソワAussoisのような相対的に低い山岳地帯は南側斜面にあり、雪が少ない。1952年の発電所の開設以降、人工雪を降らせるために大量の水をふんだんに使えるので、スキー場も潤った。また豊富な水は採草地の灌漑にも使われている。Aussois地区では灌漑された採草地面積が、2000～2010年に353haから934haへと3倍に増加した。EDFは一定量までは灌漑と人工雪について水を無料で提供しているのである(Buclet, et al., 2015)。

2）オート・サヴォワ県の兼業農家

Simon（2002）はオート・サヴォワ県の、スイスとの国境のオー・シャブレHaut-Chablais地区を事例に、農業者の兼業を説明しているので紹介しておこう（*ibid,* pp.299-306）。この地帯は標高600～2,000mで、アボンダンスAOPの生産地帯であり、1,000mを超えるとアルパージュ地帯は冬にはスキー場となる。農業とツーリズムの結合により地域振興がなされてきた。

この地帯の農業者たちは酪農を通じた地域振興を図るため農業集団利益法人SICA du Haut Chablaisを、1985年にはアボンダンスチーズ・業種組織組合SIFAを設立し、こうした活動の延長線上に1990年にアボンダンスAOCを取得した。酪農はとりわけ冬にはそれほどの労働力を必要としないため、スキー場での兼業が発展することになった。また酪農経営は家産を維持するための1つの方法と考えられている。経営を継いでも息子は工場での労働に従事し、農地の維持を希望するが、経営への投資は積極的ではない。スイスとの国境付近で、リゾート施設の拡張もあれば、農地の高価での売却も期待されるからである。経営者兼業の半分は工場での常雇であり、多くはミネラル・ウォーターのエヴィアンEvian社の瓶詰め工場勤務で3交代で働き、2日目の日中は農場で妻と働く。兼業は家産を維持するためである。

大規模スキーリゾート、ポルト・デュ・ソレイユPortes du Soleilで働くミッシェルの例を引こう（*ibid,* p.305）。彼は朝5時に妻とともに26頭のアボンダンス牛の世話をして、8時にはスキー監視員のアノラックを着て出勤し、17時半には帰宅し、やはり妻とともに家畜の世話をする。このように、この地帯での酪農は農業者が行う、必要不可欠ではあるが多くの活動の一部でしかない。上述のように、ツーリズム開発で採草地が縮減すると、アグロ・パストラル・システムが立ちゆかなくなることが課題である。

(5) 夏季放牧アルパージュ・システム

1) 地域アルパージュ・プラン

アルプス北部に特徴的なアルパージュ・システム（アルプス山地での夏季放牧）とはどのようなものであろうか。もちろん乳牛だけではなく、肉牛、羊、ヤギのアルパージュもなされている。例えばモーリエンヌの場合であれば、この地区の農地面積の割合は、アルパージュ（83％）、中間的標高の放牧地montagnette（10％）、採草地（7％）、耕種・野菜（1％）となっている。ボーフォールをはじめとして多くのAOPチーズでは家畜は限定された地帯に放牧され、飼料の多くはその限定された地帯に由来しなければならない。ボーフォールの場合、AOP地帯の牧草75％以上で、干し草は50％以上である。アグロ・パストラル・システムにおいて採草地が重要な役割を演じることになる。低地の平場での採草地と中腹の牧草地、アルパージュ（標高1,500～2,500m）が相互に補完し合う。平場での都市化が進行すれば、干し草を購入しなければならず、家畜数の減少は、分散して離れた中間的な放牧地の灌木化をもたらす。こうして平場の、そうでなくても狭小な採草地を都市化から保護することが肝要となる。

春先、平場の経営の畜舎の周りの牧草地に放牧された牛は、6月になると山を登りはじめ中間地帯で1か月ほど放牧された後、さらに登って高地のアルパージュ地帯で夏を過ごす。アルパージュでは他の経営の家畜群を受け容れることもある。

具体的にサヴォワ県モーリエンヌ地区を中心にアルパージュがどのように行われているか見ておこう（Pays de Maurienne, 2015; Arlysère, 2021）。上述のようにAOPボーフォール・チーズが生産されるのはモーリエンヌとタランテーズ、ボーフォルタンの3つのアグロ・パストラル地区である。図表1-9はこれらの地区のアルパージュの経営を示している。

	県全体	モーリエンヌ	タランテーズ	ボーフォルタン
夏季放牧面積ha	162,118	68,039	62,978	15,729
アルパージュUP:ha	1,014: 139,112	346: 62,400	252: 55,988	286: 13,260
中間地帯ZP:ha	573: 23,007	104: 5,639	152: 6,990	85: 2,469
AFP:ha	40: 40,916	25: 16,419	6: 14,755	4: 8,564

図表1-9 サヴォワ県の主要なアルパージュ地帯の面積と経営単位UP／ZP

出典：Arlysère (2021), p.13

図表1-9に見られるように、サヴォワ県全体では標高500～2,500mの夏季放牧（アグロ・パストラル）面積が16万2,200haで、モーリエンヌが6万8,000haで、県で1位の広さを誇る（Arlysère, 2021）。この面積のうち、標高1,500～2,500mのアルパージュ地帯で、6～9月末までアルパージュが行われる。平場の経営とアルパージュの間にある中間地点ZPの放牧地帯montagnetteでは春と秋にアルパージュへの往路と、そこからの下山に二番草を求めて放牧される。このZPの地帯は小さな地片へと断片化されていることが多い。アルパージュを行うアルパージュ区画Unité Pastorale（UP）（個人の場合と集団の場合がある）は、モーリエンヌには346あり、これが行うアルパージュの面積の多くはコミューンの所有である（モーリエンヌでは58％、タランテーズでは65％、ボーフォルタンでは25％のみ）。それに対して中間地帯（montagnette）ZPの放牧の所有者はほとんど個人であり（モーリエンヌで93％）、分散化された小地片が都市住民に売却されている場合、チーズ小屋（chalet）へのアクセスが困難となる場合もある（Arlysère, 2021, p.15）。アルパージュ区画UPの平均面積はサヴォワ県全体で140haで、モーリエンヌでは180haである。UPは県全体で1,014あり、モーリエンヌには346、タランテーズには252ある。モーリエンヌの1つの区画には平均、酪農経営体1.5経営が、タランテーズでは3つの酪農経営体が関わる。モーリエンヌのアグロ・パストラル・システムは個人経営的な性格が強く、タランテーズは集団経営的な性格が強い。前者においてアルパージュ経営UPの84％、面積の72％が個人経営であるのに対して、後者では逆に、経営UPの44％、面積の48％は集団的経営である。集団的経営の場合、県知事の認可による放牧集団GPと事実上の集団による場合がある。タランテーズの場合、70のGPと3つの事実上の集団が2万6,800haのアルパー

ジュを経営し、168の個人経営が2万8,000haを経営している。モーリエンヌでは28のGPと14の事実上の法人が1万9,000haを経営しているのに対して、284の個人経営が3万7,800haを経営している（Arlyserè, 2021, P.16)。タランテーズの38のGPのうち、搾乳牛のGPは18で、ボーフォルタン地区の4つのGPでは、搾乳牛のそれは2つ、モーリエンヌの20のGPのうち搾乳牛のそれは皆無で、13のGPが他地域や他県からの移牧（transhumance）の羊で、7つのGPが未経産牛の放牧である。アルパージュされる家畜（大畜単位UGB：成牛1頭を1UGBとする）ではサヴォワ県全体で乳牛30％、羊42％、未経産牛17％、肉牛8％、ヤギ2％である。ボーフォールAOPチーズの生産量が最も多いボーフォルタンでは乳牛54％、未経産牛・雄牛21％、羊18％、肉牛2％、ヤギ2％である。モーリエンヌのアルパージュ面積の60％には羊が、38％には牛が放牧され、中間地帯ZPでは面積の46％を肉牛が、羊28％、乳牛25％が放牧されている（Pays de Maurienne, 2015)。

アルパージュで放牧される家畜がどこから来るかに注目してみよう（図表1-10)。羊の多くは他県から預けられる移牧（transhumance）であり、搾乳牛は自分の経営、もしくはコミューン内の近隣の経営から預けられることが多い。例えばボーフォルタン地区ではアグロ・パストラル面積の75％は私的に管理されているが、30％は家畜の預託を受けている。

	羊			搾乳牛			他の牛（未経産牛、肉牛）		
	村内	県内	他県	村内	県内	他県	村内	県内	他県
タランテーズ	6,404	5,366	44,760	4,493	2,871	298	2,722	2,542	768
ボーフォルタン	705	1,340	5,980	2,109	1,192	355	1,105	987	446
モーリエンヌ	21,165	8,320	58,060	2,190	1,017	86	2,622	3,109	1,736
サヴォワ県	28,469	15,426	109,100	9,426	5,470	859	7,594	8,338	3,668

図表1-10 家畜の出自（頭）　出典：Arlysère（2021）, p.17

モーリエンヌの場合、アルパージュ区画の40％で、中間地帯ZP区画の50％で搾乳が行われている。モーリエンヌの3つの農協がアルパージュでの搾乳によりボーフォールチーズを加工している。93のアルパージュ区画UPが牛の搾乳を行い、22のUPで牛の搾乳から加工までが行われ、5つのアルパージュ区画でヤギの生乳が、2つのそれでは羊の生乳が加工されている。9つのZP区画では羊の生乳の加工がなされている。さらに5つのUPは農産物の販売に関わり18のUPがツーリストの受け入れの多角化活動（宿泊、レストラン、アルパージュ見学など）を行っている。ボーフォルタン地区でも36のUPが生乳の加工を行い、UPの7％は直売を行っている。1つ以上のスキー場を抱えるUPは、モーリエンヌのUPの27％、タランテーズのUPの30％を占め、サヴォワのアルパージュが冬のスキーリゾート密接に関連していることがうかがわれる（Pays de Maurienne, 2015）。アグロ・パストラルは農業生産のみならず、重要な観光資源の保全を行っているといえよう。

アルパージュでは農業者もしくは農業労働者が常駐しているアルパージュ区画がサヴォワ県全体で55％で、ボーフォルタン地区で59％、モーリエンヌで56％となっている。こうした働き手のために宿泊施設の整備が必要となり、ローヌ・アルプ州は2006年以降、5年ごとに地域パストラルプログラムPPTを、それぞれのアグロ・パストラル地域と契約し、投資助成を行っている。例えばボーフォルタン地区の場合、2015～2020年には200万€が支出され、うち、欧州農村振興基金が32％、州が23％、県が12％、自己負担が33％となっている。アルパージュ施設の他、道路や水道の整備、観光客受け入れ施設の整備などに支出される。古いチーズ小屋はハイキング客のための避難小屋として整備され、他方でスキー場のリフトや施設は、コミューンとの契約でアルパージュのための宿泊施設として利用される。アルパージュ活動の整備振興プロジェクトの主体は、サヴォワ県全体ではコミューン37％、SICA24％、AFP12％、コミューン連合8％等となっている。個人はSICAやAFP等を通じてプロジェクトを作成し、補助を受けることになる（Arlysère, 2021）。

GPの他に、農業集団利益法人SICAが農業者と地主、コミューンから構成されるマルチセクターの協同組合としてアグロ・パストラルの振興を行い、各種補助金の受け皿となって投資主体となる。サヴォワ県全体で5つのSICAがあり、モーリエンヌのSICA d'alpage de Maurienne、タランテーズ等に設立されている。また農地およびそれに付随する森林の所有者（私人およびコミューン）から構成される放牧農地協会AFPがあり、放牧地をアルパージュ経営者に貸している。サヴォワ県全体で40のAFPが設立されている（図表1-6）。

2) チーズの品質を高めるタランテーズ種振興会UPRA

アボンダンスにせよ、ルブロションにせよ、ボーフォールにせよ、AOPチーズの生産に際して生乳がどのような品種の牛によるかを規定している。生産性の観点からすればホルスタインが最も効率的でありそうなものだが、ホルスタインを排除する形でAOPチーズの生産が振興されてきた経緯がある。それぞれの牛の品種にはそれぞれの遺伝子を管理するシステムUPRA（品種振興会）がある。UPRAの役割は生乳の品質を高め、チーズの品質を高めることである。ここではボーフォールにおけるタリーヌ種を例に紹介しておこう。サヴォワ県オート・タランテーズ地区のナデージュ・ウザンナNadege Uzannazとニコラ・ブランNicolas Blans夫婦の場合である（Lynch, Harvois, 2016）。2人は2010年から100頭ほどをアルパージュで放牧している（2015年で93頭、うち33頭は近隣の農家から預かっている）。生産した生乳は山から下ろして麓の酪農協に出荷している。

この夫婦は2007年以降、乳牛の遺伝管理をUPRAに任せている。UPRAが6か月の子牛を彼らから500€で買い取り、3年後、搾乳できる段階でこれを1,500€で買い戻すのである。こうして彼らは、遺伝的管理をUPRAに任せつつ、未経産牛の預託費用を節約する。この夫婦は、8～10頭の未経産牛を保持するのが合理的だというが、情熱に駆られて25頭、保持しているのだという。その代わり干し草作りの機械をすべて売却し、農業機械利用協同組合CUMAに作業委託して、干し草飼料の自律性を確保している。UPRAは他県での未経産牛の預託先を仲介している。2004年以降、アン県など3県の酪農家に3,800頭を預けている。2019年にはアン県の農業情報誌で預託先を募集している。1頭あたり270€で買ってもらい、3年後に1,610€で買い取る、という条件である（L'Ain Agricole紙、2019年7月10日付け）。UPRAを仲介とする場合もあれば、村の中で未経産牛の預託がインフォーマルになされる場合もある。

3) 小規模経営―小さな山

Faure（2000）は、アルパージュ・システムにおける小規模経営（小さな山petitte montagne）と大規模経営（大きな山grande montagne）とを区別しているので、紹介しておこう（*ibid.,* pp.57-61）。「小さな山」では家畜（ここでは搾乳牛）

の頭数が少なく、アルパージュ頭数と、平場の経営での冬ごもりの頭数との間に大差なく、働き手も家族で、生乳生産量も少ないため、小型のチーズ（アボンダンスやルブロション、トム・ド・サヴォワ、ラクレットなど）、もしくは大型でも少量のボーフォールしか作れない。オート・サヴォワ県のアボンダンス地帯、サヴォワ県のモーリエンヌが典型的である。上述のルブロションの事例で見たように、春に家畜は経営近くの牧草地で飼育され、次いで6月頃からアルパージュに登りはじめ、低い標高の中間地帯montagnetteで最初の一休みを行う。そこに1か月ほど滞在し、その後、アルパージュで2か月ほど過ごし、アルパージュ地区を移動する。この期間にチーズの加工もなされる。その後、アルパージュからの山下りでは登りと同じで中間地帯で一休みを行う。農業者は牛がアルパージュにいるとき平場の採草地で冬の飼料として干し草作りを行う。「小さな山」でも、酪農家は近所の引退した酪農家、あるいは小規模農家で、アルパージュに登らない酪農家から搾乳牛を借りることもある。アボンダンスやボーフォールを作るのに必要な生乳生産量を確保するためである。アルパージュ地区の多くはコミューンの所有になるが、中間地帯の多くは個人の所有地であり、酪農家はこうした農地を小作契約を通じて、もしくは口約束で借りている。農地所有者は、その見返りとして自分たちの家畜を放牧者に預託したり、生産したチーズの一部をもらう。

4）大規模経営—大きな山

大規模なアルパージュ経営では、個人または集団が大型のチーズ（ボーフォール等のグリュイエールタイプ）を作ってきた。夏の間、酪農家であるモンタニャールmontagnardは自分の家畜だけでなく、近隣の小規模農家からも乳牛を借用する。彼は、牛飼いやチーズ作りなど、多い場合は10人くらいでチームを編成したという。チーズ作りのための大釜の火をたき、チーズ製造過程でできるホエーから非熟成チーズ（セラック・チーズ、アルパージュ生活の主要な食べ物）を製造して労働者の食事の世話をする使用人（seraciere）も雇われた（Berard, Marchenay, 2007, p.11）。こうして生産された生乳がアルパージュのチーズ製造工房（フリュイティエール）で製造され、ラバが製造されたチーズを少し下にある熟成庫に運んでいた。やがて、フリュイティエールは麓で年間を通じてチーズを製造することになる。

Faure（2000）は「大きな山」をさらに2つに区分する。すなわちボーフォルタンや高タランテーズ地方に顕著な、私的な経営と、中部タランテーズに顕著な、フリュイティエールを伴う集団的経営である。私的な経営では、アルパージュ経営者は自分の家畜群の中に、アルパージュをしない農業者の乳牛を借り入れ、このアルパージュしない農業者は家畜の冬の巣ごもりの餌のための干し草作りに従事する。アルパージュ経営者はアルパージュ地帯の現場で生乳を加工し、アルパージュから降りると、その家畜を十分な干し草を持つ農業者に委ねる。

2つ目の「大きな山」は集団的な経営である。酪農家たちはアルパージュの期間、フリュイティエールでの加工に向けた生乳生産のために家畜を共同管理する。またチーズ小屋やアルパージュの道路、水路の整備、家畜糞尿の散布などの仕事を共有する。今日ではこうした酪農家の集団はパストラル集団GPに組織されていることが多い。タランテーズ地方の旧グラニエGranier村（人口365人）（エムAime町（3,540人）と2016年に合併）の上にある、コルム・ダレシュCormet d'Arêches山の中腹、標高1,900mのアルパージュ施設でアルパージュ・デテを作るパストラル集団GP、プラン・ピシュPlan Pichuを取り上げよう（Thomé, 2014）。これは6つの共同経営農業集団GAECと数戸の農業経営から1999年に設立され、現在11人の組合員で運営されている。100日間、420頭の搾乳牛が3つの家畜群に分けられ、それぞれの経営者は均等に、自分の家畜を3つの家畜群に分ける。それぞれの家畜群には2人、合計7人の牛飼いにより管理され（うち1人は交代要員）、2人のチーズ職人を抱える。1人のチーズ職人は1日2回、1回目を朝4時から午前中いっぱい、2回目を午後3時半から夜11時まで、大型チーズを合計16個作る。チーズ作りも1週間ごとにもう1人と交代する。このチーズ職人たちはAimeの酪農協のチーズ職人であり、冬にはこの酪農協で、アルパージュと同じ酪農家たちが運んでくる生乳を加工してボーフォールを作る。また1～2人がアルパージュの牧草地や道路、施設の整備に従事し、合計12人がアルパージュの期間、雇われている。このGPの組合員の1つであるル・コンソルタージュ共同経営農業集団GAEC le Consortageがリーダー的な法人であり、120頭の搾乳牛を提供している。牛飼いは1週間おきに2日の休暇を取る。朝3時から1回目の搾乳が始まり、午後2時半から夜9時頃まで2回目の搾乳がなされる。1,500haのアルパージュ草地と建物はコミューンの所有で、GPが年間1万5,000€の使用料をコミューンに支払い、これはアルパージュの道路や建物の整備に使われる。搾乳牛の75％はタリーヌ品種であり、残りがアボンダンス品種であり、3つの家畜群であるため、ボーフォール・シャレ・ダルパージュの名称を使えない。

GAEC le Consortageは1978年に7人の若者（当時の平均年齢32歳）により設立された非家族的法人である。たいていのGAECは親と子ども、兄弟といった家族により構成されている。Granier村の若者たちの多くが工場やダム工事に従事し離農するのを見て、彼らは農業を営むためにGAECを形成し、共同の経営建物を標高1,200mの敷地に建てた。このGAECの設立以前にはこのコミューンの農地は1万の地片に分散され、平均250㎡しかなかった。交換分合により干し草作りを容易にするために農地がまとめられた。村で牛を飼っているのはこのGAECだけであり、他の農業者は狭い土地にジャガイモや穀物、ブドウを植えている。2005年以降、最初の世代が引退すると、年齢も24～53歳（2014年時点）と幅のある地元の5人が新たに組合員となった。彼らは同じ農業高校（La Motte-Servolex）の同窓生で顔なじみであった（53歳で就農したディディエはすでに2年前に引退した。Louvet, 2020）。新しい組合員で、最初の世代の子どもは1人のみである。現在GAECの建物は5人の組合員の所有で、460haの農地は農業土地集団GFAにより所有されている。地元の若者が就農できるようにと、最初の世代は新規組合員に就農助成金（2万8,000€）で農地の持ち分を取得できるようにした。現在タリーヌ種の搾乳牛140頭のほか、未経産牛120頭を飼育している（Lynch, Harvois, 2016）。

Thomé（2014）が農業における「コモンズ」として説明しているように、このGAECはきわめて興味深い。経営所得の報酬は組合員に、出資数によって配分されるのではなく、労働時間により、決められた単位に応じて支払われる。例えば手刈りでの1時間の草刈りは1単位で、トラクター草刈り機での1時間の草刈りは労働1単位＋機械作業1単位の2単位となる。各人は毎日、この単位を記帳する。こうした労働時間による報酬は、冬場にスキー場で兼業する組合員もいるので都合が良い。最初の世代の2人が言う。「私たちが必要なものは山がくれる。Plan Pichuでは420頭なのよ。私たちのGAECは300頭、だから近所から牛に来てもらうのよ」(デルフィーヌ)。ルネが追加する。「ボーフォールを、そして私らを救ってくれるのが、制約っていうものなんだよ。アルパージュに対応する牛の頭数の制約、放牧アクセスの制約、地域外の干し草への制約、冬に備えて農民は干し草を刈り取るように強いられるのさ」(Louvet, 2020)。どうやらここにはハーディンが心配したような「コモンズの悲劇」(Hardin, 1968) はないようだ。

さらにGPへの労務提供もある。灌木化を抑止するための牧草地の維持や道普請、チーズ小屋の整備など、搾乳牛1頭につき年4時間の労務提供が、GPメンバーによりなされる。このGPはアルパージュ期間の毎週木曜日、14〜17時にハイキング客の受け入れを行い、ガイド付きで搾乳とチーズ作りの見学会を行っている(大人1人4€、要予約)。

アルパージュの季節にはGPがボーフォールの加工を行い、アルパージュのチーズ小屋の地下で半熟成され、後に地元の農協Cooperative laitiere d'Aimeで5か月以上熟成される。GAECはアルパージュ期間、平場の採草地で干し草生産を行う。冬には生産者はこの農協に生乳を出荷し、農協がボーフォールへと加工し、熟成する。また冬期はGAEC組合員はスキー場で働いている。農協は冬期限定で稼働して200万ℓの生乳をボーフォールに加工する。販売は農協の子会社であるルプラ農業集団利益法人SICA du Replatが行っている。

5. おわりに

本章ではフランスの山岳地酪農の多様な地域資源の活用とチーズの付加価値向上について見てきた。山岳地帯はアルパージュ(夏季放牧)のための草地資源の他、夏と冬のヴァカンスのための観光資源を提供してくれる。この地帯の農業者の多くは冬場はスキー場などで兼業を行い、夏季放牧地は冬にはスキー場となる。ハイキング道やスキー場施設は、アルパージュ用にも利用されている。こうした多様な資源は自然条件にもよるが、歴史的に形成されてきた。とりわけスイス国境に近いオート・サヴォワ県ではモンブラン登山の入り口のシャモニーを抱えるほか、冬のスキー客のメッカであることから、高級リゾート地帯を多く擁し、ルーラル・ジェントリフィケーションが進み(須田、2022)、採草地面積の減少が懸念されている。冬場の干し草生産量が少なくなれば外部からの購入経費が上昇し、やがて飼育頭数の削減、もしくは経営の廃業をもたらすことになる。そうなれば、中腹にある、所有権の入り組んだ細分化された牧草地では灌木化が進む。ツーリズム振興と山岳地酪農の生産振興との間で、バランスの取れた関係が必要なようである。

参考文献

【日本語文献】

是永東彦（1998）『フランス山間地農業の新展開：農業政策から農村政策へ』農文協

須田文明（2022）「テロワール産品を通じたルーラル・ジェントリフィケーション：キアンティ」、木村純子、陣内秀信編著『イタリアのテリトーリオ戦略』白桃書房

須田文明（2020）「フランスの山岳地酪農における高付加価値化の条件：AOPチーズ、カンタルとコンテの比較から」『令和元年カントリーレポート』農林水産政策研究所、https://www.maff.go.jp/primaff/kanko/project/attach/pdf/200331_R01cr01_03.pdf

【外国語文献】

ABEST Ingénierie (2020) *Extension de la Retenue d'Eea de L'Hirmentaz.*

Agreste (2022a) *Enquête annuelle laitière.*

Agreste (2022b) *Graph'Agri.*

Agreste (2021) *Primeur,* no.2021-5.

Arlysère (2021) *Plan Pastoral du Beaufortain, Val d'Arly et Grand Arc 2022-2026.*

Aubron, C., Nozières-Petit, M.-O. (2018) *Dynamiques laitières en Haute-Savoie*, Supagro.

Berard, L., Marchenay, P. (2007) *Les Fromages des Alpes du Nord,* Le Dauphiné.

Beyerbach, C. (2011) *Alpages et agro-pastoralisme en Tarentaise et Pays du Mont-Blanc*, Fondation FACIM.

Breton, S. (2016) *Les Fromages de Savoie*, Association des Fromages Traditionnels des Alpes Savoyards.

Brunier, S. (2015) " Le baron perché. Ou l'histoire d'un conseiller agricole exemplaire en haute montagne (1961-1985) , Sarazin, F. (ed) Les élites agricoles et rurales: concurrences et complémentarités des projets. PUR, pp.321-336.

Brunier, S., Bourfouka, H. (2013) "Appelations d'origine conseilles. Histoire des conseillers agricoles et des produits typiquement savoyards (1950-1985) ", Ceccarelli, G., Grandi, A., Magnoli, S., *Typicality in History. Tradition, Innovation, and Terroir*, Peter Lang, pp. 211-235.

Buclet, N. et. Al., (2015) "Création de richesses et réponses aux besoins de la population d'Aussois", in Bulcet, N. (ed) *Essais d'Ecologie Territoriale: L'Exemple d'Aussois en Savoie*, CNRS., pp.105-160.

Calvez, E. (2005) "Un récent déménagement du territoire fromagere français: l'exemple de l'emmental" *L'Information Géographie*, 69 (2) , pp.184-194.

Chatellier, V., Delattre, F. (2003) "La production laitière dans les montagnes françaises: une dynamique particulière pour les Alpes du Nord", *INRA Prod. Anim.*, 16 (1) , pp.61-76.

CNAOL／INAO (2021) *Chiffres clés 2020.*

CNIEL (2022) *L'Economie laitière, Chiffres clés.*

Dervillé, M., Vandenbroucke, P., Bazin, G. (2012) Suppression des quotas et nouvelles formes de régulation de
l'économie laitière : les conditions patrimoniales du maintien de la production laitières en montagne, *Revue de*
la régulation, no.12.

Faure, M. (2000) *Du Produit agricole a l'objet culturel. Les processus de patrimonialisation des productions fromagères dans les Alpes du Nord,* Thèse, Université Lumière Lyon 2.

FNSAFER (2022) *Le Prix des Terres*. (www.le-prix-des-terres.fr)。

FranceAgriMer (2021) *La Consommation de Produits Laitiers en 2020.*

FranceAgriMer (2019) *Les structures de production laitière en France.*

FranceAgriMer (2018) *La filière lait de montage et ses dynamiques pour les années à venir.*

Hardin, G. (1968) " The Tragedy of the Commoms ", *Science,* 162-3859, pp. 1243-1248.

Idele (2022) Le revenue des exploitations bovins lait, *L'Economie de l'Elevage*, no.527.

La France Agricole (2016) 2016年6月23日の記事.

Laporte, P., Annes, A., Amichi, H. (2022), "Diversité des exploitations laitières sous indication géographique en Savoie", *Economie rurale*, no.381, pp.59-76.

Louvet, M. (2020) L'Ecosysteme pastoral en Tarentaise: un commun millenaire.

Lynch, E., Harvois, F. (2016) *Le Beaufort, Reinventer le Fruit Commun*, Libel.

Ngoulma Tang, J-P. (2017) *Signal et information imparfaite: Quelle efficacité pour les indications géographiques?:Une application aux fromages AOP d'Auvergne*, Thèse, Université Clermont Auvergne.

Pays de Maurienne (2016) *Synthèse du diagnostique SCoT du pays de Maurienne.*

Pays de Maurienne (2015) *Plan Pastoral du Pays de Maurienne* (2015-2019).

Préfet de la Savoie (2022) *Observatoire des Territoires de la Savoie* (www.observatoire.savoie.equippement-agriculture.gouv.fr).

Rambaud, P., Vincienne, M. (1964) *Les Transformations d'une Société Rurale : La Maurienne (1561-1962)*, Armand Colin.

Savoicime (2017) *Rapport d'activité.*

Savoie Lactée (2015) Dossier de presse.

Senat (2014) Rapport d'Information, No.384.

Simon, A. (2002) *La Pluriactivité dans l'Agriculture des Montages Françaises. Un Territoire, des homes, une Pratique*, Presses Universitaires Balaise Pascal Clermont.

Syndicat de Défense de Beaufort (2021) *Le Beaufort Haut en Saveur*, www.fromage-beaufort.com.

Thomé, P. (2014) *Le fruit commun du pastoralisme de Plan Pichu*. https://gpthome69.files.wordpress.com/2019/06/fruits-communs_plan-pichu.pdf

REPORT ❸

レポート③

ヴァカンスとチーズ

ここでは、サヴォワ県ヴァロワール村（レポート①参照）でのヴァカンス客の暮らしについて紹介したい。サヴォワ地方両県のAOPチーズは、本文のとおり、ヴァカンス客と重要な関係がある。ヴァカンス客がその滞在先でどのように暮らし、チーズを消費しているのか、ガリスGALLICE家（ジャンJeanとキャティCathy夫婦）とその親戚、友人関係からの取材をもとに紹介する。

フランスのヴァカンス滞在先のなかで、ヴァロワール村は屈指の人気を誇っている。その理由の1つとして、ヴァロワール村が、自転車競技ツール・ド・フランスの定番の難所として知られる「ガリビエ峠」の登山口の村ということが挙げられる。自転車（ロードバイクのタイプ）のアマチュアも好んでこの地を走りに来るため、夏季になると、村内はツーリング客であふれている。また山岳レース（トレイルレース）、エスカラード（ロッククライミングとほぼ同義）、スラックライン（綱渡りのようにロープの上を歩くスポーツ）も行われているため、このような山でのスポーツを楽しむ若者も集まっている。また夏でも比較的気温が低く過ごしやすいため、高齢者は、「良い空気」を楽しむために滞在する。ガリビエ峠は、自転車だけでなく自動車も通行可能なため世代を問わずアルプス山脈の絶景を楽しむことができる。初夏には峠に雪が残っており、その周辺では雪解け水と苔、高山植物の花が咲き乱れて、その景観は、この世の天国かと思うほど美しい。

冬季になると、ガリビエ峠は閉鎖される。しかし、ヴァロワールはファミリー向けのスキーゲレンデとして人気があり、夏季よりさらに多くのヴァカンス客が訪れる。近年では、マクロン大統領夫人、ブリジット・マクロンが、孫たちとスキーヴァカンスを過ごすところとしても有名になった。フランス国内だけでなく、イギリスや他の欧州諸国からのスキー客も多い。夏季のヴァカンスの過ごし方が多様なのに対して、冬の活動はスキーがメインとなるが、ゲレンデ以外でも、スキー・ド・フォンという山歩きスキーやラケット（日本のかんじきのようなもの）も人気がある。山裾や林の中にこれらの専用のコースがあり冬山の散策を楽しむのである。

このようなヴァロワール村の入り口の高台の一角にガリス家のセカンドハウスがある。築100年以上の伝統的なアルプスの建築様式の家である。ジャンの曾祖母の代まではこの家で生活していたが、それ以降はセカンドハウスとして使用されており、2015年に父親からジャンに相続された。その後、大がかりな修繕と小さな修繕が行われてきた。修繕した主な場所は、屋根、窓、台所、トイレやシャワー室などの水回りで、屋根裏も部屋（トイレ、シャワー付き）として使えるように改装した。業者が施工した部分と家族で修繕したところがある。フランスでは、日曜大工が実益を兼ねた趣味として浸透しており、専門店が多い。ジャンは子育てが始まったころに日曜大工をはじめ、今ではプロ並みの腕前である。キャティは絵画が趣味で、日曜大工のなかではペンキ塗りを主に担当している。現在もヴァカンス中に家族で修理や手入れを行っている。

3-1（上）ガリビエ峠の景観
3-2（右上）ガリビエ峠
3-3（右下）
ガリビエ峠の看板はツーリストが記念撮影をする名所に

この家は、多くのリフォームが行われてきたが、外観は、アルプスの建築様式で、室内の暖炉も現役ということもあって全体的に歴史を感じさせる。室内の装飾やベッドルームのリネン類もアルプス地方のデザインで統一されており、山岳地帯のリゾートに滞在している雰囲気を楽しめる。

この家の修繕は、ガリス家の歴史を伝える側面があったため、親戚やその友人が宿泊するときは、その経費として宿泊代を支払うシステムである。通常、家ごと貸し出しているが、親しい友人は、夫妻の滞在中に訪れ、山遊びを共に楽しむ。例年、おおよその宿泊客と利用時期が決まっており、夫妻は、夏季と冬季のヴァカンスシーズン前に設えの変更や掃除を行って客を迎える準備をする。例えば、リネンの洗濯やアイロンがけ、トイレットペーパーなどの日用消耗品やお茶などの補充などを行っている。夏のヴァカンス前には、テラスに日よけテントをはり、テーブルや椅子を並べる。食事は常にテラスが使用されるため、ライトも設置する。また花を寄せ植えしておく。客を迎える盛夏になると見事に咲き誇り道行く人々や滞在する人々の目を楽しませている（家だけでなく、どの市町村でも花壇や街路樹は重要な役割を担っているようだ。ヴァロワールの村役場も多くの花壇を作っている。草花があふれるように寄せ植えされており、村の景観を特徴づけている）。

夏のヴァカンスで重要な日は、8月15日（聖母被昇天祭Assomption）で、日本のお盆とほぼ同じころである。家族や親戚が集まり、墓参りを行い、ご

3-4 ガリス家のテラス（夏季はこの場所で食事をする）

3-5 家族や友人と楽しむ初夏のハイキング

ちそうを作って食べる。家族は、数日滞在した後、それぞれの仕事等の都合に合わせて帰っていくのであるが、ヴァカンス中に孫を預かる（預ける）家庭は多いようで、ヴァロワールでは、孫を連れた婦人や夫婦によく出会う。ガリス家も同様である。

滞在期間中のレジャーとして人気なのはトレッキングである。スキー場は、ヴァカンスの期間はゴンドラやリフトが運行されており、様々な年代のヴァカンス客が山頂近くまでアクセスできる。スキー場は牛の放牧地としても使われているため、牛の首の鈴「クロッシュ」が聞こえることがある。その方向に向かえば群れに出会える。スキー場でなくても、それぞれの家族が好みのルートを持っていて散策を楽しんでいる。ヴァロワールの中心地からは、数軒の家がある小

3-6（左）
電動自転車もロードバイク型で、子ども用もレンタルできる

3-7（左下）
夏季ヴァカンスは村の中心にある教会前の広場で野外ゲームが設置される

3-8（右下）
村の中心部から徒歩でスキー場に行くゴンドラがある

さな集落（すでに廃村）に向かう小道があり、これもハイキングコースになっている。この数軒の集落の中にも、シャペルと呼ばれる小さな教会があり、その可愛らしいたたずまいがハイキング客の目を楽しませてくれる。こうした集落の中心部には、現在も井戸があり、ハイキングの途中で休憩する目印にもなっている。

ハイキングを楽しむ以外にも、村の中心にある教会前や広場などに野外ゲームが設置され、無料で楽しめる。また小さな映画館があり、子ども向けの映画が上映されている。またイベントも豊富に用意されている。夏は干し草の巨大アート、冬は雪の彫刻のコンクールが開催される。夏の終わりには、山岳レース大会が開催される。大人は、24時間レース、子どもたちは山裾の林の中を1周、ある

3-9
ガリビエ峠付近にあるボーフォールの酪農協の直売店

3-10
組合の店舗でありチーズの品質に変わりないのだが、この店舗は夏季のみの営業で観光客向けといわれている

いは、2周するコースが設けられている。年齢ごとにスタートし、上位者は午後の表彰式で表彰される。両親や祖父母にとって、子どもたちが毎年ここに参加することで、夏の成長の記録となり、また家族の思い出が作られる。

このように滞在中のヴァカンス客が家族で、あるいは祖父母と孫で満喫できるよう村全体で準備していることが伝わってくる。ヴァカンス客は村の経済にとって非常に重要なのである。

ヴァカンス中の食事

ヴァカンスの朝食は、バゲットにジャム、バター、飲み物は、コーヒーやお茶などである。ジャムは複数ある（手作りジャムが多い）。そして、果物とナッツ類、ヨーグルトがある。子どもたちは、バゲットにヌッテラ（チョコレート風のペースト）、あるいはチョコレート味のシリアルと牛乳、飲み物は、オレンジジュースなどを好んでいる。全員が同じものを食べるのではなく、それぞれお気に入りのものを口にする。ヨーグルトは食べるが、チーズが登場することはない。日本人の伝統的な朝食のスタイルからすると、タンパク質と塩分が極端に少なく、逆に砂糖は過剰摂取気味のようである。しかし、これも慣れてくると「普通」の朝食になってくるので不思議である（統計では、年間のフランスの砂糖の消費量は日本の2倍以上である）。

昼食は、夏も冬もハイキング先でサンドイッチなどを食べるのが定番だが、サンドイッチになっていない場合も多い。フランスパンと硬質チーズを塊のまま持って出かけ、登山先で切り分けて食べるので非常に便利である。他に、ハム、サモレと呼ばれるクリームチーズ、トマトやオレンジなどの野菜と果実、 おやつなどを持っていく。

日本の行楽弁当のように凝ったものをみたことはなく、女性がサンドイッチの準備を担当するということもない。サンドイッチあるいはその材料を手早くリュックに詰めて準備完了となり、効率的に見えた。

夜食は、夏と冬で様相が異なる。夏は、サラダやタルトなど家族の得意料理の持ち寄り、メインの後に、チーズの盛り合わせが登場する。冬では、伝統的なアルプスの料理が多くなり、ここはチーズがメインとなるチーズフォンデュやラクレット料理、ルブロションを使ったタルティフレット（グラタン）などである。どの家庭にも1つはラクレットを溶かす機械があり、機械は年代による違いもあって数種類ある。これらの伝統的なチーズの料理は、高カロリーとのことで、カロリーを気にする層には恐れられているが、昼間、スキーで体力を消耗している冬季にはちょうど良い料理とされている。チーズを使った料理は、子どもには大人気で自然と登場回数が多くなる。このような冬季のヴァカンスのチーズ料理が、チーズ産業にとって重要な消費先になっていると考えられる。

ヴァカンス客がチーズを調達する先は、村内にある贔屓のチーズ専門店や直売所である。村内には、Arves酪農協の子会社（SICA）が運営するボーフォールチーズの直売店のほか、夏季は、ガリビエ峠の折り返し地点の少し手前にもSICAが運営する直売店がある（3-9、3-10）。このSICAは6つの直売店を運営しているが、このガリビエ峠の店だけで他の売店のすべての売上高を超える。しかもこの峠の売店は他と異なり、夏の3か月しか開いていないのである。ツール・ド・フランスの効果は絶大である。なおこの酪農協は直売を重視し、SICAの売り上げが農協全体の売り上げ全体の55％を占めている（Lynch, Harvois, 2016）。ところがジャンによると、この峠の直売所は観光客向けなので自分たちは買いに行かないという。地元の人は、村内の贔屓の専門店や直売の農家製のフェルミエ・チーズを最上とする人が多いようである。

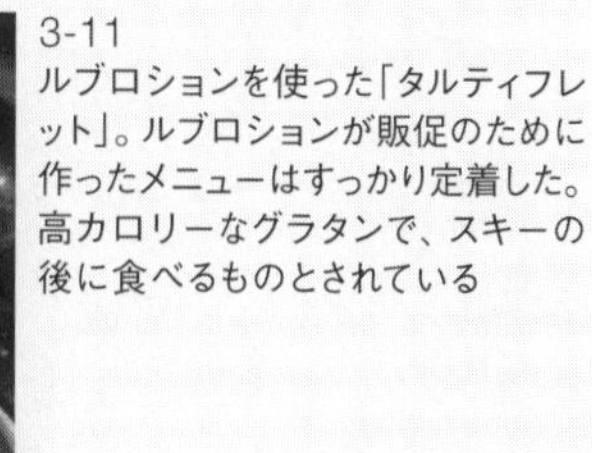

3-11
ルブロションを使った「タルティフレット」。ルブロションが販促のために作ったメニューはすっかり定着した。高カロリーなグラタンで、スキーの後に食べるものとされている

金曜日には野外市場（マルシェ）が開かれ、ここでチーズを買うヴァカンス客も多い。市場には、野菜、肉、チーズ、ワインのほか装飾品や衣類も出店しており、いずれも地元の店や農業者である。プチ・ボルジェのクララも午前中は販売に来ている。ここ最近では、有機栽培された野菜の販売も行われているが、人気のためすぐに売り切れてしまう。このようなリゾート地には、カルフール（Carrefour ただし、Carrefour Montagne というタイプの店である）やカジノ（Casino）という比較的安価なチェーン店の小さなスーパーマーケットも出店している。しかし、地元産であること、有機栽培であること、またエコロジーかどうか、といった点にも敏感な富裕層がヴァカンス客に多く、低品質低価格をウリにした店が少ない。ヴァカンス客は、その地域の伝統的な料理、地域のチーズを使った料理を食べるということを重視し、ワイン同様、チーズの種類だけでなく、その品質に対しても、品定めをすることを楽しんでいるようである。

ただし、ヴァカンス中のレジャー活動に忙しく、料理にまで手が回らないときは、カジノやカルフールといったスーパーマーケットのチーズや他の食品で済ませるので、安価で、開店時間が長いスーパーマーケットの存在も重要である。

チーズ消費について、夏季ヴァカンスと冬季ヴァカンスについてプチ・ボルジェのクララに確認したところ、夏のヴァカンス客よりも冬季のヴァカンス客のほうがより多くの

3-12
「タルティフレット」完成したところ

チーズを購入するという。滞在先のジャンの家族でも、夏季のハイキングに持っていく硬質チーズは、食べられる量が限られており、また夕食時のチーズの盛り合わせも食後のデザート的な位置づけであり、多くを食べる印象はなかった。ところが、冬季のチーズフォンデュやラクレット料理の場合、チーズが主役となり、使用するチーズの量は1人200 g以上の換算で購入する。これらは、日本の鍋料理のように家族団らんにふさわしい料理で、食べる量も多くなる。タルティフレットは、ルブロションなど組合の努力によって根づいたチーズ料理(グラタン)で、ルブロションを丸ごと使うことになっている。これもいつの間にか伝統的な料理となり、冬季のルブロションの消費を支えている。

このような傾向について、長年フランスでチーズ作りを行い、現在はラクレットの審査員を担当している山口潮久氏は、冬に大量に消費するチーズ料理はありがたいものの、ラクレットもルブロションも多くの人が加熱しないと美味しくないチーズと認識するようになってしまい、冬しか消費されないことは業界にとっては懸念もあるとのことである(レポート④⑤参照)。

以上、ヴァロワール村のみの事例であったが、アルプス地方のヴァカンスで、チーズが消費される機会を見てきた。このような食文化があることで、レポート①のクララとジュリアンのような新規就農者も、すぐに贔屓にしてくれる顧客ができることも納得がいく。

第2章 農業普及員によるテロワール産品の構築

1. はじめに

我々は常識のように、高度成長期の大量生産大量消費型のフードレジームが危機に陥り、品質差別化に基づいた「品質の経済」のフードレジームが登場したと考えてきた。しかし奇妙なことであるが、AOCロックフォール・チーズが1926年に議会によって法律により制定されたのをはじめとして、本書で取り上げてきたジュラ地方にしろ、アルプス北部のサヴォワ地方にしろ、グリュイエールタイプの加熱圧搾PPCチーズが伝統的に作られてきた地方を中心に1950～60年代にすでにAOCチーズが誕生してきた。そこでは冬期リゾート開発により、農業者の多くが兼業に従事してきたこと、観光客向けに典型性typicité（須田、2022）[1]を持ったテロワール産品が開発されたのである。1930年代のフランス人民戦線政府の下での有給休暇やヴァカンスの発明、アルプス登山の流行、冬季オリンピック（1924年シャモニー、1968年グルノーブル、1992年アルベールヴィル）開催により普及したスキーリゾートなどの社会経済、文化、制度の発展の結果、都市住民によるテロワール産品の価値づけの変容とアルプスのAOCチーズの振興とは不可分であった。その際、農業とツーリズム、地域振興といった多様な部門のインターフェースとして農業協同組合や農業者集団、農業会議所の各種普及員の活動が重要な役割を占めていた。本章では戦後フランスの農業普及制度の確立を概観し、国の進める農業近代化政策が適用しがたい山岳の酪農地帯で、とりわけサヴォワ地方の普及員がどのように、早い時期からテロワール産品の開発を模索してきたかを考えてみよう。普及員は、国の政策や技術進歩を単に現場に伝達してきただけではない。彼らのブリコラージュこそが地域に特徴的な産品を作り上げ、地域振興に重要な貢献をなしてきたのである。

2. チーズ部門におけるAOC制度の展開

本書で取り上げるチーズのほとんどは欧州の地理的表示保護制度（保護原産地呼称PDOや保護地理的表示PGI）により保護されている。フランスのAOCチーズ制度の歴史を辿ってみよう。初期のAOCチーズは伝統的な産地の外側で生産される模倣品を防止するための訴えに基づいて、裁判所の判決により規定されていた。それは例えばブルー・ド・ジェクス（1935）、グリュイエール・ド・コンテ（1953）、カンタル（1956）の場合である。1935年7月30日の法律により国立原産地呼称機関INAOが設立され、1955年11月28日の法律（55-1533）でAOC制度がチーズへと拡大されることになった。この法律は全国チーズ原産地呼称協議会CNAOFを設立し、これが「生産の地理的範囲、製造・熟成条件」を決めるとした。CNAOFの役割が徐々に定着し、1973年12月12日の法（73-1096）により、裁判手続きによるAOC取得が廃止されることになった（Ricard, 1999）。1974年に全国チーズ原産地呼称委員会ANAOFが設立され、これが農業省の管轄の下でAOCチーズの生産者をとりまとめた。ANAOFとそれぞれのAOCチーズ生産者との関係は農業会議所と農業省県出先機関DDAFを通じて仲介され、この時期に制定された呼称は生乳集荷地帯ではなく、チーズ製造地域に基づいていた（Frayssignes, 2015）。AOCの取得は地方議員への陳情を通じてなされることが多かった。地理的表示保護制度の大改革としては、GATTウルグアイラウンド交渉を巡って、貿易自由化が不可避的となると判断されたこともあり、地理的表示を通じて生産条件の不利な農産物を保護しようという動きが、フランスやイタリアの南欧諸国で起こったことがある。こうして1990年7月2日の法律はIANOの管轄の下に、乳製品全国委員会CNPLを設立し、それにあわせてCNAOFが廃止された。こうしてINAOの権限をワイン以外の農産物・食品に拡張することになり、INAOは以下の4つの委員会を束ねることになった。

・ワインおよびスピリッツ全国委員会
・乳製品全国委員会CNPL
・それ以外の農産物および食品全国委員会
・常設委員会

AOCチーズはINAOの乳製品全国委員会CNPLにより代表された。これは48人のメンバー（AOC保護組合の25人の代表、15人の有識者、8人の行政代表）から構成された。INAOはワインのAOCの基準に基づいて乳製品へと、その専門知と行政手続きを適用させた。すなわち専門家委員会の設置と科学的基準に基づいた地帯ゾーニング、製品の典型性などの基準を設定したのである。INAOはワイン文化に深くなじんでいたこともあり、地理的ゾーニングと生産条件が優先された（Ricard, 1999）。チーズのAOC申請およびその仕様書の修正に際してINAOの役割が決定的であった。おりから進んでいた欧州各国の間での地理的表示のハーモニゼーションにおいて（1992年7月14日の地理的表示に関する欧州規則2081／92）、既存のAOCチーズの仕様書が見直しをせまられ、2000年に42のAOC乳製品のうち、29の仕様書のデクレが生産条件（家畜品種や飼料、集荷、加工条件など）、生産区画のゾーニングを修正することになった（Frayssinges, 2015）。

AOC取得ないしその仕様書修正の申請に際しては、INAOが調査委員会（CNPLの3～4人のメンバーから構成）に対して、AOCチーズの申請を行う保護組合の申請書、修正案を検討するように要請する。それを受けて、とりわけAOC地帯のゾーニングに関して専門家委員会（CNPLによる指名）が招請される。この専門家委員会は地理学者や歴史学者をはじめとした人文科学者も含まれ、土壌学者や地質学者が決定的な役割を演じるワインのゾーニング手続きよりも開放的である（Ricard, 1999）。

AOCチーズの生産者団体でも、平野部と山岳地帯では利害が異なる。テロワールとの結合を強調するアルプスのチーズ生産者たちを中心に、平野部の大規模乳業によるAOCチーズへの参入に批判が高まり、ANAOF内部に対立が生まれた。ANAOFの全国的なレベルでは、サヴォワ地方の加熱圧搾PPC技術に基づいたフリュイティエール（チーズ組合）的製造方法は少数派であった。1994年のINAOの会議において、ANAOFの会長に全国規模の大規模乳業代表者が就任したことを契機に、批判的なチーズ団体が新たに、全国統制原産地呼称連合会FNAOCを設立することになった。これにはアボンダンス、ボーフォール、ルブロションのアルプス北部のチーズの他、コンテ、ブルー・ド・ジェクス、モルビエ、モン・ドールなど11のチーズ生産者団体が参加した。こうして2つの相対立する連合会が何年間か併存することになった。その後、こうした状況を克服するために2000年代初頭、2つの組織に属する組合を統合して全国乳製品原産地呼称委員会CNAOLが設立され、現在に至っている（Fayssignes, 2015）。

3. AOCチーズの仕様書修正のモデル

自らの伝統的チーズを保護し、高付加価値化するためにAOC取得活動に取り組むには、酪農生産者や酪農組合、乳業、熟成業者など多くの多様なアクターをとりまとめる必要がある。しかも彼らの利害は必ずしも一致しているとは限らない。またINAOの専門部局や農業会議所、農協、普及員や技師に支援されることになる。伝統的な地域産品をAOCへと作り込むべく技術的、社会経済的条件を調査し、多様なアクターの要望を調整するために、農業会議所などの普及員が調整役を担うのである（須田、2014）。このようにしてAOCの生産地帯のゾーニング、生産方法などについて交渉され、仕様書、産品の官能的品質の評価表が作成される。例えばFaure（1998）はアボンダンスAOPを例にこうした交渉について説明している。つまりこのチーズは伝統的にわずかながらの苦みがあり、フェルミエ（農場産チーズ）生産者や食通により高く評価されているが、技術部局によって大きな欠点とされ、生産者はこうして作成された評価表に順応し、生産方法を修正するようになる。また除角も悩ましい問題であり、舎飼いでは角がないほうが好ましいが、他方、生産者はこうした牛を美しくないと感じ、ツーリストも景観にそぐわないと感じる。また牛のアボンダンス種の生乳生産性を向上させるために、ホルスタインの遺伝子を導入する試みもあったが、イメージを壊すとして断念された経緯もある。このように様々なことがらが交渉されることになる。

こうした交渉はどのような論理に基づいてなされるのであろうか。Frayssignes（2015）はAOC産品の仕様書が修正される際に、保護組合ODGのなかでコンフリクトに満ちた交渉がなされることを示している。それによれば、生乳およびチーズ加工の生産条件の再定義（家畜飼料、牛品種の限定、無殺菌乳かどうか、熟成期間など）、生乳集荷と加工、熟成のゾーニングなどを巡って、アクターの間での力関係を背景にした交渉がなされるという。こうしておよそ以下のような3つの論理を軸にして交渉がなされる。

・農業、農村振興の論理

AOCは地域での経済活動を維持する方法である。例えばサイレージトウモロコシの家畜飼料としての利用は多くのAOCチーズで禁じられているが、放牧面積の少ない集約的な産地では、少ない面積で飼料の自律性を担保するためにはこれを認めるべきだという生産者側の要請がある場合もある。またAOC産品を活用したツーリズム振興は別の農村振興の論理（例えば地産地消的プロジェクト）と、時として対立することもあり、地域レベルでの調整が不可欠である（須田、2022；森崎・須田、2022）。

・**製品の典型性の追求**

製品差別化のためには、生産過程の近代化へ抵抗し、伝統を擁護すべきである、という論理が働く。

・**市場的要請**

消費者や量販店が当該のAOC産品について抱く期待を考慮しなければならず、簡便なスレッドチーズなどの開発もなされてきた。

こうした3つの要請に加えて、近年、持続可能性やSDGs、動物愛護など社会的要請も増加しつつある。近年、仕様書の修正に際してますます、持続可能性の要請が強まっている。

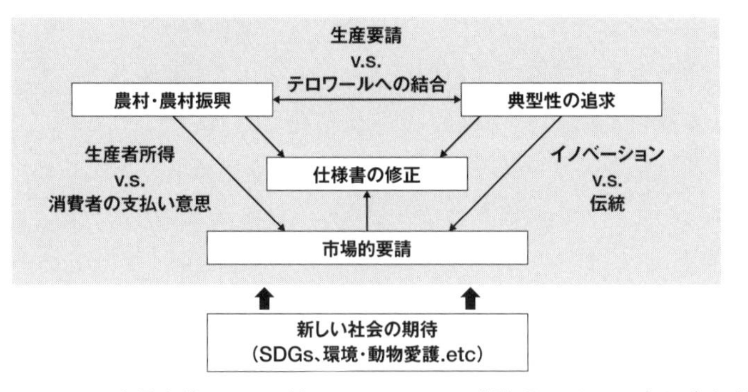

図表2-1 テロワール産品交渉の3つの軸　出所：Frayssingnes（2015）より筆者作成

REPORT ④

レポート④

急成長するアボンダンス組合

レポート①でも紹介したように、AOPチーズのなかでも近年、急成長しているのがアボンダンスである。この急成長の背景について、アボンダンス・チーズ業種組合SIFAの担当者ジョエル・ヴァンドレJoël VINDRETからの聞き取りと、チーズ職人山口潮久氏（レポート⑤参照）による補足説明、収集した資料によって簡単に紹介したい。

アボンダンスの生産地は、スイスのジュネーブ市に接した北部からアヌシー湖付近の南部まで、オート・サヴォワ県全体をカバーしている。モンブラン登山口のシャモニーやアヌシー湖などの景勝地、移住先としてのセカンドハウス需要など、コロナ禍以前からフランス国内の人気エリアである。観光シーズンは夏季と冬季であり、とりわけスキーのリゾート地には世界各国から富裕層がやって来る。

このアボンダンスの生産地帯は、ルブロションのエリアと90％重複している。アボンダンスは、アボンダンス種、モンベリアルド種、タリーヌ種からの無殺菌乳から作られる半加熱圧搾チーズである。AOPラベルの仕様書には、45％以上のアボンダンス種からの牛乳であること、乳牛の最低年間放牧期間は、連続しているかどうかにかかわらず150日、サイレージ飼料は禁止されており、生草と干し草を飼料とすることなどが定められている（規定範囲内で配合飼料も可）。

ボーフォールと形状が似ているために、ボーフォールの小型版のように言われることもあるが、その由来は全く異なっている。1300年代、アボンダンス村の修道院が山の上の森林を切り開いて農地にして、その土地を農民に貸し、その使用料としておさめさせた生乳を使って修道院でチーズを作り、これを金銭に変えていた。またアボンダンスは、アルパージュで夏に作られた生乳を冬に保存する手段としても効率的だったのである。1382年アヴィニヨンにローマ法王が幽閉された時、アボンダンスを味見したと記録が残っている。当時から高い評判を得ていたことがうかがえる。

アボンダンスの知名度を高め、生産者間での品質の均質化、産品の品質向上を目的に、1985年に組合が結成され、熱心な生産者の活動によって推進され、1990年にAOC、後に欧州のAOPに登録された。このチーズのAOCへの取り組みは、同じ地域で生産されているルブロションの成功に刺激を受けた側面もあると、ジョエルは分析している。アボンダンス・チーズ業種組合SIFAは、AOCの認定の準備に10年近くを要したが、やる気のある生産者たちとチーズの品質向上に取り組むことができ、チーズの価値について認識できる貴重な期間となった。

ラベルを取得しただけでは、その価値を維持することは難しい。そのためにフィリエール（バリューチェーン）に工夫も必要である。フリュイティエール（チーズ組合）が大きくなりすぎないように、製造できるチーズの量に制限を設けている（工房では、年間500万kgの牛乳を、農場では50万kgまで搾乳できる）。そうすることによって、アボンダンスのチーズの味の多様性とそれぞれのフリュイティエールが同じくらいの大きさまで成長できる。一見して市場原理に反しているような制度だが、大規模乳業との差別化、生産の集約化を抑制することができる。また集乳車の集荷範囲が狭いことはチーズ品質にも大切であり、地域の雇用の面でもよい影響

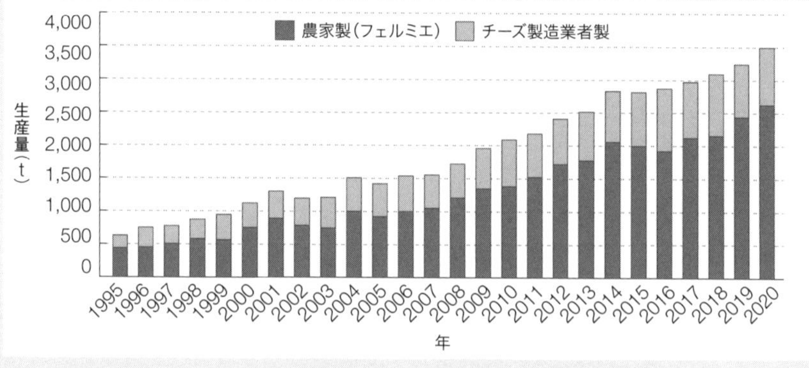

4-1 1995年からのアボンダンスの生産量の推移。農家製とチーズ製造業者製
出所：SIFA資料

をもたらすという。

こうしてアボンダンスの製造量は増加してきた（4-1参照）。アボンダンスについては、近年、生産者乳価もチーズ価格も上昇傾向が続いている。乳価は、1990年に372.45€／1,000ℓで、2010年には、420.10€／1,000ℓ、2020年には、569.27€／1,000ℓと着実に上昇している。その大きな理由として、そもそも山岳地帯のチーズは、搾乳牛の頭数を増やすには限界があるため、需要が伸びると価格が上昇する。またこの地域の多くの生乳生産者は、アボンダンスとルブロションの他に少なくとも1つの別のAOPまたはIGPを生産している。エメンタール・ド・サヴォワ、ラクレット・ド・サヴォワ、トム・デ・ボージュ、トム・ド・サヴォワ、シェブロタンである。セクター全体の生乳のうち、2019年の22.7万ℓ、2020年には、23.7万ℓの牛乳がアボンダンスAOPに加工された。生産者は需給に応じて生乳の仕分け先を変更するのでチーズの値崩れが回避される。

もう1つは、アボンダンスとルブロションはどちらも冬のヴァカンスシーズンに消費量が頂点に達するが、それぞれのチーズは熟成期間が異なるため、日持ちに違いがあることである。ルブロションは熟成期間が2週間以上で日持ちがせず、アボンダンスは100日間の熟成で保存が利く。生乳生産は春以降、生産量が増えるため、生産者は日持ちのしないルブロションから長期の保存の利くアボン

4-2
アボンダンス村の入り口
この横の広場でアボンダンス祭りが開催されている

ダンスへと生産をシフトする。こうして例えば6月に作ったアボンダンスを初冬に店頭に並べることが可能となる。ジョエルによると生乳価格についても、これまではルブロションが高価だったため、農家はこれ用に出荷していた。しかし、アボンダンスが急成長し、ルブロションの乳価に追いついてきたため、どちらでも選べるようになった。つまり全体として搾乳量が急増したわけではないが、乳価も安定的に推移することになったのである。

現在のアボンダンスのフィリエール(バリューチェーン)は、酪農家数163戸、農家製(フェルミエ)74戸、チーズ製造業者16、熟成業者が6である。2020年の農家製(フェルミエ)は、876.6tとなっており全体の25％を占めている。2020年の販売割合は、22％がフェルミエ直売、20％は卸売り業者demi-grosやレストラン、B to Bなどで、54％が熟成業者に卸されている。熟成後は、熟成業者の取引先に販売され、輸出も行われている。コロナ禍の影響として、巣ごもり需要のため2020年度は量販店での販売量が順調に増加している。

組合によると、スイスと隣接している地域であるが、スイスへの輸出は少ないという。スイス人は、フランス製のチーズをあまり購入せず、自国産チーズを購入する。またスイスは、スイスの農業者に対して、手厚い助成を行っているためにフランス農業はスイスとはコスト面で比較にならないという。

アボンダンス生産地帯はスイスと国境を接していることで、悩ましい問題も抱えている。フランス人はスイスへ出勤し、他方でスイス人はスイスで仕事を維持しながら、物価の

4-3 アボンダンスが作られていたという修道院

安いフランスへの移住を希望する人が多い。こうした国境をまたいで仕事に従事する人々(Frontalier)が多く、またリゾート地としても人気が高いため、都市化圧力が強まり、農業者が離農するような事態も起こっている。あるいは、村がリゾート開発を優先的に推し進めたため、農業者が撤退してしまうような村があるとのことである。しかし、今日の消費者は地産地消を重視しており、牧場やチーズ工房がある村のほうが評価が高いため、離農の増大は逆に、村のイメージを損なうことになってしまう。

都市からの移住者は、カレンダーや絵本に描かれているような景観や静かな環境を求めているが、実際には、集乳時間の乳牛の移動やトラクターでの移動による道路の混雑、鶏などの家禽・家畜の鳴き声、教会の30分と60分ごとの鐘による時報、堆肥のにおいなどが、トラブルのもとになることもある。こうした背景において2021年1月29日付けの法律(フランスの田舎の感覚的文化遺産を定義し、保護するための法律)は、田舎に特有な音やにおいを文化遺産として保護する方向に踏み出している。

観光地として山岳地帯のチーズの人気と消費が高まっている影で、本文第1章の図表1-8で示されたように、オート・サヴォワ県の農地価格もセカンドハウス価格も全国平均の倍となっており、酪農経営の継承がますます困難になっている。

アボンダンスAOPは、日本の地理的表示産品(GI)制度への登録手続きが進められており、日本でも知名度が高まるであろう。また組合は、アボンダンスチーズを使った料理「le Berthoud(ベルトゥ)」をPGIに登録している。さらには、ボーフォールのようにアボンダンスのアルパージュの区別も行われるかもしれない。AOCへの登録が目指された当時には、アルパージュができない牧場もあったため、アルパージュを特別に区分して登録することは見送られたという経緯がある。しかし、昨今のアルパージュ人気はアボンダンスチーズにも波及しているようだ。

謝辞:通訳の服部麻子氏には大変お世話になった。記して感謝申し上げる。

REPORT ⑤

レポート⑤

アボンダンスのチーズ職人山口潮久

このレポートでは、レポート④で紹介した近年急成長しているアボンダンスAOPのフロマジェ(チーズ職人)として活躍している山口潮久(やまぐちみちひさ)氏(以下敬称略)をご紹介したい。

山口は日本の大学を卒業後、乳製品会社での人事管理部門の仕事に携わり、その後30歳で渡仏した。フランスで語学学校を経て、フランス「国立乳加工業および食肉加工業専門学校」ENVLで学び、乳製品加工専門技師の資格を取得した。最初にボーフォールチーズなどを製造している酪農協で、ボーフォールと青カビ系のチーズ作りに1年半携わっていた。その後、オート・サヴォワ県のレ・ジェ村にある小さなチーズ工房(La Fruitière des Perrières)に移り、アボンダンスやラクレットなどハードタイプのチーズ作りに携わる。この工房では、経営者の信頼も厚く、製造するチーズの種類の提案や変更なども行い、経営面にも貢献してきた。また工房ではチーズ作りの見学が行われており、その担当もしてきた。見学は、学校や企業からの参加が多く、時には日本人のチーズ関係者も訪れたという。多い時には週6日予約が入るほど人気があった。この工房での在職中にフランスでもっとも著名な国際農業祭 Salon International de l'Agriculture で開催されているフランス農業省主催農業コンクールの「工房製アボンダンス」部門で、銀賞を受賞している。

ここに7年間勤務し、人間関係も良い職場であったが、次第に、牧場があり、牛乳からチーズ作りに取り組める工房での仕事を希望するようになった。数年を経て、現在の勤務先である農業法人ガエック・レ・ノワゼチエ le GAEC Les Noisetiers からのスカウトがあった。この農場は、フランスでも人気の観光地かつ移住先であるアヌシー湖にほど近い小高い山の村にある。2007年からエミリー・ジャコ Émilie Jacquot が経営者であり、2020年11月からは有機農業BIOに変更している。現在、乳牛アボンダンス種が65頭、200haの牧場もある。飼

5-1
搾乳の時間となり、牛舎に戻る農場の牛

5-2
自らすすんで搾乳機の中に入る。牛が来ると、その個体を認識してそれぞれの好みに配合されたエサが前方にセットされる

5-3
アームが動いて、自動でセットされる仕組み

5-4
搾乳の位置までロボットのアームが正確に動く

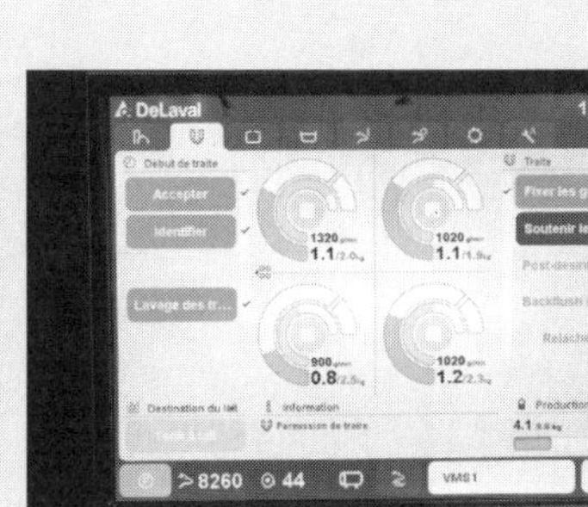

5-5
搾乳ロボットのパネルでは、1頭1頭の情報が記録されて、前回の搾乳量との比較もでき、日々の健康状態も確認できるようになっている。システムの本体は別の部屋に設置されている。また何かトラブルが起こると連絡が来る仕組みになっている

料は、ほぼ自家製で夏場はアルパージュを行っている。アボンダンス・フェルミエの生産と直売を行っているほか、IGPラクレット・ド・サヴォワも生産、直売を行っている。この農業法人は本年春より法人格を代え有限責任農業法人レノワゼチエL'EARL les Noisetiersとなり、またエミリー・ジャコは、前任のアラン・ラモイユAlain Lamouillerに代わりアボンダンス・チーズ業種組合SIFA会長となった。この法人に移ってから2019年と2021年にラクレット・ド・サヴォワのコンクールのフェルミエ部門で金賞を受賞（2020年はコロナ禍のため中止）、2022年アボンダンスチーズAOP生産者協会主催コンテストで金賞を受賞している。

チーズづくりの仕事

レ・ノワゼチエでの山口の1日の仕事の流れを紹介しよう。毎朝5時頃に出勤し、熟成庫でチーズの状況をチェックする。その後、搾乳ロボットの準備と子牛の世話をし、次にチーズ作りの準備を始める。これらの段取りが終わるころ、もう1名が出勤するので、その後はチーズ作りに専念する。チーズ作りが終わった後、熟成庫に行き、チーズを磨くという流れになる。

例えば、筆者が取材に訪れた日の場合、無殺菌乳710ℓで8個のアボンダンスチーズを製造している。1つの

5-6
チーズのプレス中。工房内が非常に清潔だったのが印象的だった

鍋で製造するチーズは10個までが良いとのことで、それ以上の数になると、時間がかかりすぎてチーズの品質が落ちてしまうそうである。次の熟成庫での作業では、1日300個ほどのチーズが対象である。それぞれの熟成度合が違うため、チーズの状況を確認してそれにあわせてチーズを磨く作業を行っている。この見極めが高品質なチーズに仕上げるために重要とのことである。

しかし、こうした高品質なチーズ作りのノウハウも、近年のチーズメーカーなどでは、職人技もマニュアル通りの「単純作業」になってしまい、時間通り、時間内に作ることが優先されて、良いチーズを作るという目的がおざなりになりがちであるという。このように、時間を気にして焦って作られたチーズには、作った時の心理状態が出てしまうそうだ。

チーズを磨く作業についても、近年は、ロボットが担当してくれるようになっているところもある。特にフランスは、土日の勤務や残業に対して対価が手厚く、雇用環境も整備されているため会社員のように勤務することが可能になった。しかし、農業者はその対象になっていないため、長時間労働が当たり前になっている。このような状況から筆者も、チーズに関して職人的な仕事をする人は少なくなっているとの印象を受けた。山口には、日本の伝統産業の職人に

5-7
熟成庫で

感じるような仕事へのこだわり、理念を感じた。実際、彼は、「自分は、マゾ的で、チーズを磨くのも、人に任せたくないと思っている。フランスでは、農業者も年間5週の休みを取ることになっているため、それではいけないのだけど」と話していた。

このEARLでも、昨年の有機BIOに切り替える1年前に搾乳ロボットを導入した。山口によるとその理由として、仕事の編成の効率化と自由度の向上、労働負担の軽減、家畜福祉の向上などがあったという。新しい若い働き手が来ても、数か月で辞めてしまうことが多く、経営者も少し遠方に家族とともに住んでいるため時間に余裕がない。こうして搾乳ロボットは高額であるものの、導入し

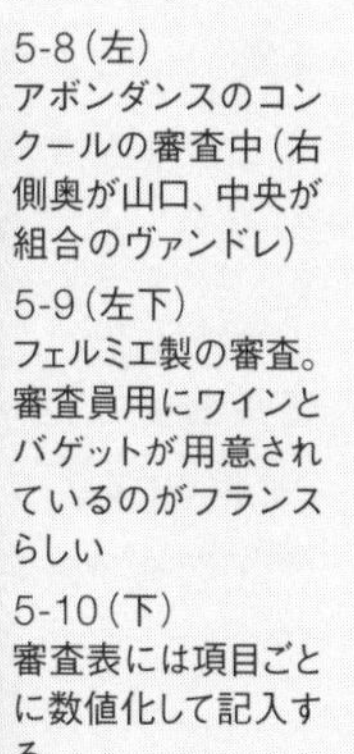

5-8（左）
アボンダンスのコンクールの審査中（右側奥が山口、中央が組合のヴァンドレ）

5-9（左下）
フェルミエ製の審査。審査員用にワインとバゲットが用意されているのがフランスらしい

5-10（下）
審査表には項目ごとに数値化して記入する

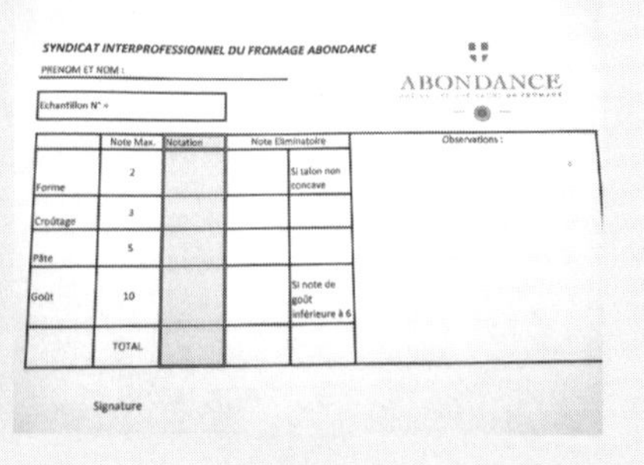

SYNDICAT INTERPROFESSIONNEL DU FROMAGE ABONDANCE

ABONDANCE

PRENOM ET NOM :

Echantillon N° »

	Note Max.	Notation	Note Eliminatoire		Observations :
Forme	2			Si talon non concave	
Croûtage	3				
Pâte	5				
Goût	10			Si note de goût inférieure à 6	
	TOTAL				

Signature

たことで働く人もみな満足しているという。ロボットは決まった仕事をしてくれるが、それを操作したり、準備したりする必要はあるため、やはり働き手が減ると1人で行う仕事の量と幅が増えるそうだ。

組合の仕事

現在、山口は、アボンダンス組合の仕事にも深くかかわっている。アボンダンス村で行われているチーズコンテストでは、審査員も務めている。このコンテストは、酪農家で作られるフェルミエと呼ばれるチーズと、酪農を伴わないチーズ工房のチーズの2つのカテゴリーに分かれており、それぞれの審査員は、自分が出品していないカテゴリーの審査を担う。山口はフェルミエの当事者で、フェルミエのチーズを審査できないため、チーズ工房製の審査を担当している。熟成業者により仕上げられたチーズの場合、「、、、により熟成されたフェルミエ・チーズ」という形で、生産農家だけでなく、請け負った熟成業者も自動的に表彰される仕組みとなっている。

審査で評価されるのは、写真5-10のように、形（2点）、表皮の状況（3点）、中身（5点）、味（10点）の合計点で、自由記述欄もある。各事業所はホイール（丸ごと）で出品し審査の時にはじめて断面を見ることになるため、事前に一番良いものを選んで出品することができない。 なお山口が作るチーズは、様々なチーズコンクールの入賞の常連であり、アボンダンスAOPの組合からの信頼も厚い。安定して高品質なチーズが作られていることがわかる。ただ、チーズのコンクールは工房や農場が表彰の対象で、個人名で表彰されるわけではない。それでも組合内で山口は、その技術力が高く評価されている。

フランスでのチーズ作り

山口の取材を通じて、山岳地帯の高級チーズには、様々な課題もあることが理解できるようになった。観光による消費と都市化圧力、地価・物価の高騰などである。また近年の傾向として、チーズを作る職人よりも、熟成士のほうが評価されてはじめているようである。熟成士は、一切チーズは作らず、資格なども不要な職業であるが、個人名で活動し、著名になった熟成士が評価するチーズが高価で売れるという現象も起こっているという。有名ソムリエの推奨するワインが高価で販売されるのと同様の現象である。フランスのチーズ業界全体として、このような熟成士の影響力が強くなっているようだという。

アボンダンスのお祭りでは、出店や受付を担当する組合員も実に親しみやすく、このような良い雰囲気もアボンダンスチーズの魅力の1つになっていると感じることができた。

5-11
アボンダンス牛の審査も行われている。
どの牛もみな愛想がよくかわいらしい

5-12
表彰式
(2021年度)

4. 農業普及員によるAOCチーズの典型性の構築

戦後フランスは国の復興を進めるため、農業の近代化を推進し、1960～62年には農業基本法を制定した。こうした農業近代化の展開と並行して、山岳地帯の酪農地帯で、どのようにAOC取得活動が取り組まれることになったのであろうか。ブリュニエBrunierは、その一連の研究において第二次大戦後のサヴォワ地方の農業普及員の活動に注目して、この地方のAOCチーズ、とりわけボーフォールの典型性がどのように構築されてきたかを解明しているので、本節で紹介しておこう。普及員の活動により、平野部に対するハンディキャップとしての山岳地帯からブランドとしての山岳地帯へと地域資源の価値づけを変容させることができたというのである（Brunier, 2014）。その前に、少し迂遠ではあるが、戦後におけるフランスの農業普及、農業者支援のシステムの歴史を概観し、サヴォワ地方のこうしたシステムの独自性を見ておきたい。

(1) フランスにおける農業普及・支援制度

19世紀末、第三共和政の時代からフランスでは農業の技術普及がなされてきた。1879年の法律により各県レベルで「県農業教師」と呼ばれる国家公務員の資格を持った部局が設置され、彼らが村の農業者や公立学校の教員に向けて技術普及を行った。冬場の農閑期には学校施設を利用して農業者への教育がなされていた。1912年には県農業教師は「農業サービス局DSA」と名称を変更され、これが各県に設置された。DSAは後のDDAF（県農林部、農林省の県出先機関、現在、農業省と運輸省の出先の合併組織「県地域振興局DDT」へと改組）の前身である。このDSAの役割は農業実践を普及するだけでなく、農村の協同扶助を発展させると同時に、行政に対して経営者の社会経済的ニーズを伝えることであった（More, 1938）。

第二次大戦後には先進的な農業者自身が自発的に技術普及集団を構成するような動きが活発に見られた。例えば最初の農業技術研究センターCETAは1944年にパリ盆地で穀物経営者により形成された（CETA du Mantais）。全国農業経営者連合会FNSEAの下に各地に農業普及集団GVA

ないしGEDAが形成されている。これらの各地の普及集団を束ねる全国組織が1951年に全国CETA連合会FNCETA、1958年には全国GVA連合会FNGVAが設立されている。現在、こうした農業普及集団は900を数える。

1945年から1960年の農業基本法制定にいたるまで、農業近代化のプロジェクトが徐々に精緻化されてきた。各県に2～3の「実験村Villages-témoines」が、「小麦生産者総連合会AGPB」等の支援の下に、窒素肥料の効果を現地の農業者に示すべく制定された。また国（農業省の県部局DSA）とFNSEAとの共同で、技術普及のための「実験地区zones témoines」が制定された。

農業普及制度としては、1959年4年11日の「農業普及vulgarisationの地位に関する政令（デクレ）no.59-531」により農業普及と普及員の地位が定義された。これは農業省（DSA）の農業普及事業を農業職能団体に移転することとし、その目的は「生産構造の近代化、経営の生産性向上、（欧州の）共通市場条件への適応」を促すことである。しかし組合が技術普及を目的に組合員を獲得してはならず、「自由に構成されたグループの形成により、農業者の参加が図られなければならない」（第2条）とした。また第3条は、「普及員は、農業普及集団の監督の下で、普及プログラムを実施する」とある。19世紀末から20世紀初頭に、農業省DSAによる、地域への農業普及の根付きが追求されたが、それは公務員によりなされ、いささかエリート主義的で、農業者との関係は「先生と生徒との関係」に似ていた（Faure, 2000）。長年、FNSEAは農業普及を農業者の手に取り返そうとしてきたのである。国側は妥協策として、普及集団への自由な加盟を条件に農業普及を組合側に委ねたのである。このデクレはあまり厳密ではなかったために、農業会議所が国DSAとFNSEAとの仲介役となり、農業普及の実施機関となったことで、各県の農業会議所が雇用する農業普及員は1959～60年で222人であったのに対して、1964年には1,138人となっている（Brunier, 2013）。

さらに1966年10月4日のデクレにより、農業普及財政は全国農業普及協会ANDAが管轄し、この資金は各県の農業会議所の農業普及部SUAD（1966年のデクレより各県農業会議所に設置）によって作成された県の普及プログラムに応じて配分されることとなった。こうして農業普及政策は、3つの妥協、すなわち国と農業組合との、穀物部門と畜産部門との、農業組合と農業会議所との妥協である。こうして1966年の改革により農業普及が農政の実施の要となり、農業会議所がその主要な担い手となった。またこのデクレにより農業普及vulgarisationはdéveloppementへと普及の用語を変更した。これは上から下への技術の移転というイメージを払拭するという配慮による。新しい普及政策は単なる技術デモンストレーションよりも、ひろく地域の農業集団に依拠することになった。

その後、1976年にはANDAは類似した2つの機関に別々に財政支出することを疑問視したためにFNGVAとFNCETAが合併し、FNGEDAとなった（今日TRAMEと名称変更）。こうした農業普及集団はそれぞれ普及員を雇用する場合もあるが、その多くの普及員は農業会議所に所属し、パートタイムでグループに雇用される。例えば勤務日数の2/3を農業会議所の普及員として、1/3を農業普及集団での普及活動として勤務、などのようである。

さらに社会党政権の成立により1982～83年には農業普及総会EGDAが開催され、農業組合の多様性を認め、少数派の農業組合にも代表性を認め、普及システムの多様性を認めるとした。こうして地域の多様性を重視したローカルイニシアチブを推進することとなった（Brunier, 2013）。

(2) サヴォワ県の農業普及員の役割

サヴォワ地方の2つの県における農業振興は、農業普及集団の重要な役割を抜きにしては論じられない。現在のサヴォワ県における農業普及組織の現状をみておこう。例えばボーフォール・チーズの主要な生産地帯のボーフォルタン地区では広域行政連合農業普及集団GIDAが組織されている。農業経営の75％を組織しており、農業普及支援（普及員は農業会議所からの派遣）の他、アルパージュ経営などで雇用される農業労働者への支払書のフォーマットの作成、酪農ヘルパー[2]の派遣などを行っている（Arlysère, 2017）。やはりボーフォール・チーズ生産地帯のモーリエンヌ地区には、異なった地域を管轄する2つの農業普及集団がある。これらは120の経営から成り、職業的経営の80％をカバーし、乳牛と肉牛、野菜部門を中心に技術普及を行っている。これらの集団の普及員にかかる年120日の給与は農業会議所の普及員として支払われており、その他の部分はモーリエンヌ広域連合（Syndicat de Pyas de

Maurienne）などが負担している。地域パストラルプログラムPPTや欧州農村振興政策のLEADER事業の担い手として、これらの普及員が地産地消的なプロジェクトの立ち上げとフォローを支援している。

上述のように農業省DSAによる農業者への大規模な普及と、他方での技術的に高度な先進的普及集団CETAとの間の中間的な位置づけとして、農業生産性集団GPAが行政と農業会議所との協力により運営されていた時期がある。1948～50年にAGPBにより実験地帯zone-témoinが制定され、1952年6月30日の通達により、実験地帯をGPAが担うことが決められた。これは穀物部門に限らず、他の生産部門にも拡大され、機械や新しい生産手法のデモンストレーションの他、家畜伝染病予防、技術情報などの普及を目的とし、1952～63年の間に150の地帯が制定された（Houée, 1972）。

サヴォワ県のモーリエンヌ地区のアルヴArveでも1961年にアルヴァン農業生産性集団GPA de l'Arvanが設立された。そこで1964年にD.ルーD.Rouxが普及員として雇用された。このArveは実験地帯であったが、1960年以降もはや機能しておらずGPAが設立されたのである。この地区ではチーズ生産が消滅しかかっており、離農を抑止し、チーズ生産を復活させることが課題となっていた（Lynch, Harvois, 2016）。彼がモーリエンヌにやってきた当初、イタリア向けの子牛の生産と、地元の市場でのトム・チーズとバターの販売向けの生産が中心で、小規模な個人的なアルパージュがわずかに行われていたに過ぎなかった。このGPAの活動は多岐にわたり、1965～68年の活動としては、生乳管理の組織化、家畜選抜、家畜飼料の情報提供、酪農協同組合の組織化、ネギの生産販売組合の組織化、集団冷蔵設備の購入についての情報提供、農地の交換分合の促進、山岳地帯での干し草乾燥機械のデモンストレーションなどがあった（Brunier, 2014）。

この時期、農業省の県出先機関DDAは山岳地帯の酪農家の生乳を1つの巨大農協に集荷しようという考えを持っていた。しかしこうした方針は、ボーフォール・チーズを生産していた酪農家団体と対立した。彼らは1965年には、ボーフォール生産者連合会を構成し、ツーリズム振興と山岳イメージを利用して、チーズを高付加価値化して生乳価格を高めようとしていたのである。当時はアルベールヴィルの乳業Pichol社がこの地帯の集乳を行っていたが、安く買いたたかれ、県内でも最も安い乳価であった（Lynch, Harvois, 2016）。このPicholと乳価を交渉すべく、この普及員ルーは酪農団体と農業会議所とを連携させて、1965年に酪農協同組合（Coopérative laitière de la vallée des Arves）を設立したのである。設立当初はこの農協は生乳集荷を行う企業に対して集団的に交渉するための農協でしかなかったが、Pichol社が事業を売却し、その後継企業も集荷費用に耐えられないとして集乳から撤退した。他方で1968年にボーフォールがAOCを取得するのを契機に、この農協は生乳の集荷のみならずチーズ加工にまで取り組むことになった。村議会は古い学校をこの酪農協同組合の加工施設として提供し、近隣のベルヴィーユBelleville町の別の農協からチーズ製造機械を取り入れた。このBelleville町は大規模スキー場開発により、高級リゾートの道を取ることを決定し、もはや酪農生産、チーズ加工を必要としなくなったのである。

1974年にこのGPAは農業普及集団GDAとなった。こうしてこのルー普及員はGPAやGDA、農業会議所、酪農協同組合等の複数の機関で普及活動に従事した。彼は、農業技術普及だけでなく、この地区の村長たちと協力し、村の主導によるリゾート開発による永続的雇用の創出、山岳地帯での農村生活支援サービスと設備を発展させた。上述のようにサヴォワ地方は農業者のほとんどがツーリズムとの兼業に従事していたこともあり、農業者も普及員も、テロワール産品の「ほんものらしさ」に対する、ツーリストのニーズを熟知していたのである。

5. おわりに

サヴォワの2つの県で、外部資本により高級リゾート開発を行うか、それとも村議会の主導で、家族向けの、手ごろな価格でのリゾート開発を進めるか、コミューンによって多様である。後者のほうが、酪農生産とツーリズムの結合を図る傾向にある。またツーリズム客も地元のボーフォールやアボンダンス、ルブロションといったチーズを食べることを楽しむ。サヴォワ地方のようなツーリズムの目的地となる地域での酪農と観光業とは、両者の相互作用を通じて地域振興をもたらすことができる。しかし時として両立が困難な側面もある。本書でも取り上げたように、平場地帯での観光施設の建設の増加は、採草地を削減し、冬の飼料の干し草生産を困難にし、外部からの飼料の購入を増やしたり、飼育頭数を削減したりせざるを得ない。こうして中腹地帯での灌木化が進行することになる。中腹地帯では農地は細分化されており、離れた所有地での放牧を放棄するようになるからである。このようにツーリズムの振興がアグロ・パストラル・システムを浸食する側面もある。また今日、問題となっているのが狼による被害の増大である。羊のみならず、牛も被害を被っている。こうした狼の被害を予防することもあり、番犬をおくわけであるが、番犬がハイキング客とトラブルを起こすことを怖れ、酪農家も苦慮している。アルパージュの放牧柵を設置しても、ハイキング客が閉め忘れていたりすることもある。酪農家が注意しても、「山はみんなのものだ」と抗議されることもある。共有資源の使用者間でのコンフリクトを回避しつつ農業と観光業との相乗効果を発揮させるべく、農業普及員たちが県観光エージェンシーADTやオフィス・ド・ツーリズムと連携している（レポート①参照）。国や欧州の農村振興政策が地産地消的な政策を打ち出すと、モーリエンヌの普及員は地域の野外市場や学校給食などへの食材調達のために、と畜施設開設のイニシアチブを取るのである。地域振興コーディネーターとしての普及員の果たす役割が決定的に重要なのである。

本稿で見てきたように、フランス農業において、大量生産大量消費型のフードレジームから品質の経済のレジームへと直線的に移行したのではなく、それぞれの地域の実情に適合して多様な地域のフードシステムが確立してきた。その際、普及員のアドホックなブリコラージュが大きな位置を占めていた。普及員は国の政策や技術進歩を単に地方に移転する役割だけに満足していたわけではない。

注

1　テロワールが当該産品に与える典型的な特徴のこと。
2　酪農に従事する女性経営者の妊娠・出産、育児休業、経営者の休暇取得に際しての交代要員である。

参考文献

Arlysére (2017) Diagnostic socio-économique du territoire Beaufortain. (https://www.aabeaufortain.org/wp-content/uploads/2017/09/1.-Diagnostic_socio_conomique_Beaufortain-juillet-2017.pdf)

Brunier, S. (2014) "Le baron perché. Ou l'histoire d'un conseiller agricole exemplaire en haute montagne (1961-1985) ", Sarazin, F. (ed) Les élites agricoles et rurales: concurrences et complementarites des projets. PUR, pp.321-336.

Brunier, S. (2013), "Le rôle des chambres d'agriculture dans l'institutionnalisation du conseil", Pour, no.219, pp.53-65

Brunier, S., Bourfouka, H. (2013) "Appelations d'origine conseilles. Histoire des conseillers agricoles et des produits typiquement savoyards (1950-1985) ", Ceccarelli, G., Grandi, A., Magnoli, S., Typicality in History. Tradition, Innovation, and Terroir, Peter Lang, pp. 211-235.

Faure, M. (2000) Du Produit agricole à l'objet culturel. Les processus de patrimonialisation des productions fromageres dans les Alpes du Nord, Thèse, Université Lumière Lyon 2.

Faure, F. (1998) "Patrimonialisation des productions fromagères dans les Alpes du Nord: saviors et pratiques techniques", Revue de Géographie Alpine, no.4, pp.51-60.

Frayssignes, J. (2015) "Les AOC fromagers en quête de (re) définition-entre territoire, typicité et marché-", Wolikow, S., Humbert, F. (eds) Une Histoire des Vins et des Produits d'AOC, Eds. Universitaires de Dijon, pp.199-213.

Houée, P. (1972) Les etapes du développement rural, Tom 2:La révolution contemporaine.

Lynch, E., Harvois, F. (2016) Le Beaufort. Reinventer le fruit commun., Ed. Libel.

More, H. (1938) "Services agricoles", L'information Géographique, 3 (1), p.11

森崎美穂子、須田文明（2022）「フランスにおける食の文化遺産化：栗の食文化に見る地域振興と文化政策」、『文化政策学会』第15号, pp.88-100.

Ricard, D. (1999) "Filières de qualité et ancrage au terroir: la délimitation des zones d'AOC fromagères", *Sud-Ouest Europen,* no.6, pp.31-40.

須田文明（2022）「テロワール産品を通じたルーラル・ジェントリフィケーション：キアンティの場合」、木村純子・陣内秀信編著『イタリアのテリトーリオ戦略』、白桃書房

須田文明（2014）「フランスの地域エンジニアリングと農村アニメーター」、『農村イノベーションのための人材と組織の育成』、農林水産政策研究所（https://www.maff.go.jp/primaff/kanko/project/attach/pdf/141201_26rokuzi1.pdf）

REPORT ❻

レポート⑥
リヨン郊外の有機ヤギチーズ

本書は牛のチーズを紹介しているが、ここでは、ヤギチーズを取り上げる。リヨン西側のヴォニュレーVaugnerayにあるミロニエルMiloniere農場のモニック・ペリュスMonique PERRUSSETに話を聞いた。ペリュスの息子はイザラリヨン大学の卒業生であり、レポート③で紹介したガリス夫妻の友人夫妻の娘の嫁ぎ先でもある。このような縁でヒアリングの機会を得た。

この農場はもともとペリュスの祖父により、1922年に設立され、その後1950年まで作物と家畜の複合経営として経営され、1956年からヤギ乳専門経営となった。2003年にモニックは夫のマルクとともに経営を有機農業へと転換した。さらに2013年には農業法人GAECを設立し、夫が引退した後、現在3人の組合員（2018年に息子が、2019年に家族以外の組合員が就農）で、1人を雇用している。

この法人ではアルパインシャモワ種の搾乳用ヤギを110頭、子ヤギ18頭、雄ヤギを4頭飼育し、年間に8万ℓを生産している（800kg/頭/年）。2003年に有機転換すると同時に、家畜頭数を75頭から100頭に増やし、2016年には年間生産量7万ℓとなり、販売額は15万€に達した。農場で生乳を加工し、直売しており、2つの野

6-1
農場の看板

外市場での販売（出店料はそれぞれ500€／年）と、Alter-Conso、A Deux pres de chez vousという提携先の消費者にバスケット詰め合わせを届ける。

この農地は長期の賃貸借契で、面積28ha、うち15haは山岳地帯の機械化が不可能な傾斜地である。草地で放牧と採草が行われている。家畜飼料はこうした牧草の他、ライ麦、豆科牧草、大麦、ソラマメ、エンドウ豆が加わる。外部からの飼料の購入は、ひまわり粕、穀物（大麦、トウモロコシ）などで、飼料全体の15％ほどである。

加工企業のための原料生産だけを行う農業者とは異なり、農家自身で加工し、直売するような形態では、自ら価格を設定することができるのでまずまずの生活を営むことができる、とのことである。

この農場は、農業会議所が運営する「農場へようこそ」ネットワークに加盟している。農泊や観光農園などの経営多角化活動は行っていないが、都市住民は直売所でのヤギチーズの購入のほか、栗を中心とした雑木林の散策を楽しみにやってくる。また、4～6歳向けのミニキャンプなどの活動を行っている。こうした活動はリヨン市近郊の都市住民が農業の価値を再確認する良い機会となっている。

また、リヨン市は、環境保護派の市長が誕生し、学校給食を100％有機農業にし、給食にヴェジタリアンメ

6-2
モニック・ペリュス

ニューを導入するとのことで、リヨン周辺のこうした農業経営について積極的に広報している。

コロナ過では、マルシェも閉鎖され、チーズやヨーグルトの販売ができず在庫を抱えてしまうことになるのだが、この農場も同様であった。そのときにジャン夫婦は、彼らの友人知人にこの農場のチーズやヨーグルトを紹介、販売したという経緯があった。酪農は工場のように止めることができないため、このような友人知人の販路はおおいに助けになったことだろう。

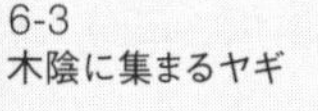
6-3
木陰に集まるヤギ

第3章
EU諸国の原産地呼称チーズとそのガバナンス

［訳者解説］

本章はフィリップ・ジャンノーPhippe Jeanneaux（2019）の抄訳であり、同著の序説、第1章、第2章の経済学の理論的枠組の詳細は省略してある。しかし本文で取り上げるEUの保護原産地呼称PDOチーズの多様な生産システムについての大まかな見取り図がないと、本章はPDOチーズの雑多な事例紹介との印象を持たれてしまう危惧がある。そこで、本文の理解の一助となるよう、ジャンノーJeanneauxとメイヤーMeyer（2010）によりながら、本章の分析枠組について若干の解説を加えておこう。

Jeanneauxらは PDOチーズの生産システムが生み出す経済的価値（生産者余剰）の形成と、当該生産システムの多様なアクター（酪農家と加工・熟成企業、流通）の間での価値の配分、システムの競争優位の保護という3つの調整様式を、まず分析する。他方で2つのガバナンス様式（部門的ガバナンス様式と地域的ガバナンス様式）を区別する。調整様式とガバナンス様式をクロスさせることで、それぞれのPDOチーズ生産システムの特徴が浮かび上がることになる。一方でコンテチーズやグリュイエール・スイスのように、酪農家とチーズ組合（フリュイティエール）、熟成企業といった地域のアクターによって集合的に価値が創出され、彼らの間で公正な価値配分が行われる、というサクセスストーリーが見られる。他方では、カンタルチーズのように、生産者生乳価格も全国平均並みで、全国規模の乳業、酪農協に支配されたシステムが見られる。本章ではこの中間に、ドイツやイタリア、スペインのPDOチーズが取り上げられている。Jeanneauxらは、PDOチーズの多様な生産システムにおいて、付加価値向上になぜこのような格差が存在するのかを上述の分析枠組により明らかにしようとする。以下、彼らの議論を紹介することにしよう。

（1）生産システムとその調整様式

1）価値の生産

PDOチーズ生産システムが経済的価値を集合的に創出するためには、差別化戦略と供給管理の2つを実現しなければならない。

・差別化戦略

PDOチーズ生産システムの経済パフォーマンスは、このシステムに関与するアクターたちがいかに、製品差別化を実施するべく地域の種別的資源を価値向上させることができるか、にかかっている。差別化の要素として、まず製品の種別性を構築する物質的、非物質的投入（家畜飼料、地方的生産慣行、季節性など）がある。さらにテロワールと産品とを結合させ、この結合をクライアント（買い手、最終消費者）に認知してもらわなければならない。こうした産品の特徴はPDO仕様書に統合され、メディアにより拡散されることで、差別化をシグナルすることができる。

・供給管理

高い付加価値を維持するために、生産システムは需給調整を行い、希少性を組織化しなければならない。そのためにはチーズ生産向けの生乳生産量の制限や、加工企業のチーズ生産割当の設定、生産地帯のゾーニングが必要であるほか、場合によっては生乳の過剰生産分を標準生乳市場へと振り向ける際の均等化プール基金のファイナンス、さらには輸出振興が必要である。その地域にプロセスチーズ加工企業がある場合には、チーズの選別と格下げにより、PDOチーズのプロセスチーズへの転換を行うことでPDOチーズの需給管理ができる。

2) 価値の配分

このように生産された価値は、バリューチェーンの各段階のアクターに対して配分される。それは生乳価格とチーズ価格のそれぞれに反映されている。こうした価格の決定はPDOチーズの業種組織=インタープロフェッション（酪農家とチーズ製造・熟成企業、流通からなる職能団体）の中で制度的になされる場合もあり、最終商品市場でのチーズ価格に応じて生乳価格が決定される。全国レベルでの乳業や酪農協が支配力が強い場合、これらの価格は、国内あるいはEUでの乳製品市場価格のデータに基づいて設定される。当然、アクター間での協調がある場合では生乳価格は高く、乳業の支配力が強い場合では低い。

3）競争優位の確保

フランスの酪農乳製品部門ではラクタリスLactalisをはじめとした巨大乳業とソディアールSodiaalという全国規模の酪農協が支配的力を有している。こうした乳業は全国の生乳地帯の間でチーズ生産場所や、製造工程、生産量、製品タイプについて、全国規模でバリューチェーンを最適化させる。これらの乳業の支配的な行動原理は生産コスト削減である。Jeanneauxらは、生産コスト削減ではなく、競争相手のコストを増大させる戦略（Salop, Scheffman, 1983）をとることで、大規模乳業の参入から地域的なPDOチーズ生産システムを保護することができるとする。特定のPDOチーズ生産システムにおいては、地域慣行に基づいた生産ルールを集合的に管理し、伝統的なモデルを擁護することで、地域の酪農生産と小規模チーズ組合、熟成企業が競争優位を永続的に確保することができるとする。

（2）部門的、地域的ガバナンス様式の多様性

Jeanneauxらは、全国規模の乳業による川下からの部門的ガバナンスと、地域のアクターにより集合的に管理される地域的ガバナンス様式を区別し、上述の3つの要素（価値形成とその配分、競争優位の確保）とクロスさせることで、PDOチーズにおける価値競争メカニズムの多様性を明らかにしようとする。

1）価値の形成

部門的ガバナンスにおいては、大規模乳業のイニシアチブにより、製品イノベーション（シュレッドチーズの開発や熟成期間に応じた多様な製品差別化など）がもたらされる。供給管理は、ある製品から別の製品へと、もしくはある地域の加工施設から、別の地域のそれへと生乳生産量を移転することで、乳業グループ内部で供給管理がなされる。

他方、地域的ガバナンスにおいては、地域の種別的資源を価値向上させることでテロワールと産品の結合に基づいた差別化がなされる。供給管理は生産ルールの厳格化や地域的ゾーニング、生産割当、品質選別によるプロセスチーズへの格下げなどによる。

2) 価値の配分

部門的ガバナンスでは、乳業が製造する多様なチーズ製品（PDOおよび一般製品）の全体的な経済パフォーマンスに基づいて生乳価格が計算される。国内市場のみならず輸入乳製品との競争により、乳業は生乳価格を標準化するように促される。

地域的ガバナンスでは、市場データに基づいた価格計算方法により、最終製品の価値向上に応じて生乳価格が支払われる。

3) 競争優位の確保

部門的ガバナンスでは、生産コスト削減による競争が支配的である。一方では競争相手の水平的統合を通じた規模の経済の実現によって、他方ではバリューチェーンの各段階のコストの全体的最適化を通じてなされる。

地域的ガバナンスでは、差別化による競争優位が支配的である。地域的で、忠実で、永続的な慣行の遵守によって製品の種別性を差別化することで、こうした戦略は生産ルールを保護し、競争相手に参入障壁を課すことができる。伝統的な生産システムを法的に保護することで、バリューチェーンのそれぞれの段階のアクターに同一の生産方法を課し、新規参入者に追加的費用を課すからである。

4) 多様なガバナンス様式

部門的ガバナンス様式では、国全体の乳業部門を代表するいくつかの乳業グループと全国規模の酪農生産者団体とが、全国レベルでの交渉において生乳価を決定する。例えばカンタルチーズでは、生産量の7割は巨大乳業と酪農協による。牛の品種も自由であり、それほど厳格な生産ルールはない。カンタルの生乳価格は全国酪農経済業種センターCNIELのオーヴェルニュ・リムザン支局により決定され、次いで全国レベルの指標（B to Bバター粉乳価格、一般乳製品消費者価格などを考慮）により調節される。酪農生産者は自分が出荷する生乳が何に加工されるか知らないのである。

地域的ガバナンス様式では、生乳価格の設定はそれぞれのPDOチーズの保護管理機関ODGのなかでなされる。この機関がチーズ生産システム全体の利益を擁護する。このなかで生産のルールが制定され、販売促進等、様々な支出にかかる分担金について取り決められる。例えばグリュイエール・スイスでは、それぞれのチーズ工房は最大6,000ℓの銅製ケトルを使用し、1日1回しかチーズを製造できず、生乳は20kmの範囲内の酪農家から1日2回出荷されなければならない、という生産ルールを課せられる。チーズ工房とアルパージュ生産者の200社ほどが3か月半までの加工・熟成を掌握し、その後に熟成企業に販売する。大規模乳業はその後の熟成（最低5か月）と市場販売までを担当するが、チーズの製造にまでは手を出せない。グリュイエール・スイス向けの生乳価格やインセンティブ奨励金、チーズ価格は、酪農生産者やチーズ工房、熟成企業からなるインタープロフェッション協議会の中で、このチーズの市況データに基づいて決定される。

これまで述べてきたことを表に表すと、以下のようになろう。

	部門的ガバナンス	地域的ガバナンス
価値の形成	技術的差別化。乳業グループによる内部管理（製品の間での調整、産地間での調整）。EUレベルでの供給管理（在庫、市場介入）。	種別的資産の価値向上。希少性の組織化による供給管理（ゾーニング、生産量割当、基準品質を満たさない製品の排除、選別によるセグメント化）。
価値の配分	全国基準。産品の実際の利潤と生乳価格の間に関連なし。	品質に応じた制度的価格設定。価格の透明性（観測、卸売市場でのデータ）。均等化プール基金。
競争的優位の保護	コスト支配的戦略。サプライヤーの垂直的統合。競争相手の水平的統合。地域内での調整不在。	差別化戦略。生産規則の管理による競争相手への参入障壁。
システムの調整様式	全国規模のリーダー乳業による生産システム支配（寡占）。	保護管理機関ODGの中での力関係設定。国家によるODGへの権限付与。

図表3-1 PDOチーズ生産システムの調整様式とガバナンスの特徴

出典：Jeanneaux, Meyer, (2010), p.275.

本章は上述のような分析枠組（Jeanneaux, Meyer, 2010）によって議論が展開されることになる。

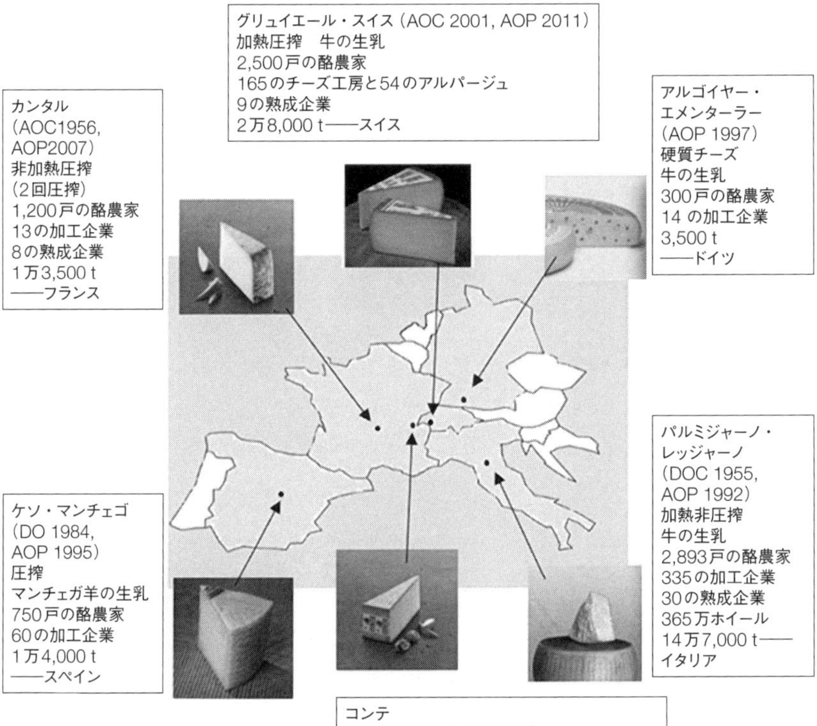

グリュイエール・スイス（AOC 2001, AOP 2011）
加熱圧搾　牛の生乳
2,500戸の酪農家
165のチーズ工房と54のアルパージュ
9の熟成企業
2万8,000 t――スイス

カンタル
（AOC1956,
AOP2007）
非加熱圧搾
（2回圧搾）
1,200戸の酪農家
13の加工企業
8の熟成企業
1万3,500 t
――フランス

アルゴイヤー・
エメンターラー
（AOP 1997）
硬質チーズ
牛の生乳
300戸の酪農家
14 の加工企業
3,500 t
――ドイツ

パルミジャーノ・
レッジャーノ
（DOC 1955,
AOP 1992）
加熱非圧搾
牛の生乳
2,893戸の酪農家
335の加工企業
30の熟成企業
365万ホイール
14万7,000 t――
イタリア

ケソ・マンチェゴ
（DO 1984,
AOP 1995）
圧搾
マンチェガ羊の生乳
750戸の酪農家
60の加工企業
1万4,000 t
――スペイン

コンテ
（AOC 1958, AOP 1996）
加熱圧搾　牛の生乳
2,500戸の酪農家
140のフリュイティエール
15の熟成企業
6万5,000 t――フランス

図表3-2
6つの事例研究の地図（2016年）

筆者作成

1. フィリエール分析のアプローチ ――地理的表示産品コンテAOP

本節で我々は、フィリエール（酪農生産者からチーズ製造企業、熟成企業、卸、小売りに至るバリューチェーン）研究のアプローチを提示する。このアプローチを通じて我々は、フィリエールのモノグラフィーを産出するための基準（訳者解説で提示）をどのように使うかを説明したい。こうしたアプローチを説明するために、我々はコンテAOPを典型事例とした。この伝統的なチーズ生産モデルは、フランスのジュラ山脈における、フリュイティエール（fruitières：

チーズ組合）に集まった酪農家と、熟成企業との間での強い協力関係により特徴づけられ、その差別化戦略は古くから行われてきたのである。

(1) コンテAOP：伝統的チーズ・フィリエールの歴史

1) 経済的背景における位置づけ

最初の研究段階は、基礎的データからフィリエールの特徴を記述することにある。我々は、ジュラ山脈のチーズ経済に関する統計データと調査研究を活用した。

ジュラ山脈の酪農経済は、何よりもまずチーズ経済である。スイスとの国境にある2つの県、ドゥー県とジュラ県は、コンテ生産を含むAOPチーズ生産の発祥の地である（図表3-3）。広大な草地とモミの木の森林により特徴づけられるこの山岳地帯に、乳牛（主としてモンベリアルド品種）の酪農家が、AOPチーズ（コンテComté、ブルー・ド・ジェクス・オー=ジュラBleu de Gex Haut-Jura、モルビエMorbier、モンドールMont d'Or）もしくは非AOP（標準的エメンタールemental standard、エメンタール・グラン・クリュemental Greand cru、ラクレットraclette、グリュイエールgruyère、カンコワイヨットcancoillotte）チーズへと加工される生乳を、毎日生産している。

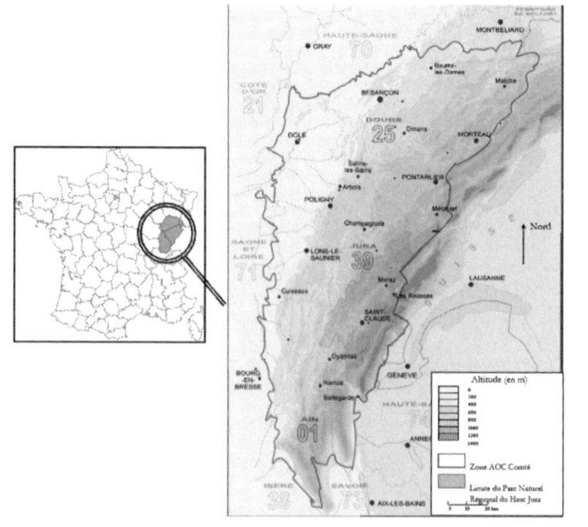

図表3-3 スイスに隣接するコンテチーズの生産地

筆者作成

コンテチーズを生産する主たるこの2つの県で、2016年に、全体で3,000人の生乳生産者が9億3,900万ℓの生乳を生産し、これが10万456tのチーズに加工される。コンテチーズについては彼らのうちの2,500人以上の生産者が7億6,400万ℓを生産し、これが6万1,079tのコンテ（Agreste Bourgogne - Franche

- Comte, 2017）の他、1万1,000tのAOPモルビエと5,323tのAOPモンドールに、それぞれ加工される。

こうしたチーズ経済の中でも、コンテチーズはきわめてオリジナルな成果を示している。まず、2017年にコンテはフランスで最も量の多いAOPチーズであり、年間6万5,000tであった。1990年代初頭よりコンテは生産量が顕著に増加し、今日まで2万t以上増加（+70％）、卸売り価格は74％上昇している。2016年に、フランス世帯の59％が、量販店のセルフサービスコーナーでコンテチーズを購入している（2001年には33.6％）。このフィリエールのアクターたちにとって、コンテは大成功なのである（図表3-4）。

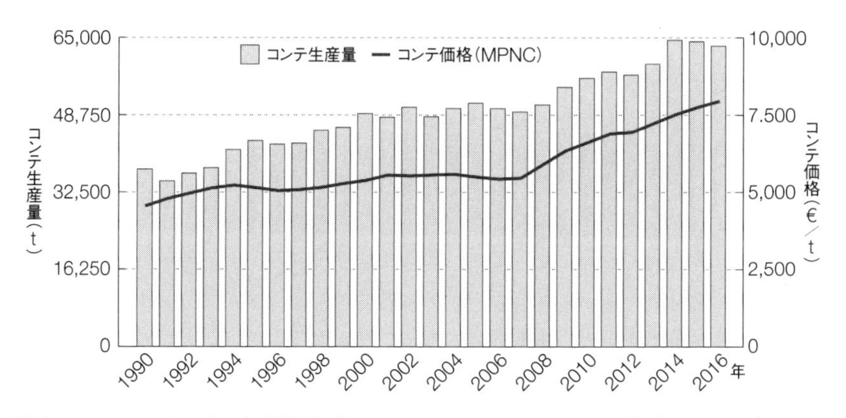

図表3-4 コンテチーズの生産量と価格：1990～2016年の熟成企業による卸への販売量と価格

出典：（CIGC, Draaf）MPNC：国内コンテ加重平均

このコンテチーズの成長は、ジュラ山脈の2つの県における品質と原産地による差別化戦略のたまものであり、この地帯でのチーズ生産量は顕著に増加し、1.6倍になっている。それは、この2つの県がその生産方針を修正してきたことによる。1970年にチーズ生産は2つのチーズに専門特化していた。標準的エメンタールとAOCコンテである。この当時、両方で4万6,000tで、うち64％がコンテチーズであり、ラクレットと、モルビエ、モンドールはわずかでしかなかった（840t）。標準的エメンタールは1985年のピークを後に減少し、それに取って代わるエメンタール・グラン・クリュによっても相殺さ

れることはなかった。こうしてエメンタールは1985年の2万7,213tから2015年の7,800tへと減少した。エメンタールから「解放された」生乳量はAOCチーズ（コンテ、モルビエ、モンドール）に加工された。1990-2015年の間にコンテ生産量が1.5倍となり6万5,000tに達し、モルビエは3.8倍の1万1,000tに、モンドールは5倍の5,300tに達した。AOPには属さないラクレットの生産は1990～2015年に3.7倍となり1万1,800tに達した。このチーズは1980年代になってからジュラ山脈に登場したばかりであった（図表3-5）。

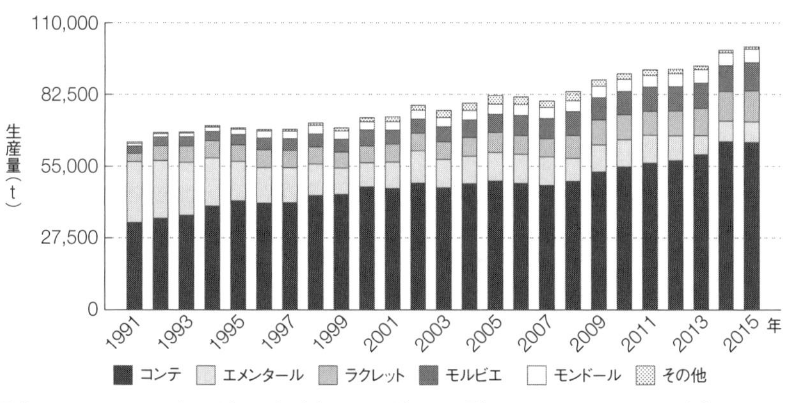

図表3-5 1991-2015年のジュラ山脈（ドゥー、ジュラ両県）におけるチーズ生産の進展　出典：Draaf BFC

分析をはじめるに当たって、このフィリエールをその背景に置き直してみることが重要であろう。AOPコンテの成長戦略は以下の3つの重要な要素によって説明される。

・ジュラ山脈での酪農生産のダイナミズム
・標準的エメンタール生産の顕著な減少、そこから解放された加工用生乳量が、別の産品の成長を可能とした。エメンタール生産はコンテや他のAOP生産と競合できなかった。
・AOP産品の品質と原産地を通じたジュラ山脈のテロワール・チーズの高付加価値化プロジェクト。

2) 歴史的背景における位置づけ

ここで我々は、ジュラ山脈へのチーズ生産の定着の歴史的分析を手短かに回顧してみよう。それは、チーズ経済の現在の特徴的な組織化を理解するために重要だからである[1]。

ジュラ山脈は20世紀初頭になって初めて「入植地」となった。ジュラ山脈は深い森林地帯で、冬が長く寒く、じめじめしていたので、あまり人々を受け入れてこなかった。中程度の標高の500〜1,500m地帯を人々は徐々に開墾し、草地とし、牛と山羊の飼養を始めた。これらの家畜は豊富な草を乳（チーズとなる）へと転換するのに最も適していた。

ジュラの農民社会は長い間、「入植者の共同体」（Morsel, 2014）であった。中世には農村住民の農奴の地位のために（Corriol, 2009）、もしくは農地の所有のために個人や家族の移動が行われていた。こうした所有はフランス革命以前には、隠修修道会や地方貴族に、また19世紀初頭以降は、都市や町のブルジョワジーに集中していた。こうした多くのジュラ農民の活発な移動は、ある種の「隣人」の連帯（1950年代に至るまで続く、と言ってもいい〈Mélo et Jeanneaux（2016）〉）をもたらした。領主は家族集団を土地（しばしば開墾させるための）に定着させた。彼らは種子や家畜、農具を投入し、またこれらをうまく利用させた。領主はこうした権限を家臣に認め、権力とこれらの生産者集団との間の関係は、こうした承認に基づいていた。「入植者」は、自らに任されていた空間での生産組織化について最終的に責任を負っていた（Arnoux, 2012）。こうして彼らは個人と集団を結合させた。集合的実践と空間の場、共同放牧権、共同の羊飼養、共有の森林、牧草地、これらはこうした組織の一部でしかない。というのも、これらのグループが生き残ることができたのは、家族による私的管理と、共同体的な集合的管理との間の均衡があったからである。すなわち「冒険的な自己主張よりもむしろ集団の連帯」（Levi, 1985）が、こうした社会形態の形成を支配していたのである。こうして自家消費もしくは交換によって、社会集団の生き残りを保証してくれる保存のきくチーズ（生活に必要な交易手段と食品の源）を生産するために、農民たちはフリュイティエール（チーズ組合）に組織されたのである。

フリュイティエールという言葉は、塩と重要な商業道という決定的資源に近い地帯で、18世紀の後半に登場した（Mélo, 2015）。中央ジュラ高原は塩の源に近いところにあり、塩はチーズ製造において、またその長期保存にとって決定的な要素である。またこれらの地域には商業道路が通っていた。この道路を通じて、一方では塩が普及し、他方では、イタリア（さらには地中海へ）とシャンパーニュ（さらには北海やバルト海へ）の間で、商人と商品が往来していた。この道路で外国商人や地元商人、銀行家、地元住民が交易していたのである。こうした状況が多くの交流をもたらし、ジュラの農民を世界へと開放した。このような伝統が、一方での、フランス全土へのジュラのグリュイエール・チーズの普及と、他方での新規性やイノベーションの統合（経済と社会の発展の源泉である）を説明しているのである。社会的形態と地理的、歴史的背景がフリュイティエールの登場を可能にし、フリュイティエールは今日に至るまで決して土地を離れることはなかった。つまり生乳を暫定的な共有財とし、生乳を加熱圧搾チーズへと加工し、その生産の最盛期の間、この生乳を集合的に加工するための季節的共同作業を創出したのであり、こうしたことすべては、長期保存のきく商品を自分たちの食料貯蔵庫におき、もしくは市場で販売するためなのであった。

地域生産システムとしてのフリュイティエールは、長い時代を経て3つの強い価値のうえに構築されてきた。すなわち最初はフリュイティエールの主要な価値である「連帯」があり、これなしにはこの困難な地域で、これは存在していなかったことであろう。次にフリュイティエールの運営のための「贈与」がある。このチーズ協同組合は無報酬であり、今日でもなお、それは管理者を有しておらず、その運営はボランティアの協同組合員によって確保されているのである。最後は信頼であり、「あらゆる段階での信用が重要であり、今でもそうである。たとえ、信頼の構築方法が変化したとしても、この価値は、契約によるその制度化以前に、社会的実践の中に強く根づいている」（Mélo, 2012）。

生産者間の協力の成果を公平に配分することが、つねに大きな課題であった。そこでは公共財（コモンズ）が共有によって変容するからなおさらなのであった。コモンズは状態を変え（生乳からチーズへ）、価値を変えたのである。いわゆる「持ち分=順番tour」のシステムが長い間、公平性を具体化させる基礎的手法であった。つまりチーズ職人fromagerは、最も大量の生乳を持ってきた農民から、順番でチーズ作りの作業をする。最も少量の生産者は自分の順番（いずれにしても、順番はやって来る）を、忍耐強く待っている。それぞれのチーズはこの順番の者の印をつけられた。季節の終わりには各人はチーズの塊を持ち帰った。出荷された生乳量は、チーズ量と対応していた（生乳は、それぞれの製造時点で混合されていたとしても）。チーズ職人は、順番となっている家に、機材と共に滞在し、生産者はこの職人の滞在経費を負担した。フリュイティエールは生産の移動を特徴とし、それは効率的であった。きわめてフレキシブルであったからである。ついで15世紀以降になると、フリュイティエール小屋（domui fructerieないしfructerie）が、「山」の中腹に固定した場所に置かれた。それはジュラ山やスイスのヴォー州側のジュラ山脈の標高の高い放牧地での季節的酪農のための場所であった。18世紀以降、定住地域でのチーズ小屋（シャレchalets）は、住民コミュニティーの安定化を示しており、フリュイティエールの安定化をもたらした。この場合、しばしば社会的に複雑な争点は、生乳の距離と品質の公平性という理由のために、集乳の「よりよい」中心に加工施設を置くことであった。こうした生産場所の固定は、地域的協力を前提としている。それぞれのフリュイティエールは生産者たちが縦横に行き来する小さなテロワールの重心となった。20世紀は、移動式フリュイティエールが終わりを告げ、チーズ小屋（シャレ）モデルの登場をもたらした。これがフランシュコンテのグリュイエール・チーズの近代的加工施設となったのである（Mélo, 2015）。

20世紀初頭まで、グリュイエールはもっぱらフリュイティエールにより生産され、熟成されていた。当時フリュイティエールが商人（チーズ専門商であろうがあるまいが）にこれを販売した。出荷される市場の原則に則って、このフリュイティエールは、「年間の、もしくは季節ごとの生産物すべてを、前払いで、一括して」販売していた（Perrier-Cornet, 1986）。第一次世界大戦が終わって初めて、商業的な熟成企業ベルBel社やグラフGraff社、グロジャンGrosjean社、ムリエMouries社、ブレヴェBrevet社、プティットPetite社、ブリュンBrun社、レビーReybie社などが発展したのであり、これらはいずれもチーズ卸商やその仕事（メチエ）に起源を持っている。熟成と販売に関連した機能は、リヴォワール=ジャックマンRivoire-Jacquemin社によって始められ、この企業は1906年にチーズ発酵管理に必要な温度調整システムを備えた熟成庫を発展させた。これによりこの会社は顧客の期待に合ったグリュイエールを生産することができたのである。要するに1860年に創立されたこの企業は、当初、グリュイエールをもっぱら販売しており、チーズの発酵と熟成の管理が、商品輸送の加速化と商業圏拡大によって、商業活動を飛躍的に発展させるための戦略的コンピテンスとなることを理解していたのである。フリュイティエールで熟成されたチーズが購入され、リヨンやローヌ渓谷だけでなく、それほど多くはないが、ナントやアンジェのような場所でも販売された。このチーズは「小桶cuveaux」と呼ばれる樽に貯蔵され、輸送された。この樽には大型円盤状チーズを10個ほど入れることができ、チーズは薄板で仕切られていた（Butterworth et Lausson, 1982）。樽の中に長くとどめられることで、チーズは温められ、発酵が再び始まり、その出荷時点でのチーズと比べて、風味の点でもテクスチャーの点でも全く異なったチーズとなった。こうしてアンジェではリヴォワール=ジャックマンRivoire-Jacquemin社は、長期にわたる輸送のために、気泡の多いグリュイエールを販売していたのである。発酵の結果生じるチーズの中の気泡は最終消費地に向けた輸送の中で作られた。このタイプのチーズを消費するのに慣れた顧客の要求を満足させるために、大きな気泡のコンテチーズがこの都市で販売されるようになったのは、この時期からであったようだ。顧客から期待されている特徴を出荷以前に備えているチーズを、鉄道で発送することができるように、この企業は1880年に（ジュラ県の）ロン=ル=ソニエLons-le-Saunierの付近に定着したのである（Butterworth et Lausson, 1982）。

両大戦間期には、フリュイティエールによるグリュイエールの熟成が終わり、熟成企業＝卸商への未熟成グリーン・チーズの販売が顕著に発展した[2]。こうした展開は、小規模なチーズ協同組合だけではチーズの熟成管理が困難であったことに対応している。こうした管理はいっそう多くの金銭的、技術的手段を動員することを必要としていたからである。生乳生産の増加によって、フリュイティエールの熟成庫の狭小さのために、それによる熟成が不可能となっており、熟成の外部化を促した。グリュイエールの熟成機能掌握の喪失は、こうした小規模チーズ協同組合の従属を伴い、卸商＝熟成企業による支配を促した。これが、両大戦間期での、投機の活発化と相場の不安定さの起源にあった。こうした支配に対抗して、チーズ協同組合は組織化され、協同組合連合会CCCAP（1936）とフランシュコンテ・フリュイティエール協同組合連合会UCFFC（1938）を設立した。これらの協同組合連合会と熟成企業の関係が急速に確立することとなった。結局のところ、こうした協同組合連合会はグリーン・チーズの調達を掌握していたが、グリュイエールの販売に必要な商業手段とネットワークを持っていなかった。こうして2つの連合会はそれぞれ、必要に迫られて1つもしくは複数の熟成職人（熟成庫と顧客を掌握していた）と結合した（Perrier-Cornet, 1986）。

1960年代末以降[3]、チーズ工業部門における産業集中が不可避となった。その生産性と収益性を向上させることで、新しい市場を獲得することができる、フランス巨大乳業を形成しなければならない、という考え方に基づいていたのである。チーズ工業の技術革新によって、エメンタールの工業的生産が、当時の経済目標に最も適していると考えられた。こうした生産を推進していた西部の大規模乳業の新しい競争に直面して、行政によってもまた、コンテのチーズ産業も、この方向にそって大規模なリストラを行うことが急務となった。こうして数年後の1970年に、コンテ憲章Charte du Comtéが締結された。これは、フリュイティエールという、ばらばらの小規模な古びた生産構造の吸収合併を支持していた。しかし、「コンテ・グリュイエール業種委員会CIGC」によるこの憲章の適用は期待された成功を収めなかった。この憲章はコンテについて、2万ℓ/日の単位をベースにフリュイティエールの合併を規定していたのである。Doubs県で3つ、ジュラ県で4つの吸収合併が不完全に行われただけであった（Getur, 1979）。技術経済的な問題にすぐに直面して、これらの集中企業の多くが[4]、コンテチーズの製造を放棄し、もっぱらグリイュエールのみを製造するようになった。UCFFCは1973年以降、指導部交代に引き続いて、この憲章の方向性を確認した。この連合会は、経営困難に陥っていたこれらの合併企業の2つを統合し、大規模な生乳加工施設を作った。この協同組合グループは近代的な流通に応じてその生産を方向付け、統合と多角化の戦略を発展させた。その主たる方針は以下のようであった。

・加工施設の多能性を発展

・フリュイティエールにおける生乳の保全
・新製品の発売
・チーズの品質多角化
・エメンタール生産の差別化
・包装ラインの設置
・フランス西部の大企業と遜色ないコストでの工業的チーズ生産

こうした政策は、CIGCの伝統的な熟成企業や協同組合内部の酪農家の反対にすぐに突き当たった。生乳集荷から加工に至る、その実践においてUCFFCによりもたらされたこうした変更は、CIGCにとっては、コンテを保護し管理するためになされるべき政策と対立していた。だからこそ1976年4月30日に、コンテAOCの生産条件を規定する政令（デクレ）が発布されたのであり、これは、コンテ生産の工業的モデルの実施への反対を示している。当時の規則は、コンテの生産について、乳牛モンベリアルド種もしくはピ・ルージュ・ド・レスト種の生乳のみから作られ、サイレージの餌が除外されることを簡潔に規定していた。凝乳酵素添加前に40度以上では温められていない生乳からコンテは作られなければならず、熟成は、90日以上なされなければならなかった。こうした規則は卸＝熟成企業と小規模フリュイティエールによりもたらされた生産モデルを明白に補強し、承認していた。これはチーズ製造部門の地方中小企業（熟成と卸商の機能を持っていた）と、ジュラ地方の酪農家（地方の小規模生産を掌握していた）との間の強い同盟に基づいていた。フリュイティエールの多さが、熟成企業に対して、チーズの強い多様性を提供しており、こうした多様性は地方および地域の流通において、チーズ専門店や食料品店で高く評価されていたのである（Butterworth et Lausson, 1982）。この生産システムは、品質表示されたチーズ部門における集中と工業化の試みを抑止し、独占地代（レント）の生産によって、種別的生産システムを維持することを可能とさせた（Perrier-Cornet, 1986）。

地方レベルでの、こうした戦略転換は、1979年にUCFFCの危機をもたらし、これは数年後の破綻によってその終焉を見た。UCFFCはチーズ供給の地方的調整者として自らを位置づけようとしてきたが、伝統的な競争相手に対して市場動向を掌握することができなかったことが、破綻の起源にある。

1978年には地域の酪農生産の低迷がAOCコンテの価格高騰をもたらし、UCFFCの競争相手による在庫の投機的行動により、1979年春まで人工的に価格が維持された。市場混乱の脅威に直面して、自らの多角化戦略と供給管理の戦略に忠実なUCFFCは、その生乳加工工場のおかげで、市場供給を維持するべくエメンタール生産を削減してコンテを増産することを決定した。しかし1979年の生乳生産の盛り返しと、競争相手の熟成企業による在庫の即座の一掃が価格暴落を招いた。UCFFCがますます増加するコンテを販売していたときのことである（1979年の第三四半期）。膨大な量の在庫と、事業融資への銀行の拒否のために、この協同組合連合会は1979年末に深刻な財務困難に陥った。1976年以来の赤字経営により、UCFFCの加工活動は中断を余儀なくされ、熟成活動に集中することを決断した。160のうち63のフリュイティエールが契約を破棄し、熟成企業4のうち3つが離脱し、1983年にはUCFFCはすべての活動を停止せざるをえなくなった。

このようにAOCコンテは、社会的、技術的分業に基づいたジュラのチーズ生産システムの組織化の主要な担い手であった（Perrier-Cornet, 1986）。一方で、小規模集団（2016年でフリュイティエールが140）に組織された酪農家がグリーン・チーズ（未熟成）の生産を掌握しているが[5]、最終市場にはほとんどアクセスできない。他方、熟成企業（2016年で15）は、市場へのアクセスを独占するが、第一次加工には投資しないのである。

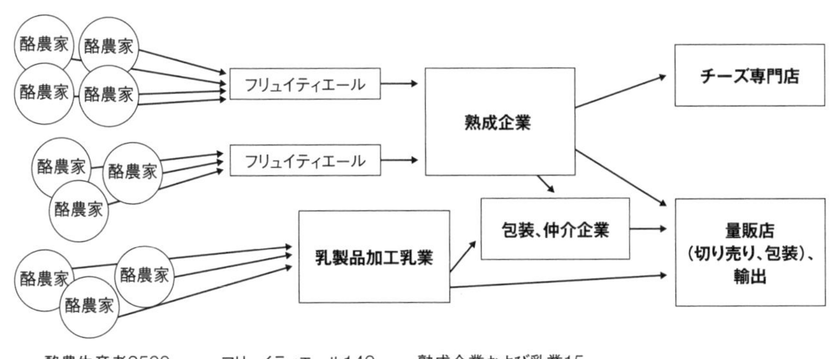

図表3-6 AOPコンテのバリューチェーン（2017）　出典：Jeanneaux（1998）；Wouts（2006）；Augier（2011）：Jeanneauxによる2017年聞き取り

こうした分業形態が現在に至るまで存続し、AOCコンテの成功裏の構築によって確保される、集合的余剰が持続的に生み出されている。1980年代までの職人的生産方法の成功は、酪農家（フリュイティエールの組合員）と熟成企業との間の利害の一致の維持によりもたらされた。しかしそれだけではなく、（近代化された「モンベリアルド」酪農家エリートから構成される）ヘゲモニー的社会ブロックの利害と両立不可能な社会集団の排除と選別過程によっても、こうした成功がもたらされたのである。こうした酪農家エリートは、発展モデルの担い手であり、農民社会の中でより広範な支持を自らに保証することができる経済的効率性を証明していたのである。ジュラ地方の酪農家は、戦後の近代化の動乱の時期に対応するための準備が十分にできていた。彼らの経営はすでに、他のフランスの地方よりも大規模であった。というのも、共同放牧権への、また共有地へのアクセスが、さらにフリュイティエールへの山羊乳の出荷アクセスが早い時期から失われていたために、自給的小規模農民はかなり以前に（19世紀）消失していたからである。1984年の生乳クォータ発足時点で、酪農家あたりの平均出荷量は、ジュラを含むフランシュコンテでは8万9,062ℓ、ブルターニュでは9万1,664ℓ、フランス全体では7万2,000ℓであり、ローヌアルプやオーヴェルニュの山岳地方では、4万3,073ℓしかなかった（Perrot, 1998; Cniel, 2015; FranceAgriMer, 2013; Langer, 1991）。ジュラの酪農家はすでに、酪農生産に特化しており、モンベリアルド乳牛品種を中心とした酪農技術に長けていた。こうして、この酪農家社会の質と、生乳専門の乳牛在来種の優秀性を示したのである。彼らの経営の成長がこのモデルにおいて可能だったからこそ、またそれはとりわけ農地リザーブ（共有地）――私有化に向けて激しい競争が起こった――が豊富に存在していたからこそ、農業者は、西部のブルターニュ地方の農業者のような、土地圧力の強い地帯での、より集約的な生産（ホルスタイン品種とサイレージ、配合飼料に基づいた）を拒絶したのである。

1980年代以降、コンテは、その基礎を揺るがす複数の要因のために、その種別性の確認とその保護の強化の局面に突入した。全国規模の巨大乳業グループが地元の経営困難に陥った熟成企業や乳業を買収したのである。地元の熟成企業はその相対的重要性を徐々に喪失した。アントルモンEntremont（1985

年、さらに2010年にソディアールSodiaalにより取得)、エルミタージュErmitageとラクタリスLactalis(1992年)、ロレーヌ酪農生産者連合会ULPLおよびブラモン乳業Les Fromageries de Blamont(2004年、さらに2013年にはSodiaalに吸収)といった企業によるコンテのフィリエールへの参入は資本を蓄積し、コンテの生産増加と消費拡大に対応できる生産手法を開発した。「地元の」熟成企業もまた、こうした経済成長に貢献したが、それはきわめて限定的なものであった。この30年間でコンテ生産は3万5,000tから6万5,000tに成長した。全国資本の熟成企業が、コンテの熟成において重大な地位を得た(1990年には生産量の20%以下であったのが、2015年には50%を占めている)。これらの乳業グループは、機会あるごとに、生乳集荷から第一次加工、熟成までのすべての川上の機能を統合するという意欲を表明していた。オート・サオーヌ県のようなAOPの平野部での産地においてコンテ生産を増大させようとしたのである。こうした戦略は、フリュイティエールに結集したジュラ山脈の酪農家たちの強い反対にあって挫折したと言わざるを得ない。それでもこうした新しいオペレーターたちの登場は、無視し得ない影響を及ぼす2つの進化をもたらした。すなわち熟成における技術的変化と、チーズそのものの変化、その販売方法の変化である。しかもこうした変化は、価値のいっそうの増加を妨げなかったし、コンテチーズシステムの様々なステークホルダーの間での価値の配分を崩壊させることもなかったのである(Jeanneaux, 1998; Jeanneaux et Perrier-Cornet, 2011)。

こうした現在の地方生産システムは、長期にわたりかなり利益あるものであった。それは酪農家に対して、30年前からきわめて高い生乳価格(全国平均よりも10〜50%高い)を保証してきた。2016年には、AOP生乳の生産に取り組むジュラ山脈の酪農家は、その実質生乳価格を505€/1,000ℓで販売したのに対し、ブルゴーニュ・フランシュコンテ州全体では425€、オーヴェルニュ=ローヌアルプ州のそれは363€、ブルターニュ州のそれは325€でしかなかった[6]。こうした成功は、原産地呼称のレントの創出によって説明され、またフリュイティエールに結集したジュラ山脈の酪農家が、このレントの一部を受け取ることができたことによって説明される。こうした地域生産システムはその市場を発展させることにも成功し、25年間で価格を75%、量を

70％増加させたのである。

こうした成功をどのように説明すべきなのであろうか。

歴史的分析がなされなければならない。それによって我々が研究しようとする現在の状況の原動力を検証することができる。AOPコンテ・フィリエールの場合、このシステムの経済パフォーマンスは、以下の歴史的事実によって説明される。すなわちそれは、経済を編成することに貢献し、また種別的なソーシャル・キャピタルを発展させることに貢献した。こうしたソーシャル・キャピタルは連帯と信頼、ステークホルダー（酪農家、フリュイティエール、熟成企業）の間での関係の安定化によって、また上述のような、生産のオリジナルな集合的形態、すなわちフリュイティエールによって特徴づけられているのである。

(2) コンテ・フィリエールの比較優位の構築

フィリエールの経済パフォーマンスの違いを説明するために、我々は、地域食料システムが競争優位を発展させるための3つの梃子――競争優位の形成、競争相手からの生産システムの保護、システムのガバナンス――のうち、まず最初の研究の軸を取り上げる。すなわち、アクターたちが協力し、組織化されるやり方が、比較優位の構築においてどのような役割を演じているか、である。この比較優位は、経済的余剰の形成とその配分に関連している。こうして我々は経済的余剰の生産がどのようになされるかを分析することを目的とした最初の作業軸を扱うように促される。

こうした問題を扱うために、3つの主たる要素が、経済余剰の形成を理解するべく精緻化されなければならない。すなわち最初の要素は、種別的資源の集合的活用に関わる（地域的品質のレントという概念と関連する（Mollard, 2001））。第二の要素は、希少性を組織し（供給管理）、失格品質（格落ち品）を管理するために、アクターたちがどのように組織されるか、を扱う。第三の要素は、フィリエールの間でのエージェントたちの関係に関わり、取引費用と情報費用を削減する際の彼らの能力に関わる。

1) 余剰創出の内在的要素の同定

製品差別化が追加的価値をもたらすのは、最終消費者の支払い意欲を高めるからである。こうした差別化は種別的資源に基づいている。その第一の資源はテロワールへの製品の根づきに基づいている。AOPコンテフィリエールの場合、生産地帯は、フランスのジュラ山脈の輪郭にほぼ対応している。この地帯はドゥー県とジュラ県のほぼ全体と、アン県とサオーヌ・エ・ロワール県のそれぞれのいくつかのコミューンを含んでいる。

・製品の種別性

地域的生産割当による排除は、法律によってその生産地域を限定することで、この製品を差別化する1つの方法である。かかるものとしてコンテは1952年のディジョンの裁判所の判決以来、AOCを認められている。50年ほど後の1998年に、現在の生産地帯へと地帯が狭められ、オート・サオーヌ県（歴史的な生産地帯であるドゥー、ジュラ両県に隣接している）での、後になって機会主義的に行われていたコンテ生産を呼称区域から排除した。

次いで生産者たちは、コンテ生産を特徴づけている、地方的で、忠実で、永続的な慣行を同定しようとした。製品の品質と、テロワールへのその結合の分析は、（味覚的に高品質なコンテの生産のために満たされるべき）農業生産条件の厳格な区域限定をもたらした。生乳と生草、干し草の飼料が、客観的条件であることが解明され、それは多くの研究者の作業によって検証された（Barjolle et al., 1998a）。その結果、乳牛ホルスタイン品種のためのサイレージトウモロコシにもとづいて生産された生乳が禁止された。仕様書は、「山岳とモンベリアルド品種」の酪農家の生産条件に対応している。厳格な条件の遵守[7]が、コンテに特徴的な官能的特徴をもたらすとされている（Perrier-Cornet, 1986; Jeanneaux et Perrier-Cornet, 2011）。

・最終製品の品質基準

40年前からコンテ・フィリエールには全国資本の乳業グループが参入している。これらの企業（ReybierやEntremont、Lactalis、Sodiaal、Ermitageなど）は、技術変化をもたらし、コンテの販売方法を修正させた。1985～95年の間に、コンテの熟成過程における技術変化が見られ、チーズ管理の自動化が多くの熟成企業により導入された。こうした近代化は、生産コストの削減を可能とし、コンテの原価を、エメンタールなどのような、代替可能品のそれと、遜色ないほどに削減させた。それは熟成庫の従業員を削減することでなされた。その削減によって熟成企業は、チーズ品質を劣化させないように熟成庫での温度を低下させるような熟成管理を導入した。それ以降、コンテの特徴が進化した。標準コンテは、気泡ouvertureのない、より脂肪分に富んだ、より湿度の高いチーズの塊massifとして販売されるようになった。[気泡のないコンテはマッシフと呼ばれており（訳者）] 我々の調査によれば、1980年にコンテチーズの5％以下しかマッシフがなかったのに対して、1997年には80％近くがこの特徴を示し、2013年にはおよそ95％となっている。この製品の進化は、1994年のAOCデクレにおける条項の追加により規定され、そこでは、コンテチーズは以下のように再定義されている。「色は象牙色から黄色で、一般的に気泡を提示している、加熱圧搾チーズ」（傍点訳者）である。そしてもはや1986年のデクレのようにではない（「色は象牙色から黄色で、気泡を提示している、加熱圧搾チーズ」）。コンテチーズの均質化は、以下の要因が複合的に結合していることにもよるであろう。すなわち一方では、消費者はますます、特徴のない、粘りがあるonctueuxチーズを欲する。これはフランスでのコンテチーズ消費の普及にみられる現象である。他方でフリュイティエール側では、チーズ職人のノウハウの進化が見られた。外部の技術普及サービスにますます支援されて、チーズ職人は、特別なノウハウを持った職人の地位から、コード化された実践によって格付けされた技術者の地位に移行した。こうした動向はフリュイティエールの中での製造過程の均質化をもたらし、ますます均質的で、規則的で、ついには大量消費に適した標準を中心とした、コンテの均質化をもたらした。大規模乳業もまた、製品販売方法を修正した。コンテの販売は脱地域化し、量販店において普及している。2016年にはコンテの販売量の80％が量販店と安売り店によって占められているが、1987年にはその割合は56％でしかなかったのである（Jeanneaux, 1998）[8]。全国巨大乳業グループは、地元の熟成企業を、チーズの新たな製品差別化へと向かわせることになった。

一方で、時間の概念が転換された。古くなること、つまりチーズの長期間の熟成が、品質改善や優越性の同義語となったのである。当時、熟成企業にとっての困難は、8か月から15か月の間、外観の致命的欠陥が起こることなく、チーズを保存することなのであった。こうした技術的リスクは、上述のように、チーズ管理の自動化に続いて発展した、低温での慎重な熟成のおかげで解消された。量販店のチーズのバイヤーにとって、切り売り場でのコンテの最も妥当で簡便な品質判断基準は、熟成期間となった。こうした品質差別化戦略は、大型円盤状チーズの貯蔵場所を資金調達するための資本を必要としたが、これは利子率の低下という当時の背景において容易なことであった。

他方で、コンテを差別化させ、このチーズになじみのない新しい消費者の知識不足と関連した不確実性を除去するためのもう1つの方法は、量販店のセルフサービス売り場で販売される個包装されたコンテの生産に基づいている。それほど熟成されていないコンテのマッシフの生産は、このタイプでの販売に適しており、現在の慎重な熟成技術により可能となった。しかし、この販売方法では、切断機や包装機械、貯蔵機械、格落ち品の活用の機械設備の設置を減価償却するためには、大量の個包装チーズの生産が必要となり、企業はコンテを大量に持っていなければならないことになる（1万t以上）。こうした条件では、コンテとエメンタールの十分な量を掌握できる大企業のみが、この種のチーズの差別化に舵を切ることができた（Jeanneaux, 1998）。分割され、個包装されるか、もしくはシュレッドのコンテチーズが成長の担い手となった。それは、2016年に販売されたコンテチーズ量の64％を占めていたのに対し（35％は切り売り場）、1990年でのその割合は20％でしかなかった。2016年に、セルフサービス売り場ではコンテが平均12.56€／kg、切り売り場15.38€／kg（加重平均13.60€／kg）で販売されていたのに対して、非AOPチーズの価格は平均8.60€／kgであった。原産地による品質差別化によって非AOPチーズよりも平均して58％高い販売価格を達成することができた（CIGCの2016のデータ; INAO-Cnaol, 2017）。差別化戦略は利益を上げることができたのである。

これらの長期熟成や個包装という2つの主要な差別化の近代的手法とならんで、別の手法が数十年前から、コンテ・フィリエールで広がっている。「フリュイティエールのコンテ」ないし「山のコンテ」の呼称のように、いくつかの手法は受け入れられてこなかった。これらの呼称は、挑発的で対立の元となったことであろう。

研究を通じて、我々としては以下のような考えを抱くことになった。つまりかつてはこのフリュイティエールがチーズの品質構築の重要な要素であったが、その役割を減少させたのである。今後コンテの品質は、ますますフリュイティエールの川下で、それとはますます無関係に構築されるかもしれない。結局のところ、このチーズのフィリエール全体における競争優位は、コンテの差別化の効率性に基づいていよう。一方では時間概念の高付加価値化によって熟成段階で、他方では個包装によって熟成より川下で、差別化がなされる。

フリュイティエールはコンテの十分な量を供給する役割を担い、伝統とテロワールのイメージを運ぶと考えられている。我々は、チーズ差別化の実行段階での、酪農家の「パワー」の喪失の不可避性について検討してきた。こうした現象を自覚して、酪農家は品質構築における自らの責任を再確認したいと望んでいるようである（例えば銘柄――クリュcru――の承認によって）。こうした戦略が成功するかどうかの展望は、こうした方向への熟成企業の敵意を考慮すると、限定的のようにみえる。フリュイティエールの個別的特徴を活用するかしないか、熟成企業は、つねに自由だったからである。商業宣伝としてクリュを認めることで、熟成企業はフリュイティエールに新たな承認をせざるを得なくなろうし、経済的利益をあげられるかどうかわからないような構想に販売促進をかけなければならないであろう。こうしてCIGCの後援の下で、ある種のコンセンサスが見いだされた。それはチーズのアロマティックな特徴とテロワール産品の結合の承認というアプローチの実施による。チーズのテイストと、生産の場所（土壌とその特徴的植物相によって特徴づけられる）との結合は、クリュを同定することを可能とさせた。次いで、コンテのテイスティングに特別に訓練された専門家グループ「テロワールの審査委員Jury de Terroir」が、コンテに最も頻繁に確認されるアロマと香りの6つの種類を同定した[9]。最後に、それぞれのフリュイティエールの生産地帯が特徴づけられ、コンテのこうしたそれぞれのアロマの種類と関連づけられた。こうしたクリュという考えは、チーズ生産者への支払いにおいて正式に考慮されていないとしても、コンテにとってのテロワール産品のイメージの強化において、おそらく本質的な役割を演じているのである。

2) システムによる供給管理の同定

余剰の源泉をなしている製品特性と品質の基準を同定しなければならないとすれば、供給管理と品質管理の政策についても検討しなければならない。

・供給管理

1970年代以来、市場でのチーズ供給量の管理がCIGCの中でなされ、この組織は2つのメカニズムにより地域の生産を調整してきた。一方ではコンテ生産の構造的な内部コントロールによってであり、それは継起的なデクレ、とりわけ1994年と1998年のデクレのおかげである。これは、それぞれのフリュイティエールの生産の歴史的産地以外での集乳を制限し、2つの県（ドゥーとジュラ）のみにAOPコンテ地帯を厳格に限定したのである。他方で、生産の景気循環的な内部コントロールが、継起的な年間キャンペーン・プラン plans de campagne annuelsのおかげで実施された。このプランは財務省により認可され、AOPフィリエールに対して、加工場ごとの生産量「クォータ」を遵守させることで、生産増加を制限することを可能とした。このプランは、供給規制規則を適用し、3年間のコンテ生産可能量を設定しているのである。現行の新しい措置はCAP改革の「ミニ酪農パッケージ」に由来する。この措置では2012年以降、地理的表示産品（AOPとIGP）について、3年間、販売可能なチーズ量を管理することが可能となる。このキャンペーン・プランは年間での追加的なコンテ生産可能量を規定する。例えば、2015～2018プランでは、年間920tの追加生産量がもたらされる（それ以前のプランでは年870t）。新しい「コンテを生産する権利」の付与は青年農業者と、AOPコンテに転換する農業者に付与される[10]。

この2つのメカニズムによって、長期にわたり（1991～2017年）、生産量水準をコントロールすることができた。しかもコンテの平均販売価格（時価ユーロベースで）を増加させ、また価格の乱高下を削減することができた。したがって余剰は、供給管理による希少性の組織化から生じたのであり、単に、仕様書に記載され、最終製品にその名声を与えているテロワールとの結合の遵守だけによるのではない。

最後に、我々が第1節第1項（「経済的背景における位置づけ」）で述べたように、モルビエとモンドールの市場の発展が決定的であった。これにより1970～80年代に花形であったジュラ山脈のエメンタール生産の衰退を吸収することができたのである。こうしたAOPの下でのチーズ多角化戦略は長期にわたり利益があり、コンテの過剰生産を回避することができた。こうした方法は、整合的な共有された地域戦略の実施によって可能となり、またこの状況は、おそらくはフリュイティエールの間でのまとまりにより促進されたのである。

・格落ち品の管理

1980年代に、この職能団体はコンテを強く差別化しようとして、その品質が、彼らによるところの「AOCに値する」コンテだけを販売しようとした。品質管理政策[11]、新しいコンテのブランド（コンテ・エクストラComte extra、コンテ、コンテの原産地呼称を得られないチーズ）が、1986年のデクレを通じて実施された。こうした新しいブランドは、その品質に応じてチーズの分類基準を設定した。それぞれのチーズは20点満点で点数をつけられる。CIGCが指摘するように、「獲得された点数は、大型チーズのテイストだけでなく、その物理的外観も採点する。14点以上をとる大型チーズは緑のベルトを、12点と14点の間は茶色のベルトのマークをつけられる。この茶色のベルトは、すばらしいチーズでありながら、外観に軽い欠点のあるチーズを採点していることを強調しておかなければならない。12点に達しなかったチーズは格落ちとされる。緑色もしくは茶色の2つは本物のコンテであり、その熟成期間は4か月以上である。ベルトの色は熟成期間やテイストの分類とは無関係である」（図表3-7）[12]。

図表3-7
緑色のベルト（左）と
茶色のベルト（右）

毎月、それぞれのフリュイティエールのコンテのロットが採点され、熟成企業によって、フリュイティエールのグリーン・チーズの最終価格を設定するのに使われる。出荷の際に、熟成されたチーズが最終的に分類される。12点以上の点数をとれないチーズは、特にプロセスチーズに使われることになる。ジュラ山脈には、プロセスチーズ製造の発展した産業が存在し、これは具体的にはスプレッド・チーズの形をとり、その他としては「キリ（笑う牛Vache qui rit）」がある。こうした産業は、その品質が、コンテの呼称を得るには不十分であるようなチーズを、別の市場で活用することを可能とする。おそらく、こうした格落ちした製品を高付加価値化する利点があるために、このフィリエールのステークホルダーたちは、劣った品質の製品をより容易に除去するように促されるのである。

3）取引費用を削減する組織的要素の同定

最後に、フィリエールがどのように組織化されているかが、余剰を生産する能力に影響を与える。というのも、それは、様々なステークホルダーの間での調整が供給管理と品質管理の攪乱の起源にあり、こうした調整のあり方が取引費用の削減に作用するからである。その結果、ステークホルダーの間での関係の性格、その整合性、その補完性などを評価することが求められる。そのために我々は、フィリエールのソーシャル・キャピタルの分析基準を動員した。ソーシャル・キャピタルの3つのメカニズムが文献（Aldrich, 2012）の中で提示されている（図表3-8参照）。

最初に「結束型」bonding capitalがある。それは、類似した状況にある人々の間での結合（家族や友人との直接的結合）に対応し、信頼や忠実性、互酬性、メンバー間の協力の関係に基づいている（Putnam, 1995）。

第二に「連結型」linking capitalがある。それはbonding capitalから派生している。この種のソーシャル・キャピタルは（同じ地位を持たない、もしくは特定の者に対して相対的な権力を有する）個人の間での関係に対応している。この場合には、ヒエラルキー的関係、補完性の関係が見られる（Szreter et Woolcock, 2004）。

第三に、「橋渡し型」bridging capitalがある。これは、友達の友達の、そのまた友達の関係に対応し、弱い関係であるが、戦略的情報もしくはイノベーションの担い手になり得る（Szreter et Woolcock, 2004)。このソーシャル・キャピタルは弱い結合の強さに対応している（Granovetter, 1974)。

次元	Aldrichの定義	特徴	例	AOPコンテの場合
Bonding:閉じたソーシャル・キャピタル	類似した個人の間での強い結合（集団、チーム、家族など）が、まとまり、集合的行為の能力、社会的監視を強める。	信頼、忠実性、互酬性。閉じた、緊密なネットワーク。水平的関係。	家族の中での関係。	酪農家と協同組合員との間の、フリュイティエール内の強い、規則的な関係。
Linking:閉じたソーシャル・キャピタル	Bondingから派生。地理的に近いが、異なった地位を持つエージェントの間での結合（ヒエラルキー、もしくは補完性）。	信頼、忠実性、互酬性。閉じた緊密な関係。	兵役での関係	フリュイティエールに属する酪農家と熟成企業との間の、強い永続的関係。
Bridging:開かれたソーシャル・キャピタル	弱い結合であるが、集団の外部の個人との差異化された結合。イノベーションの担い手。	垂直的関係。取り決め、互酬性なし。	昔のクラスメートの結合	多数のステークホルダー（コンテ親善大使、著名料理人等）との関係。

図表3-8 3つの次元でのソーシャル・キャピタルの分析基準　筆者作成

コンテ部門では、ソーシャル・キャピタルはきわめて種別的であるように思われる。農業者は何世紀にもわたり、共通のフォーマルなルールを発展させ、グループの強いまとまり（bonding）と外部への開放性（bridging）により特徴づけられるソーシャル・キャピタルを構築してきた。長い時を経て、地方生産システムは3つの強い価値を中心に確立した。すなわち連帯（フリュイティエールの基礎）と、贈与（とりわけ無報酬でのフリュイティエールの管理について)、最後に信頼である。信頼の構築の手段は変化したが、これらの価値は、社会的実践の中に強く根づいている。酪農家は長期にわたりこの部門にコミットし、このことが、生産規則の遵守と生乳品質の管理に影響している。

そのうえ、現在の地域的生産システムは、協同組合と熟成企業の間での強い連携に基づいている。そこではまた、フリュイティエールと熟成企業との間の関係が強く（linking)、40〜50年前から、チーズ販売契約は透明性と忠実性に基づいている。最後に、フィリエール外部のパートナーとのフィリエールの弱い結合（bridging）が強く、商業的、食品技術的イノベーションの採用を可能とした。

おそらくフィリエール内部でのこうしたまとまりが、共有された共通プロジェクトを中心に、ステークホルダーを連携させることを可能としてきた。これが本質的な条件として、フィリエールの成功を可能とさせたに違いなく、とりわけ長期にわたり価値の余剰を生産させてきたのである。1990年の標準エメンタールとの価格格差はほとんどなかったが、2016年にはAOPコンテは8,000€／tの水準に達した（1990年には4,430€であった）。コンテ部門が25年で平均価格を75％上昇させたのに対し、エメンタールの価格は2％下落したのである。

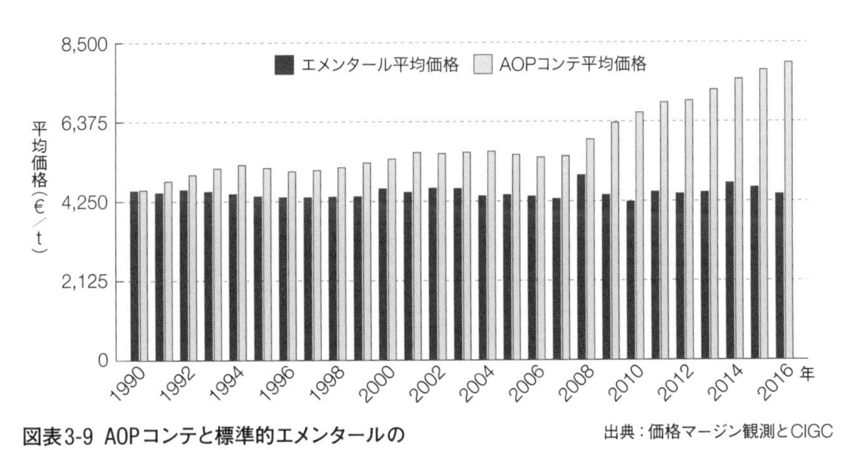

図表3-9 AOPコンテと標準的エメンタールの価格の比較（1990-2016）

出典：価格マージン観測とCIGC

(3) フィリエールの余剰配分メカニズム

我々は、価値を集合的に創出することを可能とした梃子について大まかに見てきた。しかしながら、この価値の創出に貢献するステークホルダーたちの間での公平な配分がなければ、価値を創出することに何の意味もないと、我々は言うことができるであろう。我々の分析基準によって、余剰配分メカニズムの決定要因を分析することができる。根本的な要因が2つある。

まず最初の要因は力関係にあり、これは価値形成へのそれぞれのステークホルダーの貢献による。次いでフィリエールのそれぞれの段階の間での社会的技術的分業の分析によって、それぞれに対して、お互いを必要不可避とさせているものが何であるかが解明される。第二のメカニズムが、チーズと生乳の価格形成を決定している。

1) 余剰配分の説明要因の同定

現在に至るまで、コンテ部門のバリューチェーンであるフィリエールが「生産」と「市場」との間の余剰配分を組織してきた。このシステムの効率性を通じて、集合的余剰を調整的に配分することで、とりわけ酪農家は過去25年間を通じて（2007年の例外を除いて）、国内平均よりも20～50％高い生乳価格を達成することができた。コンテ生産組織の抵抗は、長期にわたり、酪農家と小規模商人資本とのあいだで共有された経済利益の一致に基づいてきた（Perrier-Cornet, 1986）。近年に至るまで、未熟成グリーン・チーズを管理するフリュイティエールが多数存在していたことで、熟成企業はチーズの多様性（地方流通や専門流通で、高く販売されている）を確保してきたのである。高いマージンを得ることで、熟成企業は業種組織（酪農家から熟成企業に至るバリューチェーンのインタープロフェッション、CIGC）により課せられる一括契約に基づいて、付加価値を均等に配分することを受け入れてきた。こうした配分は、CIGCの中で承認される一括契約の中で決められている。特定の熟成企業は異なった条件で契約を適用することができるが、それは、いずれにしても、この一括契約に含まれる契約と同程度の利益である。

フリュイティエールに属する酪農家と熟成企業とは、業種組織により課せられる一括契約に基づいて、呼称のレントを公平に配分することを受け入れた。こうした一括契約によって、チーズの最終価格に応じて、川上での価格（フリュイティエール段階でのグリーン・チーズ価格）の制度的運営が可能となる。CIGCが、毎月販売されるコンテの加重平均価格を作成し、これを配布する。この販売されている熟成コンテのベース価格が、フリュイティエール協同組合から買い取られるグリーン・チーズの最終価格を設定するための基準となるが、それはチーズ加工の係数（市場での動向に応じて、年間で変動する）を適用することでなされる。黄色の、高い品質のチーズは、強い保存適性を持ち、

5月から10月の間に生産される。フリュイティエールに対して、このタイプのチーズを生産するように金銭的にインセンチブづけるために、グリーン・チーズ価格の加工係数が高められる。こうした金銭的インセンチブによって、冬場での生乳生産の集中を回避し、熟成ポテンシャルの弱いグリーン・チーズ生産を回避することができるのである。こうした「制度的な」価格は酪農家とそのフリュイティエールを市場動向に結合させる。次いでフリュイティエールは、毎月、生産者生乳価格を決定する。これらの係数はフリュイティエールの協同組合員である酪農家と熟成企業との間で交渉されていたものである。これが、呼称レントの配分の基礎となり、力関係の現状を示している。さらに2004年には、熟成企業は、コンテの新しい販売条件を考慮するために、グリーン・チーズの報酬係数を低く修正することができた。結局1990年代を通じて、コンテの差別化の転換が見られた。つまりかつてチーズ生産差別化は、フリュイティエールで製造されるチーズの内在的特徴の表現を中心に、また熟成企業のノウハウを中心になされていた。今や、チーズの熟成度合いと包装により、熟成段階での技術（もはやフリュイティエールに属さない）の統合によって、差別化がなされることになったのである（Jeanneaux, 1998; Jeanneaux et Perrier-Cornet, 1999）。フリュイティエールはチーズの差別化にはもはやそれほど貢献せず、その結果、付加価値の形成にも貢献しないであろう。最後に、この生産システムが、全国規模の乳業（Entremont, Lactalis, Unicopa, Ermitage、近年のSodiaal）の参入によって、1990年代に混乱したとしても、このシステムは疑問視されることはなく、他のフランスの地域よりも高い生乳価格を維持することを農業者に可能とさせたのである。

2) チーズ価格と生産者生乳価格の決定

どのように生産者生乳価格が決定されているかを理解するためには、フィリエールの様々な段階での価格形成と移転の完全なバリューチェーンを見なければならない。

上述のように、すべての熟成企業は毎月、業種組織CIGCに対して、販売された熟成コンテの量と価格を申告する。CIGCは毎月販売されたコンテの加重平均価格を作成し、公表する。それがMPNC（国内コンテ加重平均）である。この基準が信頼できるものであるためには、それぞれの熟成企業が、カテゴリごとのチーズの販売量と価格をCIGCに申告することを受け入れることが必要である。独立した会計士が、情報を集中することで、それぞれの熟成企業により実施された商業取引の匿名性と誠実性を保証する。実際、それぞれの熟成企業の市場にかかる戦略的情報は、公表されてはならない。トータルでの月別販売量での加重平均価格のみが毎月公表されるのであって、この価格へのそれぞれの熟成企業の貢献度合いを知ることができないようになっている。この係数は、フリュイティエール協同組合の酪農家と熟成企業との間で交渉されてきた。上述のように、これらの係数が付加価値の配分のベースになっている。

フリュイティエールに支払われるグリーン・チーズの最終価格の決定方法を説明するために、一例をあげよう（図表3-10）[13]。

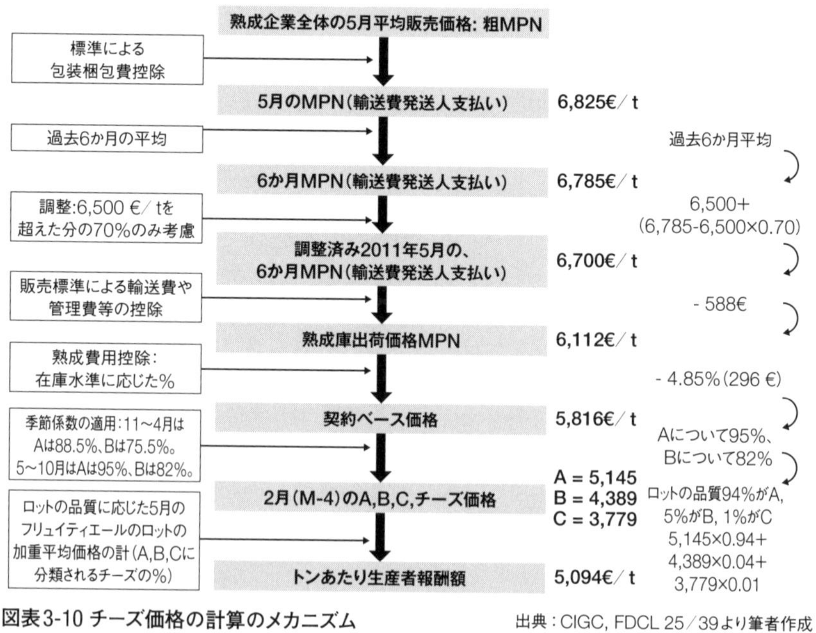

図表3-10 チーズ価格の計算のメカニズム　出典：CIGC, FDCL 25／39より筆者作成
MPN＝粗全国加重平均価格

すべての熟成企業が、5月に販売されたチーズの価格と量を業種組織CIGCに申告したとしよう。5月のチーズの販売は、（3か月前、つまり2月に製造された）チーズ価格を計算することが可能となる。チーズが3か月の熟成期間を経て販売されていたときの、歴史的実践に基づいて確立された仕組みである。もはやこれは現在ではなされていないが、それでも価格計算についての基準となる月は維持された。粗全国加重平均価格MPNは、CIGCにより委託された会計事務所によって作成される。それは、コンテの月別の販売量全体（大型チーズ、切り売りcoupe、包装、部分portion、格落ちchoutes、プロセスfontesチーズ、シュレッドチーズなど）に関わる公的な相場であり、すべてはカテゴリごとの量の加重平均価格（輸送費発送人支払いfranco）で、トンあたりユーロで示される[14]。次いで、量販店のセルフサービスでのチーズ販売の急増と関連して、量販店への新しい市場アクセスの費用を考慮した標準にしたがって決められる包装梱包費用が差し引かれる。最初の価格が配布され、これは当該月についてのMPNである（我々の事例では6,825€／t）。ついで、過去6か月のMPNのならし平均が計算される。ここからならし平均6,785€が得られる。こうして、この平均価格は、ある基準値を超えた価格のパーセンテージだけを考慮するように調節される。我々の事例ではMPNの6,500€／t以上を超えた価格の70％だけが考慮され、最終的に6,700€となる（6,500＋（6,785－6,500）×70％）。こうしてMPN franco port（輸送費発送人支払い）が得られる。さらに、この価格からロジスティック、輸送、販売、新しい市場へのアクセス、管理費、金融費用の経費が差し引かれる。これらは販売標準にしたがってチーズを販売するために熟成企業により負担される。それは、我々の事例では588€／tである。こうして我々は、熟成庫出荷価格MPN6,112€／tにたどり着く。在庫の全体水準に応じて、場合によっては、熟成のコストが適用される。我々の例では、この費用は296€／tである。こうして我々は、5月に販売された熟成チーズのベース価格を得る。この価格が、フリュイティエールによって2月に生産されたチーズに報酬を与えることができることになる[15]。

こうしてグリーン・チーズ（フリュイティエールにより生産され、熟成企業に販売されるチーズ）の価格を決定するために、熟成チーズの加工係数を適用しなければならない。1990年代の中頃まで、これらの係数は年間を通じて固定されていた。コンテのグリーン・チーズの価格を決めるために、品質A（エクストラextra）の熟成チーズには83％の係数が適用された。Comté Bには72％の係数が、品質Cのチーズ（これはコンテの名称を得ることができなかった）には59％が適用された。すでに詳述したように、1990年代後半以降では、生産者に対して、より長期間の熟成ポテンシャリティを持ったチーズを供給するようにインセンチブづけるために、季節的係数が熟成チーズ価格について適用され、一年の特定の期間での生産を保証する。我々の例では、2月に生産されるチーズの場合、品質Aのチーズについて88.5％の加工係数が適用され（品質Aのグリーン・チーズでのコンテ価格が5,145€／t）、他方で、このチーズが6月に作られていた場合には、採用される係数は95％で価格は5,525€で、380€／t多いことになる。我々の事例（図表3-10）では、熟成チーズのベース価格5,816€／tから出発して、グリーン・チーズの3つの価格が導き出される。品質Aの2月のグリーン・チーズでのコンテが5,145€／t支払われるのに対して、品質Bの価格は4,389€（ベース価格の75.5％）、品質Cのそれは3,779€（ベース価格の65％）を支払われることになる。

2月のチーズのロットの価格を決めるために、品質等級によるこうした価格が、フリュイティエールと熟成企業によって使用されるだろう。しかしこの最終価格はロットの技術的品質を考慮しなければならない。したがってフリュイティエールの組合員は、熟成企業と共に、それぞれのロットを毎月、等級分類しなければならない。技術的分類によって、2月のチーズのロットが100％、Aクラスから構成されているならば、熟成企業はこのロットについて5,145€支払うであろう。もしこのロットの90％がコンテAで、8％がコンテB、2％チーズCならば、グリーン・チーズの2月のロットの最終価格は以下のようになろう。すなわち5,145×90％＋4,389×8％+3,779×2％＝5,057€／tとなる。

ベース生乳価格は毎月、それぞれのフリュイティエールの中で決定される。毎月の製造の売上高（コンテとバター、クリーム、ラクトセラムなど）から加工費用を控除し、得られた額を、組合員により出荷されるℓ量で割ることで、この生乳価格が決められる。次いで、生産者生乳価格は、生産者がフリュイティエールに出荷する生乳の化学的成分、微生物学的品質によって異なる。このように生乳価格は毎月変化し、まず直接的には生乳の品質に依存し、さらにチーズ生産性を最大化させ、加工費用を最小化させるチーズ職人fromagersの能力に依存する（チーズ職人は一般的に、実現される売上高に応じて報酬を受ける）。チーズ職人は売上高を多くするほど、その給料が増加するのである。生乳価格はまた、グリーン・チーズ価格の計算係数の定義に、集合的に圧力をかける酪農家の能力にも依存する。酪農家は第一次加工を担う多数のフリュイティエールを掌握しているからである。

量販店での販売価格から生産者の最終生乳価格へといたる、こうした因果連関によって、全国標準生乳価格に対して10～50％高い生乳価格が可能となる（図表3-11）。この制度的価格設定メカニズムは複雑である。だからこそ、いったん創出された富ができるだけ公平に配分されるためには、もしくは、いずれにしてもこうした配分（とりわけて社会的妥協である）が最大多数の人々により受け入れられるためには、透明性と信頼を必要とし、すべてのステークホルダーの関与を可能とするのである。

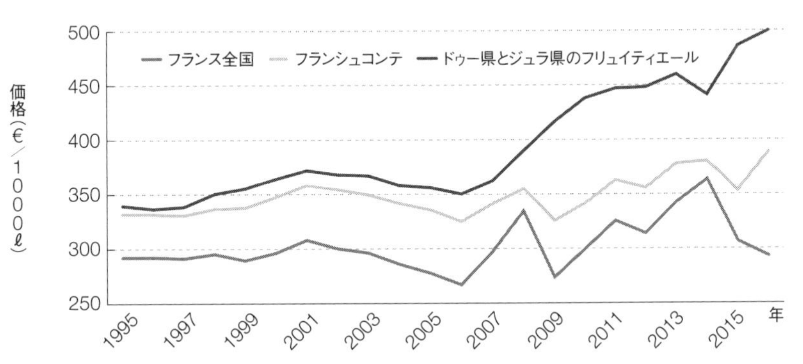

図表3-11 フランス全国とフランシュコンテ州の生乳価格、フリュイティエール（ドゥー、ジュラ県）の生乳価格の比較

出典：Draaf Franche-Comté

以上のことから、このシステムはバリューチェーン全体を通じて、またその配分を通じて、インセンチブがきわめて強いことがわかる。生産者は、可能な限り「チーズにできる」生乳を供給するように促される。フリュイティエールが小規模であるために（平均10～20人の生産者）、「フリーライダー」の行為は抑止される[16]。社会的コントロールが存在し、生産者に対して、低品質の源を減少させるように促す。チーズ職人は、(自らの所得の計算ベースとなる) 付加価値を最大限にするべく、もっとも効率的であるように促される。熟成企業は熟成庫の中での重量損失を制限し、(チーズの格落ちを減少させるような) 熟成方法を行うように促される。とりわけ富の再分配システムを通じて、熟成企業は、できるだけ高価で量販店に販売するように促される。なぜなのか考えてみよう。上述の事例をベースにして、ある熟成企業が、5月に、加重平均価格 (輸送費発送人持ち) (6,825€/t) よりも高い価格 (平均7,000€/t) で熟成チーズを販売したとしよう。この企業は、フリュイティエールに対してグリーン・チーズ代金を平均価格5,057€支払わなければならない (ロットの品質を考慮しつつ) (図表3-10)。ところが、熟成企業が実際にチーズを販売した価格は5,187€である (流通に販売されたチーズから、フリュイティエールから買ったグリーン・チーズへといたるチェーン全体を適用するならば)。純利益は1tあたり130€となる。したがってこの場合、この熟成企業は、その競争相手の平均よりも高い利益を得られる。今度は逆の場合を考えよう。熟成企業が熟成チーズ粗全国加重平均価格MPNよりも安い価格で販売する場合である。もし熟成企業が例えば、4,927€/tでしか販売できないのに、フリュイティエールに5,057€/tを支払わなければならないならば (売値は130€/t低くなってしまう)、この企業の生産費がその製品価格を超過する事態に陥るであろうし、もはや収益がなくなるであろう。こうしてすべての熟成企業は価格を最大化しようとすると考えられ、長期にわたりMPNを高めるように促す。上述のように、(インフレ修正した) リアルタームでのMPNは、1990～2016年に18%増加しているのである。結局、AOPコンテの価格指数が、1990を100として2016年に118となっているのに対して、エメンタールはその指数を減少させ66となっている (図表3-12)。こうした状況が示すように、価値の配分メカニズムが、その強いインセンチブによって、余剰形成にも効果を持つことができるように考えられ、このことを無視すべきではない。

官民協働の文化政策　人材・資金・場
芸術創造をテーマに官民協働の将来のあるべき姿をを子細に検討した労作
9784880652443　松本茂章 著　A5判並製　3,080円

芸術創造拠点と自治体文化政策　京都芸術センターの試み
「古都」京都を舞台にした官民協働による芸術センター設立までの経緯をレポート
9784880651576　松本茂章 著　A5判上製　3,080円

公共文化施設の公共性　運営・連携・哲学
新たな地域・市民社会の形成に公共文化施設の果たすべき役割とは何かを考える。
9784880652573　藤野一夫 編　A5判並製　3,520円

愛される音楽ホールのつくりかた　沖縄シュガーホールとコミュニティ
住民、アーティスト、自治体が一体となり芸術文化にはたすホールのありかたを探る。
9784880652931　中村透 著　A5判並製　2,970円

文化からの復興　市民と震災といわきアリオスと
震災後を文化とアートの力から展望し公共文化施設と芸術の持つ可能性を考察する。
9784880652962　ニッセイ基礎研究所・いわきアリオス 編著　A5判並製　1,980円

フットパスによるまちづくり　地域の小径を楽しみながら歩く
楽しく歩いて環境保全や防災整備。英国生まれのフットパスが日本のまちづくりを変える。
9784880653211　神谷由紀子 編著　A5判並製　2,750円

文化的景観を評価する　世界遺産 富山県五箇山合掌造り集落の事例
文化資本の経営を手がかりとし、地域自立を実現する道筋を示す著者の集大成。
9784880653037　垣内恵美子 著　B5判並製　4,620円

NPOの後継者　僕らが主役になれる場所
次世代のNPO人として成長してゆく若者たちの価値観と創業世代に出来ることとは。
9784880653617　富永一夫・永井祐子 著　A5判並製　2,200円

市民ベンチャー NPOの底力［増補新版］　まちを変えた「ぽんぽこ」の挑戦
指定管理者制度を最大限活用する地域密着型NPOの成功事例を紹介する。2刷
9784880652948　富永一夫・中庭光彦 共著　A5判並製　1,980円

文化と固有価値のまちづくり　人間復興と地域再生のために
文化資本を経営の手がかりとし、地域自立を実現する道筋を示す著者の集大成。
9784880652979　池上惇 著　A5判並製　3,080円

災害資本主義と「復興災害」　人間復興と地域生活再生のために
大惨事に便乗した復興開発ビジネスへの警鐘と、文化的伝統を活かす復興を論ずる。
9784880653457　池田清 著　A5判並製　2,970円

固有価値の地域観光論　京都の文化政策と市民による観光創造
地域の伝統・文化をオリジナリティのある固有価値ととらえた、市民主体の新しい観光論。
9784880652566　冨本真理子 著　A5判並製　2,970円

アーツ・マネジメント概論［三訂版］
芸術・文化施設の企画・運営に携わるすべての人へ。事例を多数掲げた必携書。4刷
9784880652191　小林真理・片山泰輔 監修・編　A5判並製　3,300円

アーツマネジメント学　芸術の営みを支える理論と実践的展開
近年の具体的事例と様々な工夫などを紹介し、アーツマネジメント教育の課題を摘出する。
9784880653129　小暮宣雄 著　A5判並製　3,080円

アーツ・マーケティング入門　芸術市場に戦略をデザインする
芸術市場は本当に1%市場なのか。集客力と顧客満足度をアップさせる理論と実践方法。
9784880652139　山田真一 著　A5判並製　3,300円

企業メセナの理論と実践　なぜ企業はアートを支援するのか
メセナと地域の新しい結びつきを詳細に考察・報告。文化政策研究者、実務者の必読書。
9784880652375　菅家正瑞 監修・編 佐藤正治 編　A5判並製　2,970円

デジタルアーカイブ　基点・手法・課題
最前線で調査・分析し続けた著者が構築・公開・更新、著作権の処理法まで事例を概説。
9784880652450　笠羽晴夫 著　A5判並製　2,750円

文化政策学入門
文化政策の現実態を水平把握し論点を整理、実学視点から体系化を試みた初の入門書。
9784880652306　根木昭 著　A5判並製　2,750円

団地再生まちづくり〈全5冊〉
欧米の成功例と国内の豊富な実践例を紹介。シリーズ①～⑤刊行。オールカラー
9784880651743,2221,2924,3679, 団地再生研究会他 編著 A5判並製 ①1,980円 ⑤2,750円 他2,090円

芸術・アート・音楽・オペラ

MINIATURE LIFE / MINIATURE LIFE ②
朝ドラ「ひよっこ」タイトルバック担当。大人気ミニチュア写真家の作品集。①10刷,②8刷
9784880653280,3815　田中達也 著　B5判並製　①2,750円②2,420円

MINIATURE LIFE at HOME
SNS等で毎日発信。ミニチュアが暮らす見立ての世界へようこそ。10周年記念作品集。
9784880655093　田中達也 著　B5判並製　2,420円

新訳版 芸術経済論　与えられる歓びと、その市場価値
文化経済学ここに誕生！　芸術家にとり創造の歓びとは何か。名著復刊。序・佐々木雅幸
9784880654737　ジョン・ラスキン 著 宇井丑之助・宇井邦夫・仙道弘生 訳 A5判並製　2,750円

アートプロジェクトのピアレビュー　対話と支え合いの評価手法
実際のプロセス、気づきを中心に多層的な視座から構成。図版・イラストを多用した入門書。
9784880654812　熊倉純子 監修・編著 槇原彩 編著　A5判並製　1,760円

アートプロジェクト　芸術と共創する社会
「日本型アートプロジェクト」の概要と歴史、事例を学ぶための必読書。3刷
9784880653334　熊倉純子 監修 菊地拓児・長津結一郎 編　B5変型並製　3,520円

ヴァーグナー　オペラ・楽劇全作品対訳集【新装版合本】
全13作品の対訳を1冊に。現代語で読みやすい新訳、大判化で読みやすくなった新装版。
9784880655178　井形ちづる 訳　A4判並製　7,150円

指揮者の使命　音楽はいかに解釈されるのか
音楽世界の解釈とは？ スコアの価値とは？ どう聴きたのしむのか？ マエストロが熱く語る。
9784880654713　ラルフ・ヴァイケルト 著 井形ちづる 訳　A5変型並製　2,420円

［新装版］フラメンコ、この愛しきこころ　フラメンコの精髄
歴史、主体、ジプシー。フラメンコをバイレ（踊り）の実践的視点から問い直す舞踏論。
9784880654539　橋本ルシア 著　四六判並製　2,970円

［新装版］シューベルトのオペラ　オペラ作曲家としての生涯と作品
舞台作品にかけた情熱と全19作品を解説し歌曲王の知られざる横顔を紹介する。
9784880654522　井形ちづる 著　四六判並製　2,750円

オペラの未来
あらすじを提示するだけでなく複合体として光を当て意味を明らかにする、巨匠の演出論。
9784880654140　ミヒャエル・ハンペ 著 井形ちづる 訳　A5変型並製　2,970円

オペラの学校
世界的巨匠ハンペ氏が教える、本当のオペラを知りたいと思う者たちへ向けた講義。
9784880653631　ミヒャエル・ハンペ 著 井形ちづる 訳　A5変型並製　2,420円

ヴェルディのプリマ・ドンナたち　ヒロインから知るオペラ全26作品
女性を軸にヴェルディの「心理劇」の面白さを今までと異なる視点で解説。
9784880654010　小畑恒夫 著　四六判並製　3,520円

［新版］オペラと歌舞伎
日本とイタリアでほぼ同時期に発生した２つの総合芸術。その虚構世界の類似性を探る。
9784880652801　永竹由幸 著　四六判並製　1,760円

オペラになった高級娼婦　椿姫とは誰か
美貌と教養で資産家や芸術家たちの羨望の的となった彼女らの背景を解き明かす。
9784880653044　永竹由幸 著　四六判並製　1,760円

日本オペラ史 1953〜
二期会設立後の日本オペラの歴史を詳細に記した研究者必携の資料。
9784880652597　関根礼子 著 昭和音楽大学オペラ研究所 編 A5判函入上製 13,200円

日本オペラ史 〜1952
明治時代のオペラ移入期から1952年の二期会成立までの歩みを網羅。
9784880651149　増井敬二 著 昭和音楽大学オペラ研究所 編 A5判函入上製　6,285円

五十嵐喜芳自伝　わが心のベルカント
日本を代表するテノール歌手であり、名プロデューサーの初の自伝にして遺稿。
9784880652733　五十嵐喜芳 著　四六判上製　2,090円

イタリアの都市とオペラ
オペラを舞台となった都市や歴史、伝説、楽派から紹介する。新たなオペラの魅力発見。
9784880653747　福尾芳昭 著　四六判上製　3,080円

オペラで愉しむ名作イギリス文学　チョーサーからワイルドまで
ワイルド『サロメ』など英文学を題材にした知られざる名曲26作品を解説。
9784880651712　福尾芳昭 著　四六判上製　3,080円

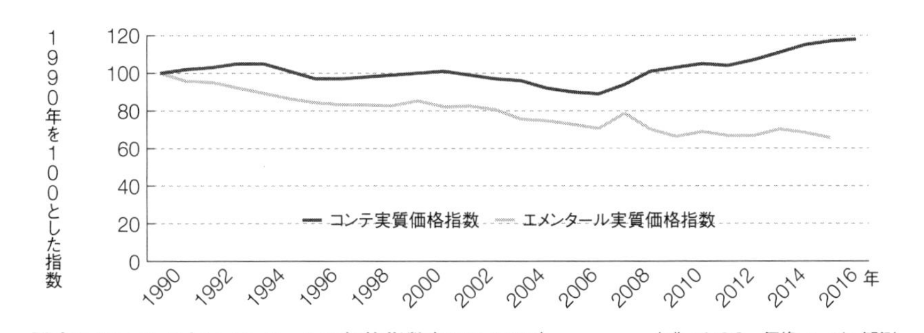

図表3-12 コンテとエメンタールの価格指数（1990-2016）　出典：CIGC、価格マージン観測

要するに、長期にわたりこの競争優位を維持するために、富を創出し、これを公平に分配しなければならないとすれば、（フィリエールに参入して、その均衡を疑問視させるような）競争相手からこのシステムを守らなければならないであろう。

(4) システムの保護

フィリエールのステークホルダーたちは、一般的に自らの比較優位を守ろうとするであろう。その結果、フィリエールのアクターたちは参入障壁を作るために組織化され、それによってAOPのメンバーたちは「非メンバーたちに禁じられた利益を得ること」ができ、このシステムを修正したいと考えるような企業から自らを守ることができる。こうしたメンバーは「生産コストや財などの要素を共有することで相互的利益を引き出す」のである（Torre, 2002）。したがって、（経済のゲームの規則として定義される）制度を同定することができなければならない。システムの基礎を揺るがすことができる競争相手のアクセスを制限するために、こうした制度が制定され、動員されるのである。我々は、そのために、サロップとシェフマン（Salop et Scheffman, 1983）、シェフマンとヒギンス（Sheffman et Higgins, 2003）により最初に提案された理論を動員して、AOPフィリエールは、その生産費用削減（大企業が一般的に適用する規模の経済）によってではなく、競争相手の費用を高めることによって（Raising Rival's Costs）、市場のパワーを追求することを示そう。こうした戦略によって、競争相手の通常の費用よりも高い費用を彼らに課すことができるかもしれない。そのためには、地域のチーズ生産システムのアクターたちは、仕様書を通じて、フィリエールの「伝統的」実践に対応した共通ルールを課すように努めることができる。こうした共通ルールは競争相手に対して、生乳のチーズへの加工について同一の実践を、従って同一の生産コストを課すのである。

長期間にわたりフィリエールの運営規則を設定している文書（デクレや内部規則、グッドプラクティスのガイド、契約、生産計画など）の分析を行うことで、この現象を理解しようとしなければならない。我々は最初に、このシステムを設立するために作成された歴史的な基本的ルールに立ち返る。第二に、我々は、新規の競争相手の参入という背景における、保護規則の深化の過程に取りかかる。最後に我々は、競争相手に課せられるコストを上昇させる措置の問題を明らかにする。

1）コンテAOPの共同生産モデルの保護戦略

・地域チーズシステムの基礎

コンテAOCのチーズ生産システムの戦略は、様々な段階を経て構築された。フィリエールの特定のアクターたちは、自分たちのために生産ルールを掌握しようとしたが、それはとりわけ、伝統的で職人的な生産モデルを擁護することによってである[17]。

最初の段階は、地域化された生産割り当てによる排除性を承認することを目的としていた。かかるものとして、コンテチーズがその特別な承認を得たのは、1952年7月22日のディジョン地方裁判所の判決以来のことである。これは、真のコンテ・グリュイエールチーズの呼称の付与と保護に関する組合の訴えにより、フランシュコンテ旧州の圏外のコミューンで製造されたチーズを「コンテのグリュイエール」として販売していた卸商人に対してなされた判決である。この判決は「コンテのグリュイエール」もしくは「コンテ」についての生産地帯の地理的範囲と、地方的で忠実で、永続的な慣行に対応したコンテ生産条件を正確に示した。この判決によって、地域化された生産システムの種別性が承認された。

・生産モデルの承認

すでに示したように、1960～70年代の農業および食品産業の近代化のダイナミズムが、当時のAOCの伝統的モデルと衝突するようになった。特定の職能団体と公権力によって、古色蒼然たるものと考えられていたコンテ部門は、小規模チーズ製造協同組合の合併を通じて、ドイツのバイエルン地方のモデル（低温殺菌生乳、エメンタール生産、多数のタンク、短期間の熟成など）に基づいて、近代的で大規模な施設を発展させるために、近代化しなければならなくなった（Perrier-Cornet, 1986）。伝統的フィリエール消失のリスクに直面して、コンテの保護者たちは、フィリエールのリストラ計画を断念させることができた。この第二の大きな局面は、酪農家と家族資本の熟成企業との利害の収斂を維持させるために、生産規格を確立することであった。そのために、伝統的アクターたちは新しいデクレを採択させることに成功した（1976年3月30日付の原産地呼称「コンテのグリュイエール」もしくは「コンテ」に関するデクレ）。これは、独占的準レントの源泉である生産モデルの種別性を擁護していた。このデクレは「モンベリアルド品種、フリュイティエール、ジュラ」のチーズ生産モデルを正当化した。これが、AOCコンテのフィリエールにおける現在の生産モデルを基礎づけているデクレであり、フィリエールの3つの主要なアクターへの特典を含んでいた（図表3-14）。

・生乳生産酪農家。彼らは在来種モンベリアルド、ピ・ルージュ・ド・レスト種からしか生乳を生産できない。その餌は生草と干し草を使用し、発酵粗飼料の禁止に基づいている。
・第一次加工のフリュイティエール協同組合。加工設備においては、最初の処理後、生乳の凝乳酵素添加作業が24時間（冬は36時間）以内に制限され、低温殺菌の禁止。
・熟成企業＝卸、販売者。彼らは90日以上の熟成期間を遵守しなければならない。

これらの措置は、発酵粗飼料、濃厚飼料（大豆粕）をベースにした飼料による集約的生産モデルを排除し、工業化とエメンタールによる代替（60年代から70年代にかけて隆盛を見た）を拒否した。

こうした根本的な段階は、潜在的アクターたちすべて（生産者、加工業者、熟成企業）に対して、同一の技術を課した。より正確に言えば、コンテ・フィリエールの伝統的アクターの技術を、すなわちモンベリアルド品種の酪農家、村の小規模フリュイティエール、地元の熟成企業を必要としたのである。

職人的生産モデルの成功は、酪農家（フリュイティエールの出資者）と熟成企業の間での利害の収斂を維持することでなされた。熟成企業は、自らの資本蓄積の抑制を受け入れた。というのも、その代わりとして熟成企業は、地方の特徴的な販売ネットワークを通じてコンテチーズを高く販売することができたからである。一方で酪農家は熟成企業に対して、彼らの販売上のポジショニングに適したチーズを供給することを保証した。酪農家がこのモデルにおいて成長することが可能であったからこそ、彼らはフランス西部で発展していた集約的生産モデルを回避したのである。西部のモデルは、草とトウモロコシのサイレージにより飼養されたホルスタイン品種による生乳生産に基づいていた。平野地帯の生産者による集約型モデルの採用は、彼らのフリュイティエールを消失させ、ジュラ山脈のより山岳地帯（トウモロコシ生産に適さない）へと、生乳生産を移動させることになった。他方で、加工の側では、コンテのこうした生産ルールは、いわゆる「工業的」生産モデルの担い手である乳業（生産コストによる支配の戦略を発展させることを目的とした）の参入を抑制した。実際、1976年のデクレは、規模の効果を得るために生産量を増加させることを目的とした戦略を抑制した。こうした工業的戦略はまた、輸送コストを削減させ、生産を標準化させ、品質格落ちのリスクを抑制し、産品のサイクルの（熟成）期間を縮減することを目的としていたのである。

2）システム保護の深化の過程

1980年代中頃から、コンテ・フィリエールは、その土台を動揺させる複数の要因が生起したために、コンテの特徴を確認し、その生産を強化する段階に突入した。全国規模の大規模チーズ工業が、経営困難に陥った地元の熟成企業と乳業を掌握するようになったのである。35年の間に、全国資本の熟成企業が、コンテの熟成において重要な役割を演じるようになった（生産量の55％ほどを占めている）（図表3-13）。

資本の起源	コンテチーズ生産量	相対的割合%	コンテチーズ生産量	相対的割合%
年次	1980		2010	
地方	33,507	87	25,000	45
地方外	5,000	13	30,000	55
全体	38,507	100	55,000	100

図表3-13
地方資本の熟成企業と全国資本のそれによるコンテ生産量の進化（1980、2010）

出典：1980年については、Perrier-Cornet（1986）、2010年については、Jeanneaux, Perrier-Cornet（2011）

これらの乳業グループは、様々な機会を捉えて、生乳集荷から第一次加工を経て熟成に至る、川上のすべての機能をインテグレートしようとした。それは、AOP地帯の平野生産地帯でコンテ生産を発展させようとしたのである。

AOPコンテ生産の職人的モデルの永続性を疑問視させ、とりわけ製品の品質の構築におけるフリュイティエールの役割を疑問視させるかもしれない、こうした展開を前にして、フリュイティエール所有者の組合員農業者の圧力の下で、またとりわけジュラ山脈へのベニエBesnierグループ（現ラクタリス社）の1992年の登場の後に、2つのデクレ（1994年と1998年）が発布された（図表3-14）（Jeanneaux, 1998）。

最初に、「コンテ」AOCに関する1994年11月18日のデクレは生産の工業化に対抗したものであるといえる。それは、主として第一次加工のアクターに関わり、大規模乳業グループのプロジェクトを排斥することを目的としている。それは最初の加工の後に、生乳への凝乳酵素添加を24時間以内に制限し（例外的に36時間）、とりわけ生乳の集荷範囲を、加工施設から25km圏内に制限した。その結果、それぞれの加工企業（乳業もしくはフリュイティエール）の集乳範囲が固定された。フリュイティエールにとっては、このことは制約ではなかった。というのもその集乳地帯が、この範囲を超えるようなフリュイティエールはほとんどなかったからである。逆に、生乳加工企業にとっては、その集乳量と加工量の拡大にとって制約となり、その結果こうした企業は、フリュイティエールと同一の生産費用に耐えなければならなくなった。

第二に「コンテ」のAOCに関する1998年12月30日のデクレは、保護主義的と考えることができる。というのもそれは、1990年代にコンテを生産していた地帯のみにAOC地帯を狭めたからである。それは主として、伝統的な生産地帯の隣接県であるオート・サオーヌ県（標準的なエメンタールの生産県となっていた）を排除した。この地帯が、地方的で忠実で、永続的な慣行をもはや遵守していない、というのがその理由であった。このデクレはコンテAOPの平野地帯の生乳生産者（乳業のイニシアチブで、コンテ用の生乳生産への転換を企図していた）を排除したのである。隣接県でのAOPコンテの生産を発展させることができなくなった代償として、巨大乳業グループは、この1998年のデクレによって、AOPの限定された地帯でコンテのパッケージング工場の立地の義務づけを獲得したように思われる。この措置は、外部の乳業の競争相手に対して追加的な費用を課したのである。これらの競合相手はコンテのパッケージング活動を続けるためには、このAOP地帯の中に新しいパッケージング工場を建設しなければならなくなったからである。

こうした状況は、「コンテ」AOCに関する2007年5月11日のデクレによりさらに補強された。採択された多くの規則の修正の中で、我々は以下のような際立った措置に注目している（図表3-14）。

・経営レベルで、デクレは、ゼロ放牧飼料システムと、自動搾乳ロボットを禁止し、乳牛の牧草面積あたりの生乳生産性を制限する。職能団体は品質、テロワールへの結合、製品の真正性、生産の「粗放的」性格——これらは平野部の酪農家よりも高いコストをもたらす——を強化したいと望んでいた。こうした措置は彼らの要望にそっているのである。これらの新しい生産ルールは、ジュラ山脈の酪農家の現実の実践に対応しているように思われる。

・デクレから読み取れるように、チーズ職人のレベルでの生乳加工にかかる規則は、年間200～700万ℓを加工するフリュイティエールの職人的実践に対応している。この厳格な生産規則によって、職人的フリュイティエール（酪農家により掌握されている）が事実上、その競争相手（その中にはフランスの有力な乳業も含まれる）に対して、自らの生産コストを課しているのである。換言すれば、全国規模の巨大乳業グループは工場規模を拡大させ、その生産コスト低下戦略を発展させることで、規模の経済を得ることはできない。生産規模や製造工程技術が、フリュイティエールのそれに準じていなければならないからである。

・最後に、熟成段階は、この2007年のデクレによってはわずかにしか触れられていない。今後、熟成ルールは、支配的チーズ工業グループの実践に対応することになると予想できる。こうしたグループが、その熟成工程、パッケージング、その市場長期展望を課すのである。

全国規模の巨大乳業グループの到来にもかかわらず、コンテの生産システムの多くは、相変わらず、フリュイティエールと熟成企業との間での課業の切断と相互補完性を中心に展開し続けている。熟成企業としての乳業グループは第一次加工には投資しない。他方で、フリュイティエールの側は、多くはグリーン・チーズの生産者の役割に甘んじたままである。コンテ部門（フィリエール）への新規参入者は、たとえ異なったチーズ文化を身につけ、部門的なガバナンス様式に慣れていたとしても、コンテの共同生産の古典的組織化を受け入れた。新規参入乳業は、「産業的妥協」戦略とも言うべきものを採用し、つまりフリュイティエールからグリーン・チーズを購入し、また（集乳し加工するという）自らの基本的メチエを放棄したのである（Jeanneaux, 1998; Jeanneaux et Perrier-Cornet, 1999）。これらの新規参入者は業種委員会CIGC（そこで、供給管理と価格設定が定義される）により代表される、地域的で、協調的なガバナンス様式を受け入れた。

このように、これらのデクレは、コンテの共同生産の集合的モデルを保護するために、競争の進化に適応する一方で、フィリエールの中での力関係を具体化させただけである。たとえ定義上、デクレは、その規則上の権力執行に際して、共和国大統領もしくは首相によって決められる、一般的ないし個別的な範囲での、執行的行為であるとしても（1958年10月4日の憲法21条）、デクレは、あるアクターの別のアクターへの経済的権力と力関係を結晶化させている。正確に言えば、デクレは、一般的に、多くの会合と交渉の後に、フィリエールの様々な構成要素（酪農家と熟成企業、乳業）の代表者によって作成される。フィリエールの様々なアクターの間でのコンセンサスがいったん得られると、業種委員会CIGCは国立原産地呼称機関INAOに対して、現行のデクレの修正を要求する。INAOは全国乳製品委員会を通じて、地元のアクターの様々な申し立てを受け付けるために調査委員会を任命、デクレの条文が妥当とされれば、所管官庁（農林水産省と財務省）に送付する。これが、INAOによって受け入れられる前に、その適法性を確認する。そして、いったんこの手続きが終了すると、このデクレが成立するのである。

デクレ	酪農家	フリュイティエール	熟成企業	
1952				「AOCの創出」:フランシュコンテの旧州に限定された、地方的で、忠実で、永続的な慣習の承認(1952年7月22日のディジョン民事裁判所判決)
1976	モンベリアルド品種。サイレージ飼料禁止。	24時間以内での凝乳酵素添加。低温殺菌禁止。	90日以上の熟成。	「根本的」デクレ:「モンベリアルドとジュラ地方の」生乳生産モデルの確認。
1986		大型チーズの識別と拠出金の徴収(「緑色の鑑札」)。	シュレッドチーズはAOCコンテではない。格付け、A, B, C, D.	製品とその品質の厳密な定義のデクレ。
1994	飼料面積:1ha/頭。	生乳集荷範囲をフリュイティエールから25kmに制限。加熱機械なし。	マッシフ化と形状の承認。120日以上の熟成。	工業的生産を拒絶。
1998	AOC地帯の削減(オート・サオーヌ県排除)。農業経営の家畜のすべてにサイレージ飼料禁止。	AOC地帯削減。継起的な2回の搾乳の加工を義務づけ。	AOC地帯削減。熟成条件、包装条件の定義。	AOC地帯削減を伴う保護主義。
2007	搾乳ロボット禁止、GMO飼料禁止。ゼロ放牧の禁止。面積あたり生乳生産性(4,600ℓ/ha)	生産回数3回/日まで。密閉型タンク禁止(5,000ℓまで)。農業経営の平均規模の30倍までに加工規模を制限。	シュレッドチーズはAOPコンテに含まれる。	職人的第一次加工の保護。

図表3-14 AOPコンテの継起的デクレの分析 筆者作成

3) 競争相手への生産システム生産費の押しつけ

AOPコンテ部門の例を通じて、地域生産システムの保護ルール制定の継続的過程を検証するために、Raising Rivals' Costs(競争相手の生産費を高める)理論を動員することができる。

・ジュラ山脈の酪農家は、競合する酪農家(平野地帯)に対して、集団として保護されている。平野地帯でのホルスタインのためのサイレージトウモロコシをベースにした集約的酪農生産に適さない生産条件が、継起的なデクレの中で、課されているのである。仕様書は、山岳のAOP地帯の酪農家に適合するように作成されており、その平野地帯の競争相手に事実上、追加的な生産費用を課す。

・ジュラ山脈のコンテのフリュイティエールは巨大乳業グループ（Lactalis, Entremont、次いでSodiaal）に対して、職人的フリュイティエールの規模に近い設備でコンテを生産することを集合的に課し、その結果、これらのグループが同じ費用を受け入れることを課すことに成功した。こうした状況は、これらの企業グループがフランスの別の地域で行っていることとはかなり異なっている。ラクタリス社はAOPコンテ地帯で、2,000万ℓほどの生産設備を経営しているが、この企業はフランス西部のブヴロンBouvronでは、加熱圧搾タイプ（エメンタール）3万t、非加熱圧搾タイプ（ミモレットとエダム）1万tの製造・熟成工場を有しており、これは年間3億5,000万ℓつまり1つのフリュイティエールの100倍――を処理しているのである。

・家族資本の、伝統的な地域の熟成企業は、乳企業グループに対して制約を課さなかった。こうしたグループは量販店でのAOPコンテの運び手であることで、コンテチーズ生産の成長の担い手だったのである。こうしたグループはある種の産業的妥協を受け入れ、第一次加工を統合するという彼らの戦略を抑制することになった。しかし個包装コンテの生産をAOC地帯に限定することに成功した。そのことによって、これらの乳業グループは伝統的な熟成企業に対して、また、まだこの地帯に立地していない乳業に対して、競争優位を獲得したのである。

こうした枠組みにおいて、潜在的な競争相手たちはこのフィリエールに参入することができるものの、フィリエールの伝統的アクターたち（酪農家とフリュイティエール、熟成企業）の生産条件を遵守しなければならず、それは彼らにとってそれほど有利ではないのである。チーズ差別化のこうした集合的戦略は、呼称のレント（AOPの超過利潤）を産出することを可能とした。それはフィリエールの様々なアクターたちに適合して作成されたデクレによって保護され、競争相手に対して超過費用を課した。1991年から2011年の間に、フリュイティエールと熟成企業との間での分業のモデルによって生産されたコンテチーズ生産量の割合はおおむね85％で維持されている。もしフリュイティエールがその生産モデルを課すことに成功していなかったならば、工房は間違いなく消失し、より低い生産コストの、（第一次加工から熟成まで）インテグレートされた工業的生産モデルにとって代わられていたであろう。チーズ報酬契約が集合的に定義され、フィリエールのすべてのアクターたちに課せられるので、集合的戦略によって、とりわけ酪農家は、フランス全体の酪農家よりも高い生乳価格（年によって10～50％）を得ることができた。

最後に提起される問題は、AOPチーズの生産費が、地元のAOP生産システムの保護者によって、競争相手に本当に課せられたのかどうかを知ることである。フィリエールのそれぞれの段階での生産コストの評価を正確に分析することは困難である。こうした分析は、競争相手に対して、酪農家やフリュイティエールの費用を賦課したという我々のテーゼを支えてくれるかもしれないのだが。それは一方では、こうした情報が機密であるからであり、他方ではコストの再構築は、ホールディングスが抱え込む費用（本社の会計分析では得られない）を統合しなければならないからである。もちろん事業所の間での決済（税金の最適化のための）については言うまでもない。サロップとシェフマン（Salop et Scheffman, 1983）は以下のような考えを擁護している。すなわち製品価格の分析によって、競争相手のコスト増の実際を評価することができるのである。彼らが主張するように、一般的に、生産コストが増加するときに、販売価格も上がるのである。こうして我々は、コンテAOPと標準的エメンタールの流通での、18年間の価格を比較した。これらが近似的に費用を概観させてくれると考えたからである（図表3-9）。1990年には、両者は、ほとんど同一の価格で4,550€／tほどであったが、2016年に、熟成コンテチーズの平均価格が7,950€／tとなっているのに対して、エメンタールは4,500€／tである。我々は、この3,450€／tの格差がまさに、AOPコンテにおける生産システムと、エメンタールが可能とする工業的生産システムとの間での生産コスト（利潤も含む）の格差を示していると推定するのである。

こうした格差は、伝統的フィリエールのそれぞれの段階での生産コストを、競争相手に課す過程が存在するという考えを支持しているように思われる。

コンテ・フィリエールに関わる乳業グループが、標準的なエメンタールの生産の主要な企業でもあることから、こうした考え方はいっそう、あり得ることのように思われるのである。ラクタリス社とソディアールSodiaal（旧アントルモンEntremont）は、2つのフィリエールに関与している。きわめて企業集中が進んでいる、フランスのエメンタール・フィリエールでは、これらの2つの乳業グループは激しい競争状態にあり、このことは、生産コスト削減にしのぎを削り、流通価格の傾向的低下を伴っている（図表3-9が示すように）。これらが低コストで、加熱圧搾チーズを生産することができたのは、この2つの乳業が生産の標準を独占しているからである（コンテのフィリエールにおけるその状況とは異なる）。これらの2つのグループは、AOPコンテ・フィリエールにおいて異なった行動を取っており、フリュイティエールと熟成企業との間のコンテの共同生産のオリジナルなモデルを疑問視することなく、制度を遵守しているのである。AOPコンテ・フィリエールにおける巨大乳業グループの登場は価値を下落させることも、価値の配分を実質的に修正することもなかった。それはおそらく、酪農家により管理され続けているフリュイティエールが第一次加工を掌握していることによるのである。

(5) 地域的ガバナンスの下で

この分析段階での目標は、このフィリエールがどのように、またどのアクターたちによって統治されているかを理解することである。一方では、集合的事業の管理組織のコンピテンスを探索し、他方では、フィリエールのガバナンス様式を同定しなければならない。このフィリエールはあれこれの企業に掌握されているのであろうか、それとも逆に、多くのアクター（共有され、地域の争点に対応した、集合的プロジェクトを定義し、運営しようとする）によって統治されているのであろうか。

AOPコンテは業種組織であるCIGCにより統治されている。「コンテ・グリイュエール業種委員会Comité interprofessionnel du gruyére Comté」は2015年に「コンテ管理業種組織委員会Comité interprofessionnel de gestion du Comté」と名称変更された。この業種組織は、フィリエールの経済アクターたち及び消費者の期待に応えるために、複数のミッションを実施しなければならない。主たるミッションは以下の8つである。

- 優れた戦略に基づいてAOPを発展させること
- AOPを構成する規則を定義すること
- 保護管理機関ODGとして、認証機関の責任の下で、AOPの検査計画（コントロールプラン）の定義に参画し、チーズ製造者と農場での内部検査の実施を組織すること
- 不正からAOPを法的に保護すること
- 全国原産地呼称連合会FNAOPの主たる役割に依拠して、国内及び国際的レベルでAOPの観念を政治的に保護すること
- チーズ職人の若返りとリクルート、フィリエール内部でのまとまりを確保すること
- 研究開発促進
- 宣伝、販売促進活動

自らのプロジェクトを実施するために、CIGCはステークホルダーの様々な利害を代表する4つの部門により構成される。すなわち「生乳生産者」「加工業者」「第一次及び第二次加工業者」「熟成および包装調整」である。業種組織CIGCは、酪農家から包装調整企業にいたるフィリエールの多様なステークホルダーたちをテーブルに着けることからメリットを得ている。その強さはおそらく、経済的アクターのみならず、より幅広く連携することができたことにある。他の世界に開かれた製品を目指して、真の競争関係が発展してきた。すなわち研究と教育、美食、消費者が、このフィリエールの中に、イノベーションをもたらすという、ある種の好循環が働いていた。それは消費者を、したがって販売を、そのための資本を増加させることを可能とする。製品の品質改善や販売促進、評判の改善、消費者数の増加、等々に、こうした資本の一部を充てることを可能としたのである。こうした組織化を実現するために、CIGCの年間予算は、750万€であり、その資金は関連する職業関係者の拠出金によって確保されている。この予算のうち、480万€はこのAOPの販売促進と保護に向けられ、80万€は技術開発と研究に向けられている。CIGCは15人ほどの従業員を雇用している。こうした手段全体が、大きな行

動可能性を与えているのである[18]。

生乳及びチーズの生産条件が、製品の特性と立地（その競争優位の基礎にある）の保護に必要不可欠であった。このような生産のオリジナルな組織化により産出される価値の余剰は、ここでは、より高い生産コストに対応し、このコストは、（内在的品質と高いイメージをこの製品に与える）制約的条件から生じるのである。こうした価値が実際に得られるのは、フリュイティエールと熟成企業が、特定の合意に至ったからであり、こうした合意が、アイデンティティとイメージ、消費者にとっての長期での評判を打ち立てる差異的品質を決定しているのである。この価値が余剰である、というのは、フィリエール外部のアクター（熟成チーズの買い手）への販売価格について、生産者たちがそれぞれ、バラバラに生産・販売することで達成できたかもしれない価格よりも高いという意味である。これはAOCの仕様書に具体化されている組織的余剰である（Barjolle et al., 2000）。その結果、コンテ・フィリエールはしばしば、集合的行動のモデルと考えられている。強力な業種組織CIGCは、交渉と、コンテ供給管理手法の実施、価値の公平な配分を掌握する、より上位の機関なのである。業種組織が、チーズの差別化戦略を促進し、山岳の酪農家と伝統的チーズ職人、熟成企業の利益を保護するのである。

この生産システムのオリジナリティは、部門的ではなく、地域的なガバナンス形態の存在に由来する（Storper et Harrison, 1992）。結局のところ、このチーズ生産システムは、フィリエールのアクターたちによって統治されており、彼らが、供給を管理し製品を販売促進するために業種組織の中に集合的に組織されている。こうした論理において、生産規格はローカルに作成され、グローバルに認定されている。この規格は製品の地域への結合を規定している（乳牛品種や生乳集荷範囲など）。こうした地域的ガバナンス様式において、競争は、業種組織により組織され、この組織が、地帯の限定や年間生産計画、生産の基準設定referencement、チーズ格付けシステム（格落ち品を排除することを可能とさせる）によって、市場販売量を管理することになる。最後に、川上・川下の関係は業種組織CIGCにより調整され、これが品質を決定し、品質に基づいた報酬システムを実施するための手法を実施している。それは、最終製品の品質に応じた、川上での価格の制度的運営であり、これによって富の公平な配分が可能となる（図表3-15）。

	AOPコンテ
価値の形成	特殊な資源の活用
	特別な官能的品質の、消費者による承認
	品質管理による供給量の管理：呼称地帯の削減、生産量の割り当て、プロセスチーズ工業を通じた格落ち品の除去、選別によるセグメント化
価値の配分	川上から川下に至る、品質に応じた価格の制度的管理
	一括契約による市場バーゲニングパワーの均衡
	価格の透明性（毎月の申告、加重平均価格の計算）
競争優位の保護	差別化戦略
	生産規則の管理による、競争相手（工業的モデル推進企業）への参入規制
	ライバルへの高い生産コストの賦課
システムの調整様式	保護管理機関ODGにおける力関係
	ODGへの国家の権限の委譲

図表3-15 AOPコンテ・フィリエールの調整様式　筆者作成

(6) 結論

1) 地域的ガバナンス様式の好事例

コンテにおける生産システムの状況は、集合的行為の興味深い事例の1つであり、これは、生産条件によって製品を差別化することで、コスト外の競争優位獲得の集合的戦略を展開するのである。AOPコンテは地域的ガバナンス様式の好事例である。それによって、市場での生乳価格の形成が次の主要な2つの要素に依存することを明らかにすることができる。

・需要と供給の均衡、業種組織による供給管理の掌握。

・ここでは生乳生産者と買い手の関係の構造はフィリエールのアクターの組織化の度合いに依存している。基本的には、AOPのラベル化が酪農家への高い生乳価格を保証するのではない、と言わざるを得ない。むしろ仕様書の特別な措置が、職人的企業（フリュイティエール協同組合）と生乳酪農家を保護するのは、彼らの競争相手（大規模乳業もしくは平野地帯の酪農家）に対して、彼らの生産技術と、従ってそのコストを課すことによってなのである。フィリエールにおける生産モデルを保護することで、酪農家とそのフリュイティエールは、ジュラの地域的生産システムにおいて力関係を維持することができた。

こうした力関係のおかげで、産品の余剰のより公平な配分と、その結果としてより高い生乳価格が保証されるのである。こうした制度枠組みが、ジュラ山脈の経営とマッシフ・サントラルの経営（後述のカンタルチーズ）との間の生乳価格の格差を説明しているように思われる。

2) 内部的変動と酪農家のまとまりの脆弱化のリスク

この種の分析においては[19]、いかに強力に見えようとも、このフィリエールの根幹を脆弱化させるかもしれないような、弱点とその他の脅威を隠蔽すべきではない。実施された分析はまた、こうした弱点を見つけ出すことを可能とした。これを脆弱化させるかもしれないような外部的変動に、我々はしばしば目を向ける。しかし、特定の脅威は、内部的変動にも属している。そしてこれこそまさに、このフィリエールについて当てはまるように思われるのである。

AOPコンテ・フィリエールの「内部的」変動は、酪農における変化と、フリュイティエールへのその影響に関連している。生乳クォータの設置以降、この30年間で、ジュラ山脈はその農牧モデルが顕著に修正された。それは、とりわけ、（酪農のリストラメカニズムの中心にある）乳牛の位置の進化によってもたらされたのである（Michaud et Jeanneaux, 2014）。

結局のところ、ジュラ山脈の多様な、不均等な農業の競争に直面して、差別化に基づいた競争優位を維持するために酪農家たちもまた、その生産費用を縮減しようとしてきたのである。専門特化と規模拡大、生乳生産性の向上が、こうした二重戦略の梃子なのであった。酪農の水平的な集中化の運動によって、酪農家は、生産性向上の大きな利益を得ることができたが、それは、農場数を削減することによってであり、多くの酪農数を、したがって多くのフリュイティエールを削減したのである。1975年から2010年の間に、ジュラ山脈の生乳生産者数は1万1,500から3,300に減少した（−70%）。それと平行して、加工事業所（その大多数はフリュイティエール）の数も504から176に減少した（−65%）。酪農の規模拡大と集中は2つの主たる帰結をもたらした。

・酪農家は、労働生産性の激増によって、ますます攪乱された自分たちの労働を組織化することに苦慮するようになった。

・ますます分散し、より広大になった、つまり複雑になった農地地片で、酪農家は、ますます多くの家畜群を管理しなければならなくなった。

全くもって当然のことながら、酪農家は、労働のきつさと、1日2回の搾乳の束縛を軽減するために、作業を自動化したいと望んだ。それは搾乳ロボットのような新しい技術を導入することによってであるが、これはAOCコンテチーズの仕様書によって今なお拒絶されている。同時に、伝統的な農牧的モデルは大規模家畜群を管理するのに不適合であるように思われた。その結果、こうした進化によって、酪農家はAOP仕様書を、もはや自らのシステムに適合した生産規則全体としてではなく、生産への制約として考えるようになったのである。

第二の重要な内部的変動は、「高生産性モンベリアルド品種」(VLMHP)を中心にした生産論理の隆盛にかかわる。それは以下の事実により説明される。すなわちジュラ山脈が「チーズの山脈」であるとしても、それは同時にモンベリアルド品種産地の中心にある酪農家の地帯でもある。酪農家は自らの家畜に愛着をもち、すべての経営資源はこの乳牛に役立つものでなければならないと考えている。この家畜の遺伝的ポテンシャリティを開発し、最適化することが重要となる。乳牛の生乳生産性の規則的上昇（2001～2011年の間で、フランシュコンテの生乳生産量が1頭あたり500kg増加している）が、成功と社会的承認の基準となったのである。こうした成功基準が近代性を象徴している。生乳生産性の進歩と社会的進歩が混じりあっているのである。こうした方向を拒否する酪農家は古びて見えてしまい、彼らは社会的に受け入れられないかもしれない。この乳牛は、生産者の日常を組織している、生きた、身近な対象であるが、フリュイティエールはもはやそうではない。村の工房への一日二回の生乳出荷がなくなって以降、フリュイティエールはそれほどなじみのない、より遠い存在となっているのである。

これらの内部的変動によって、現行の品質表示下のチーズ・フィリエールへの適合について疑問を提示するような、酪農の新しい論理が登場する。一方で、生乳生産論理の高まりのために、伝統的な放牧メカニズムの放棄に直面している。伝統メカニズムでは、地域の牧草資源を活用するために家畜と酪農家が調整されなければならなかったのである。伝統的モデルでは生乳生産性は低いのである。他方では逆に、草地と干し草を、入手可能な資源の1つでしかないと見なす生乳生産論理が登場する。このモデルでは生乳生産性の目標が支配的となり、草地資源を調整するように強いるのである。生乳生産集約度（草地1ha当たりに生産される生乳）が増加し、平均2,500ℓ／haから3,500ℓ／haへと増加した。気象変動を緩和するために、酪農家たちは、より集約的な施肥実践を行い、冬（生産の主要な期間となる）に備えて最大限に貯蔵するために草刈り回数を増やそうとする。生乳パフォーマンスは増加するが、それは濃厚飼料の形で、呼称地帯の外部での飼料資源に訴える飼料によって可能となる。こうして、チーズを生産するための生乳が、呼称地帯の外側の餌（ブラジルからの大豆粕のような）を消費するような乳牛に由来するならば、いかにしてテロワールの種別的なチーズを擁護すべきなのであろうか。

新しい背景において、フリュイティエールの役割は、伝統とテロワールのイメージを運びながらも、ますます、滞ることなく、均質的で規則的な十分な量の未成熟グリーン・チーズを供給する役割に限定されているように思われる。チーズの差別化確立段階での酪農家の「パワー」の喪失へのこうした傾向不可避的について検討することができる。というのも品質の特性はますます、熟成企業に依拠しており、これらの企業が長期熟成、もしくは個包装のコンテを生産しているからである。こうした現象を自覚している酪農家たちは、2000年代の10年間に、例えば、クリュ（銘柄）の承認によって、品質構築における自らの責任を再確認しようとした。こうした差別化戦略は特定のAOCワインにおいて証明されているとしても、AOCコンテ・フィリエールでの成功については、2つの主たる理由で疑問視できるかもしれない。最初の限界は、乳牛の現在の飼料実践と関連しており、それは、輸入大豆粕や穀物をベースにした配合飼料によって、年間生産量の3分の1の生産を行うことを可能とさせているのである。こうした条件において、強い、排除的なテロワールへの結合を要求することなど困難である。第二の限界は、熟成企業の見解に関連する。これらのほとんどの企業はこうしたクリュ概念に敵意を持っている。現在に至るまで、熟成企業はフリュイティエールの個別的な特徴を活用するかしないかの自由を持っていた。クリュによって、こうした企業はフリュイティエールに対して新たな譲歩をし、商業利益があるかどうか不確かな概念を販売促進に使わなければならいかもしれないのである。ジュラ山脈の酪農家にとってのすべての課題は、コンテ・フィリエールの中で、付加価値の生産における彼らの決定的役割を同定し、承認させることである。現在に至るまで、酪農家が自らを不可欠とさせ、呼称レントの一部を獲得することに成功してきたのは、彼らの様々なパートナーたちを補完し、こうした生産組織様式が効率的であることを示してきたからであるように思われる。

最後に、25年前から、インフレよりも急速に、チーズ価格と生乳価格が絶えず上昇し続けているのに慣れてきた酪農家たちは、価格の減少に、もしくは価格低迷にさえ直面することに準備できているのだろうか。このことについては疑ってかかることができる。2007～2008年に標準生乳価格が例外的に上昇し、このAOP生乳価格に近づいたときに、特定のAOPコンテ生産者たちは、それほど制約的でないと考えられている標準的生乳生産に転換するためにAOPフィリエールを去る準備ができている、と語っていたのである。高い生乳価格が当然支払われるべきである、と一部では考えられている。ここにこそ、このフィリエールの主要な弱点の1つがあるのではなかろうか。

2. 5つのケーススタディ

5つの事例研究の対象地帯は、生産量と生産者数が多く、異なった成長モデルを示すAOPチーズの存在を示しており、我々のアプローチを説明するために上述のAOPコンテの事例に追加された。

最初の事例はスイスのAOPグリュイエール・チーズである。このチーズは、生乳クォータの廃止を背景に大量に輸出され、品質差別化の最近のモデルを示している。

次の事例はイタリアのパルミジャーノ・レッジャーノAOPチーズであり、それは小規模の加工協同組合と、熟成企業＝卸商との間での強い関係に支えられている。このチーズはAOP グラーナ・パダーノGrana Padanoとの国際市場をめぐる輸出競争のまっただなかにおかれている。

第三の事例はAOPカンタルであり、それはフランスのオーヴェルニュ地方のAOP生産の工業的モデルとされ、フランスの大規模乳業グループにより支配されているとされる。

第四の事例はドイツのAOPアルゴイヤー・エメンターラーAllgäuer Emmentalerである。同国におけるAOP生産は稀であり、これは、とりわけ標準的エメンタールに対して競争優位を発展させるために、AOPの採用によって差別化することを選択した。

第五の、最後の事例はスペインのケソ・マンチェゴQueso Manchego AOPで、まだ成長途上にある、最近でのオリジナルなシステム（羊乳、乾燥aride地帯）を示し、輸出の急増が見られる。

こうした5つのケースが、上述のAOPコンテの事例に追加されるのであり、コンテではフランスのジュラ山脈におけるチーズ加工協同組合（フリュイティエール）に結集する酪農家と、熟成企業との間の強い協力によって特徴づけられる伝統的モデルであり、その差別化の戦略はきわめて古いことを見てきた。

これらの5つのバリューチェーンのそれぞれは、先に展開された分析枠組みに依拠したモノグラフィーとして提示される。

(1) グリュイエールAOP〈スイス〉[20]

1) 伝統的かつ世界に開かれたチーズ部門

スイスの農業は、その酪農経済とチーズ製造業により特徴付けられている。市場的な財とサービスの農業生産額102億スイス・フランCHFのうち、その20.5％（21億CHK）を酪農生産が占めていた。スイスの統計部局によれば、食品生産による川下の全体額は、農業生産額の3倍以上である。酪農生産活動は、統計部局が強調するように、「酪農生産者により供給される公益のサービス給付（生産面積の最大限の活用のおかげで開かれている生物多様性の促進や景観の維持といった）を考慮していない。しかしこうした公益サービス給付は連邦により支払われる直接支払いによって部分的には報酬を与えられている（Agristat, 2017)。およそ40億ℓの生乳が、2万3,582人の酪農生産者により生産された（2016年)。そのうち34億ℓが出荷され、販売される生乳の42％はチーズ16万5,966tに加工される。この量は、ここ10年ほどでわずかながら増加している（2005年より8,407t増加)。

2016年の生産量は2万6,780tで、スイス・グリュイエール（AOP）は、スイスのチーズ生産量の16％を占め、スイスの最大のチーズ生産量で、AOP全体のチーズ生産量5万2,812tの50％を占めている。1990年代にはグリュイエールの生産量は2万4,000tでしかなかったが、2005年に2万8,000tを超えてからスイス・エメンターラー生産と肩を並べるほどになった。スイス・エメンターラーは1990年以降、減少し続けた（1990年に5万6,600t、2005年に3万2,000t、2016年に1万7,000t）。エメンターラーはAOPとなり、このことが2005年以降のスイスにおけるAOPチーズ増加を説明しており、AOPは2005年の3万3,000tから2016年の5万3,000tとなった。こうした動向は、スイスのチーズ生産者の差別化戦略に統合されている。スイスは原産地呼称品質表示によってチーズを差別化することで、その品質を向上させようとしてきた。スイスAOCを獲得した後の次なる段階は、すべての該当するチーズについて、AOPの取得により、欧州連合によって、この品質を承認させることであった。それ以降、スイスでは12のAOPチーズを数える。

グリュイエールタイプの加熱圧搾チーズの生産はコンテと同様、長い歴史がある。このタイプの長期保存の利くチーズはフリブール州とヴォー州のプレ・アルプスや、ヴォー州のジュラ山脈、ヌーシャテル山脈のアルプス高地放牧（アルパージュ）において生産される。こうしたチーズは、フランス側のジュラ山脈におけるハードチーズの生産と同様、古代から、スイスのこれらの山岳地帯で生産されている。歴史も同様であり、豊富な草地の活用が生乳生産と、長期保存の利くチーズの製造加工によってなされてきた。さらにグリュイエールgruièreという語が古い高地ドイツ語の「緑」という単語から由来するとされ、これはこれらのチーズの生産のテロワールを特徴づけている草地や森林を指すとされる（Ruffieux, 1972; 1998; Vernus, 1998）。

2016年にはAOPスイス・グリュイエール部門は2,200人の生産者を数え、彼らは年間3億4,000万ℓの生乳を生産している。この生産量が165のチーズ企業と54の夏季放牧者（アルパジスト）により、つまり219の加工施設で加工される。2万6,780tのグリュイエールのうち、1,000tがグリュイエールAOP有機で、500tの夏季放牧グリュイエールAOPが生産され、9つの熟成企業に販売され、これが販売を担う。

2001年には9,775t（2万8,000tのうち）が輸出され、そのうち6,608tが欧州連合であった[21]。2006年にはグリュイエールの年間生産量の39％が輸出に向けられた（2万8,800tのうち1万1,186t）が、2001年には2万4,000t中、2,461tのみであった。スイスのグリュイエールは主として欧州連合（62％）と米国（25％）に輸出されている。AOCに次いで、AOPの取得によるグリュイエールの差別化戦略は、おそらく、このチーズの評判を増大させ、新しい市場を維持し、もしくは獲得することを可能とさせるのに、大きな役割を演じた。2016年には、2万9,136tのグリュイエールAOPが熟成され、そのうち1万2,106tが輸出された。この41％という割合は10年前から維持されている。

コンテのフィリエールにならって、スイス・グリュイエールAOPのそれも、多数の酪農生産者と民間の職人的チーズ製造所fromagèries、夏季放牧事業者（アルパージュ）、いくつかの熟成業者の間での共同生産に基づいている。チーズ製造所がグリュイエールの製造を掌握しているが、ごくわずかしか市場アクセスを持たない（製造所からの直売のための「地方的リザーブ」）。グリュイエー業種組織IPGによれば、熟成企業が大量のチーズを保有しているために交渉力を持ち、これらの企業がよりよい報酬と、よりよい乳製品販路を有しているとされる。それでも製造所の役割はあなどれない。というのも、チーズ製造所は、熟成コストに対応する部分（熟成期間5か月以上）を引き受けて、3.5か月以上でしか大型チーズ（ホイール）を販売しない（Ofag, 2001）。こうして熟成企業は市場アクセスだけを持ち、チーズ生産には介入しない。このAOPチーズの集合的組織化と結合した余剰は、もっぱら職人的生産モデルを仕様書の中で定義することで、生乳及びグリーン・チーズの生産と取引の条件の集合的交渉のモデルに基づいている。生産地帯全体に分散したこうした製造所により、フランスのコンテチーズAOPのように、ホイールの生産地（平場とアルパージュ）と熟成期間に基づいて、チーズ作りの多様性を高付加価値化することができる（図表3-16）。

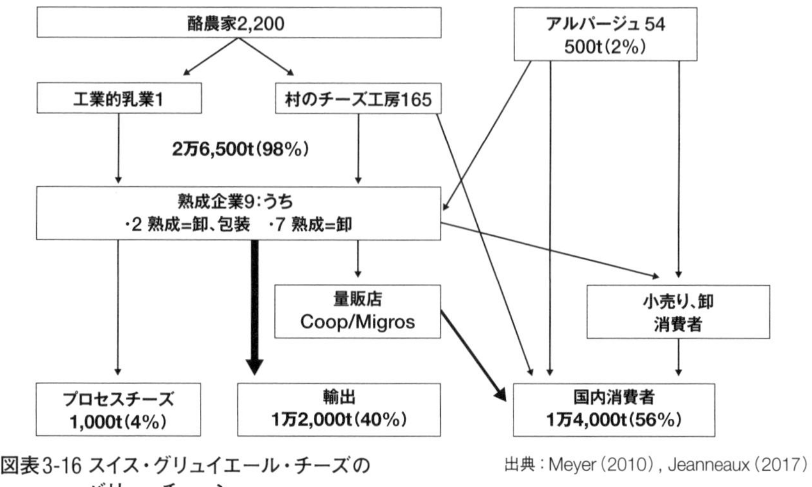

図表3-16 スイス・グリュイエール・チーズの
バリューチェーン

出典：Meyer (2010) , Jeanneaux (2017)

2) 地域的種別性の高付加価値化と供給管理

グリュイエール業種組織IPGはその歴史的特徴に基づいた差別化戦略に取り組んできた。生乳は伝統的な酪農経営で生産されている。この生乳は職人的なチーズ製造所で加工され、製造所は前熟成されたpréaffinésグリュイエール・チーズを熟成企業に販売し、この企業が国内市場60％、輸出市場40％で販売することになる。

価格低下による競争優位を追求する生乳生産システムによって競争力を獲得することでは、グリュイエール・フィリエールの将来は構築されないということを意識して、このフィリエールは原産地の品質による差別化の切り札を切った。次節で見るように、このフィリエールは自らに対してと同時に潜在的競争相手に対して、真正な、典型的で、職人的なテロワール・チーズの製造を保証すると考えられる生産規則を課したのである。この生産規則は製品を地域的に根づかせ、地方的な特徴的な資源とノウハウを高付加価値化しようとする。すなわち飼料は厳格で、発酵まぐさを禁止している。生乳は、20km以内の圏内に位置する地域の製造所に、1日2回出荷される前に、12～18度の間の温度で保存されなければならない。製造所に出荷された生乳は加熱処理されない。いかなる添加物も着色料も許可されない。これらの実践はなるべく攪乱を受けなかったような生乳を加工することを可能とさせると考えられる。それはグリュイエール・チーズが、複数の酪農経営からの混合された生乳の加工だけから作られるという違いをのぞいては、あたかも生乳が農場で直接加工されているかのようである。熟成は5か月以上である。仕様書はアルパージュのグリュイエール（Gruyére d'alpage）の生産も規定している。最終製品はテロワールに特徴的なアロマを表明することができるとされる。

供給を管理し、呼称の標準に対応したチーズしか市場で販売されないように、品質管理がなされている。すなわち気泡ouvertureや中身pâte、アロマ、保存の形態や特徴といった標準である。20ポイントでの点数付けによりチーズを分類することができる。16.5点以上で、味覚（テイスト）について4点以上を取ったチーズがAOPグリュイエールの表示によって販売することができ、その他のチーズはプロセスチーズに向けられるか、もしくは食用での利用を禁止される。

チーズの生産および選別の、こうした厳格な品質基準が製品を差別化し、これに固有な価値を与え、その評判を保証することができる。これらの要素によって、IPGは2001年にAOC呼称を得ることができ（Ofag, 2001）、2012年には、欧州連合によるAOP承認の取得により、スイスとEUの間でのAOCとAOPの相互承認を獲得することができた。さらにIPGは、地理的表示の観念よりも商標イメージのほうがより意味を有しているような、米国や南アフリカ、ジャマイカ、南米、ロシアといった国々で、Le gruyère AOP Switzerlandの商標およびGruyèreの名称の登録を獲得することができた。

こうした品質の特徴的な基準に応えるチーズの販売だけでなく、市場でのチーズの高付加価値化を確保するために、2009年末におけるスイスの生乳クォータ（1977年以降なされてきた）の廃止という背景において、このチーズについて2つの重要な措置が数年前から行われている。

・生産割当による供給管理。生産量が割り当てられ、IPGが、グリュイエール・チーズの在庫状態に応じて生産量を割り当てる権利を有する。例えば2015年にIPGは、3/9システムに応じて製造所で生産されるグリュイエールの量を管理することを決定した。IPGはまず、当該年度の最初の3か月で生産量の97％を構想し、次いで、残りの9か月について年間ベースの90％の生産量を決定した。こうした生産制限は在庫を一掃することを可能としたことであろう。

・国内市場に依存しなくてもよいようなAOPグリュイエールの輸出戦略。これは、何年も前から展開してきた重要な軸であり、AOPの取得と商標「グリュイエールAOP Switzerland」の取得により確保されてきた。こうした活動により、米国および欧州の市場へのアクセスを保証することができ、これらの市場は要請が強い上に、グリュイエールAOPにとって最も重要な2つの輸出市場である。またこうした活動により「グリュイエール」という表示の不正防止を可能とさせる。

これらすべてに加えて、国内もしくは国際コンクールの組織化およびこれらへの参加により、もしくは、多くのスポーツ大会や文化行事の後援により、きわめて積極的な広報活動がなされる。これらの全体によりAOPグリュイエールは販売促進され、価値を捉え続けることができる。

3) 業種組織による保護と自律的ガバナンスへ

1990年代初頭、スイスのグリュイエールチーズ・フィリエールは、一方では、国家（3.5か月の熟成期間でのチーズの販売責任を担っていた）の退却と、GATTウルグアイラウンド協定と結合したチーズ市場の規制緩和に直面した。1994年に締結されたGATT協定を適用するために、連邦公共経済部は新しい農業法を制定した。この法律は生乳価格保証の廃止、チーズ輸入の部分的自由化、欧州連合への輸出補助金の削減を目的としていた。1999年の市場介入からの連邦の退却と、保護主義的市場構造の廃止が、スイスにおけるチーズ団体組織の構造化の問題を提起した。連邦の法律は、（職能団体が自主的に協定を締結することのできる）集合的組織化の新しい機会を提起した（Barjolle et Boisseaux, 2004）。特徴的な製品に関わるフィリエールのアクターが結集し、職能的組織の水平的構造化（生産者の組合、加工企業の組合、熟成企業のそれなど）が、製品ごとの業種組織（インタープロフェッション）の垂直的構造化により補完された。地方的な基盤に基づいたそれぞれの製品を中心に、新しい連帯が創出された。業種組織に関するオルドナンスによって連邦は、製品の品質向上やマーケティング、市場状況への生産量の調節等の措置を、生乳の業種組織に移管することができた。一括契約contarat-typeが実施された。それは契約期間と生産量、価格、支払い方法に関するルールを規定する。さらに連邦議会は特定の条件において、生乳業種組織の非メンバーに対して組織化の相互扶助措置に参加するように強制することもできる。この「非メンバーへの相互扶助措置の拡張」の目的は、その出資に参加すること無しには、供給管理措置から利益を得ることを、潜在的フリーライダーに対して抑止することである。現在、生乳インタープロフェッションの一括契約は、一般的な義務的効力を有し、合法的に定式化されるや一括契約は、これを作成した人々に対して、法律の代わりとなる（Conseil fédéral de Suisse, 2017）。

同時に、グリュイエールのフィリエールは、工業的チーズ企業の誘致の様々なプロジェクトに対応しなければならなかった。1990年代初頭に、スイスの乳製品企業のリーダーの1つであるクレモCremoと、いくつかのチーズ製造企業は、グリュイエール生産の工業化のプロジェクトを構想していた。2日に一回の集乳や、熟成期間の短縮、製造所の平均規模をはるかに超えた製造工場の設置など、である。結局のところスイス・エメンターラーEmmentaler Switzerlandの販売の困難が、いくつかのチーズ企業をグリュイエールへと転換するように促したのである。こうした試みは、グリュイエールの伝統的特徴にとって、また（歴史的にグリュイエールの生産を行ってきた州カントンでの）生産のフィリエールにとって脅威となったのである。当時、スイスで生産されるグリュイエールの95％はヴォーVaudとフリブールFribourg、ジュラJura、ベルン・ジュラJura bernois、ヌーシャテルNeuchatelのカントンに由来していた。こうしてグリュイエールのフィリエールの複数のアクターたちは、職人的で、地域に根づいた生産モデルを保護する目的で、こうした競争を停止させるべく、スイスにおけるグリュイエールAOCの承認の行動を開始したのである。

1990年以降、グリュイエール憲章（1992年）と業種組織、次いでAOCの仕様書を中心に、グリュイエール・フィリエールが徐々に構築されたのは、こうした背景においてである（Ofag, 2001）。こうした継起的な組織様式は、工業化と国家の退却という背景において、職人的生産の維持の基盤を確立したのである。フィリエールのアクターたちはAOCに関するスイスの法律（彼ら自身が広く影響を与えた法律的基礎である）の制定を待ってはいられなかった(Barjolle et Boisseaux, 2004)。彼らは、課業の分業が今なお必要な、伝統的製造技術工程に従って製造される特徴的製品へと結集した。こうして彼らは、1992年7月2日に調印されることになるグリュイエール憲章の草案に賛同した。これは生乳の生産、チーズ製造、熟成の条件を定義することでグリュイエールAOCの基礎を提起したのである。

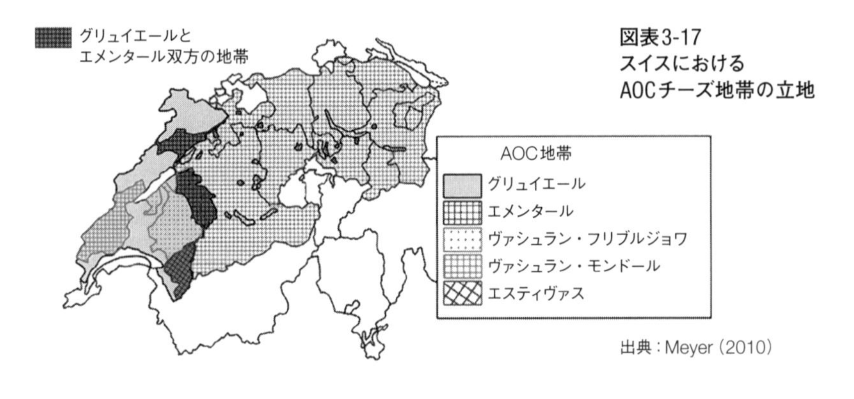

図表3-17
スイスにおける
AOCチーズ地帯の立地

出典：Meyer (2010)

こうして生乳は、限定された地帯に立地する特別なチーズ製造所に加盟する生産者により生産されなければならない（図表3-17）。地理的空間が含むのはフリブールとヴォー、ヌーシャテル、ジュラの各州（カントン）、クルトラリCourtelary, ラ・ヌーヴヴィルLa Neuveville、ムティエMoutierの各地区、さらにベルンBerne州の隣接市町村である。生乳は、サイレージを含む配合飼料から作られてはならなかったし（干し草と二番草regainが基礎的飼料をなす）、成分調整してはならず、加熱処理されることができなかった（もしそれが冷却されていないならば）。加熱作業は銅製のチーズ・ケトルの中で、最も古い搾乳後18時間以内になされなければならなかった。チーズ製造所は、主として経営に由来する凝乳酵素と乳酸菌を使用しなければならず、ホエーのクリームを再利用することができなかった。

さらにグリュイエール憲章は、その中心において、1つの委員会がグリュイエールのためのAOCの規則について検討しなければならないことを規定していた。最終的にAOCグリュイエールは、2001年に連邦農業局Ofagの原産地呼称および地理的表示に登録された。2001年に採択された仕様書（Ofag, 2001）は、1992年のグリュイエール憲章のすべての項目をほとんど採録しており、これにいくつかの詳細を付け加えた。熟成期間が販売以前での5か月以上へと延長され、チーズの生産および熟成の条件がより詳細に記載されている。グリュイエールは、一日の搾乳の最初の回と二回目の回の混合乳からしか作ることができない。この混合乳は成長促進剤もホルモンも添加することができない。チーズ製造所は、（例外を除いて）6,600 ℓ 以下の、開放型の銅製ケトルを使用しなければならず、1日1回しかそこでグリュイエールを作ることを認められておらず、この製造は朝一番になされなければならない。洗浄されたケトルは、別のタイプのチーズを作ることができる。さらに生乳は、1日2回、20km以内の集乳圏内のチーズ製造所に出荷されなければならない。アルパージュのグリュイエールの製造向けの生乳が生産されるのは以下の場合のみである。すなわち「アルパージュの永年牧草が、家畜の基礎飼料をなすのに十分であるとき」（Ofag, 2001）である。その生乳の生産とグリュイエールの製造はアルパージュの場所でしか行うことができない。仕様書は暗黙的に加工施設の規模を制限し、特定数のチーズ製造工房を維持するように規定している。Cremo[22]のような企業グループは、グリュイエールの製造工程の短縮や大量生産、熟成期間の削減、生産手段の規模拡大、その活動の移動によって、生産コストの削減を図ることができない。こうしてグリュイエールAOPの生産は、AOP地帯における平野部およびアルパージュの219の製造所を通じて、重要な経済活動の維持を可能とさせる分権的生産モデルに従っており、これらの工房は3億2,200万 ℓ を加工している。仕様書を通じて、製造所の職人的構造の維持が可能とされ、またこの生産に手を出そうとする大規模グループに対しても小規模製造所と同じ生産コストを課することで、工業化からこの製造所を保護することができるのである。スイスのアクターたちはとりわけ伝統的なモデルを確認し、保護する。こうしたモデルはもはや連邦国家の支援を受けない。スイスは欧州の政策に近づき、WTO政策と両立可能でありたいと考えているからである。この新しいモデルは効率的であるように思われる。すなわちチーズ製造所（2009年の企業232社から2016年の219社となった）や農業者の大量の消失をもたらさなかったし、生乳生産を増大させ、生乳価格を維持することができたのである[23]。

15年ほど前からグリュイエールAOCと標準生乳（例えばエメンタール生産向け）との乳価の格差はおよそ20％である（グリュイエール向けは0.80～0.85CHKで、標準生乳平均価格0.70 CHK）。チーズに加工される生乳全体について、0.15CHF／ℓの連邦の直接支援が生産者に支払われ続けており、結局のところこうした価格格差は、高付加価値化の格差に見出されるのである。しかしながらAOPチーズを含むスイスのチーズのすべてが、生乳に対して同じほどの報酬を与えるに至っているわけではなく、グリュイエールに特徴的な措置が恩恵を与えている。

4）川上から川下へと組織された余剰の配分メカニズム

15年前から、グリュイエールAOPの生乳価格（スイスフラン、カレントベースで）は80CHK／100kgであるのに対して、同時期にAOPエメンターラーEmmentalerと工場向けの生乳価格は顕著に減少し、80CHK／100kgから60CHK／100kgとなっている（図表3-18）。この価格低下は2009年の生乳クォータ終了とともに加速化した。連邦は保証価格制度から、加工向け生乳の指標価格の公示のみへと移行した。市場を調整し、価格維持を保証するために、2009年に全国生乳業種連合会が設立された（Agridea, 2016）。これらの目標を達成するさいの困難を前にして、A、B、Cの量のセグメント化システムが創出された。この生乳業種連合会は市場セグメントごとに指標価格を毎月、公表する。セグメントAは関税保護を受ける、高付加価値の製品に対応する。セグメントBは関税保護を受けない、付加価値の低い乳製品に対応する。セグメントCは国際市場価格で販売される、付加価値の低い製品に対応する。こうしたシステムは生産者からの生乳買い取り契約において生乳支払いを決定するのに役立つ。このセグメントに基づいて、義務的契約の枠組みにおいて生産者と加工企業の間で価格が交渉される。市場安定基金（2011～13）と介入基金（2010～13）の創設によって、市場を安定化させるために別のセーフガード措置が創出された。生産コストが、2010～13年の平均で62.5CHF／100kgであるのに対して、欧州連合のそれが42.1CHF／100kgであることを鑑みるに、供給を調整するのに市場のみに任せることは困難である。乳製品市場の「飽和」という背景において、生産の超過コストは標準生乳の輸出能力を削減するのである。採用される手段の1つがグリュイエールAOPのような原産地に基づいた品質により差別化されたチーズ生産のそれである。

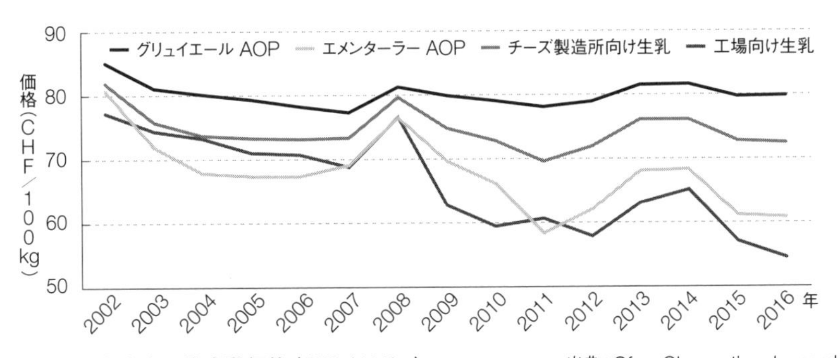

図表3-18 生産者平均生乳価格（CHF／100kg）、2002-2015生産者価格（輸送費発送人支払い）、2016年以降、農場出荷価格

出典：Ofag, Observation du marché

グリュイエール業種組織（インタープロフェッションIPG）は品質基準が定義される場であることによって、また同時に供給管理を保証することによって、経済余剰の形成において重大な役割を演じている。供給管理とは、チーズ製造所ごとの生産割当の管理、プロセスチーズ向けのチーズの量と価格の定義などである。仕様書に具体化される集合的組織化のおかげで、IPGはAOPに結合した余剰の創出を維持することができた。仕様書はグリュイエールのフィリエールの伝統的アクターの生産条件に対応しているのである。

1999～2000年の生乳生産年度の以前には、生乳価格は連邦により保証されていた。価格と奨励金、生産削減が、当該のどの州であれ、企業、チーズについてであれ、スイス全土で設定されていた。現在、生乳およびチーズの価格、チーズ製造所に支払われる品質奨励金は、IPGの中で生産者とチーズ企業、熟成企業の間で交渉される。フィリエールのアクターは、こうした勧告に一般的に従う。勧告される生乳価格の設定がどのようになされるかに、オリジナリティがある。グリュイエール・フィリエールのアクターたちは、市場での最終製品の高付加価値化によって生乳価格を決定するのではない。彼らは最初に生産者価格を設定し、これに市場でのグリュイエールの最低価格を決定するために、チーズ製造所にとってのマージンが付加されるのである。しかしながらこれは、現実から離れているわけではない。というのもそれはグリュイエールへの消費者の支払い意欲に確かに対応しているからである。こうしたアプローチは、スイスにおける食品流通の2つの支配者への組織化のために可能となる。2つの量販店（ミグロMigrosとコープCoop）が市場シェアの80％を占めており、これらがグリュイエール・フィリエールに関与しており、これらの量販店はますますメイド・イン・スイスを推進するのである。さらに以下のことを強調しておかなければならない。つまり生産者乳価はベース価格（およそ0.50CHF／ℓ）から構成され、これにインセンチブ奨励金が加わり、この奨励金のいくらかはフィリエールの各段階の間での余剰と結合している（グリュイエールAOCの生乳奨励金は0.10CHF／ℓで、品質奨励金は0.05CHF／ℓである）。しかしながら、2つの奨励金はなお農業政策に属する。すなわちチーズ加工生乳追加金（0.15CHF／ℓ）と非サイレージ飼料奨励金（0.03CHF／ℓ）（図表3-19）である。

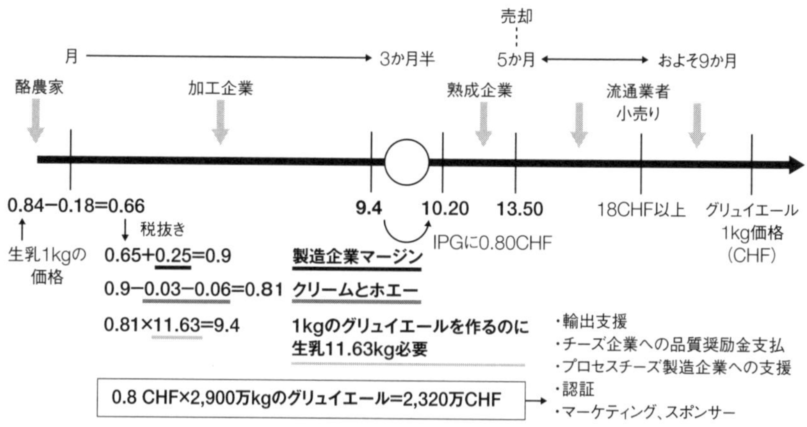

図表3-19 生乳の加工から小売価格に至るAOCグリュイエール価格の形成

出典：Meyer (2010)

5) 強い地域ガバナンスにより特徴づけられたフィリエール

グリュイエールのフィリエールは、コンスタントな生産量を維持するのに成功したことで（およそ年間3万tで、うち40％が輸出）、そのダイナミックさによって特徴づけられる。課業の分業と生産の分権化によって、特定数の雇用を維持することができた。ところが多くのチーズ製造所が、とりわけ農業経営数の減少のために減少傾向にある。IPGは、連邦国家の退却に引き続いて、きわめて構造化された組織化を行うことができた。この業種組織は、厳格な品質的アプローチに基づいた差別化戦略を展開させた。グリュイエールをめぐるこうした集合的組織化は経済余剰を生み出し、それが維持され、様々なアクターの間で配分されている（図表3-20）。

このためにIPGは、執行委員会内部におけるフィリエールのすべてのステークホルダーの代表に依拠している。すなわち理事長と生産者代表4人、チーズ製造所代表4人、熟成企業代表4人、有識者メンバー3人である。6つの常設委員会が戦略プロジェクトを策定し、実行する。これらの委員会は計画化と品質、マーケティング、アルパージュ・グリュイエール、有機グリュイエール、生産量に関する措置を扱う。こうしてスイス・グリュイエールAOPフィリエールは地域的ガバナンス様式に位置づけられる。

最後に、農業経済全般、とりわけ酪農経済に関する経済的、統計的情報へのアクセスと普及、透明性に関してスイス連邦とIPGの活動をたたえなければならない。このことは特に、フランスの多くのフィリエールについて妥当せず、しばしばきわめて秘密主義的なままにとどまっている。ステークホルダーに対して経済情報を普及するという、こうした意欲（我々がこの種の研究を行うのに、そこからかなりの恩恵を得ることができる）によって、おそらく、公益の名の下に、フィリエールの様々なアクターたちの間での信頼を強化することができる。このことはここで強調されるべき重要な価値である。

	スイス・グリュイエールAOP
価値の創出	種別的資源の高付加価値化
	種別的な官能的品質の、消費者による承認
	アルパージュおよび有機のグリュイエールとのセグメント化戦略
	生産量の割当による供給管理（在庫管理）
	品質管理による供給管理と、販売チャネルの多角化：プロセスチーズ工業を通じた格落ちの除去。積極的輸出戦略。
価値の配分	川上から川下に至る、品質に応じた価格の制度的運営
	酪農家と加工企業の間での市場パワーの均衡を安定化させる、勧告価格の決定
	奨励金（国のそれを含む）の再均衡（非サイレージ飼料、品質、チーズ加工など）
	経済情報の透明性
競争優位の保護	差別化戦略
	生産規則のコントロールにより競争相手（工業モデルの企業）の参入への規制的制約
システムの調整様式	フィリエールのすべてのアクターの公平な結集により、IPG内部で制定される力関係

図表3-20 スイス・グリュイエールAOPフィリエールの調整様式 筆者作成

(2) パルミジャーノ・レッジャーノ（パルメザン）DOP〈イタリア〉[24]

1）国際的に著名なイタリアの典型的チーズ

イタリア料理の伝統は、粉っぽい“grana”タイプ（粉っぽいテクスチャー）の加熱圧搾タイプのチーズを多く使用している。イタリア人世帯の90％以上がこれを消費している。こうしたチーズのカテゴリはパルミジャーノ・レッジャーノやグラーナ・パダーノ（この2つはAOP）、品質表示のないチーズのグループを含んでいる。パルミジャーノ・レッジャーノ（以下、文脈に応じてPRと略）は国際的にもっとも知られており、「パルメザン」の一般的名称の下でフランスで販売されている。その上、2008年の欧州司法裁判所の判決以降、「パルメザン」と呼ばれるチーズはAOPパルミジャーノ・レッジャーノしかあり得ず、PRは1996年6月12日以降、AOPにより保護されている。コンテやスイス・グリュイエールのような加熱圧搾タイプのチーズと同様、PRは長期保存の利くチーズであり、イタリア北部の山岳地域の牧草を加工することで、長期に生乳を貯蔵することを可能とさせてきた。これはきわめて古くからのチーズであり、フランシスコ会修道士のサリンベーネ・デ・パルマSalimbene de Parme（1221～1288年）のクロニクル年代記にその最初の記述が見出される。それはポー平原の5つの地帯（パルマParmeやレッジョ・エミリアReggio Emilia、モデナModene、マントヴァMantoue、ボローニャBologneの諸都市を中心）において生産されている（図表3-21）。イタリア国家によって、その管理は、1934年以降、パルミジャーノ・レッジャーノ・チーズ・コンソルツィオCFPRに委託されている。

2017年にPRの原産地呼称の生乳生産者2,893人（2016年には3,007人）が、この地帯のチーズ製造企業335社に牛の生乳20億ℓを出荷している[25]。これは国内生産量の17％ほどである（イタリア全体で2017年の生乳生産量は110億9,500万ℓ）。2000年代初頭以降、PRの生産量は年間およそ300万個のホイール（大型チーズ）で安定していた（およそ12万tのチーズ）。もちろん年によって6万個ほどのホイール、およそ2％の変動がある（Clal, 2011, 2017）。2010年では301万8,460の大型チーズが生産された。この時期以降、生産量が増加し、生乳クォータの終了により急増しさえした。2017年には365万個のホイールが製造され、2016年の346万9,000個より5.2％増加したのである。つまり2017年に14万7,125tのPRチーズが生産されたのである。この呼称を管理しているインタープロフェッションによれば、PRフィリエールは13億€の出荷額（2016年に生産され、2017年に販売されたチーズの金額）であり、これは、経済的には、このチーズをイタリアチーズの第一位の生産にしているという。逆に量的には、イタリアの第一位の生産は、（やはりAOPであり、PRの代替品である）グラーナ・パダーノで（494万2,000t）、これは成長し続けている。しかしグラーナ・パダーノは市場ではそれほど高くは販売されていない。長期的に（1986～2017年）、PRは量においても、カレントベース価格においてもコンス

図表3-21 グラーナ・パダーノおよびパルミジャーノ・レッジャーノの生産地帯

出典：Raynaud（2011）

タントに成長しているのである（図表3-22）[26]。

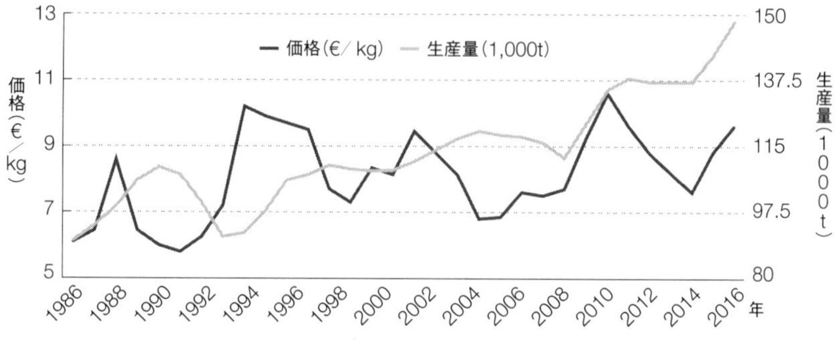

図表3-22 PRの生産者価格と生産量の変化 出典：Clal

PRの消費者販売額（2015年に生産され、2017年に販売されたチーズ）は、22億€になる。さらに2017年に、5万1,900tのPRが輸出されたことになり、これは生産量全体の39％を占める。2017年の輸出は、2016年に比して6％増加している。販売価格も同様に上昇している。12か月熟成チーズの価格だけをとってみても（販売のための最小限の期間）、2014年以降、価格が上昇している。2014年の7.50€／kgから、2017年には9.60€／kg近くの価格に達している。他方で、同時期にグラーナ・パダーノは6.5€／kgから6.2€／kgと推移している。こうした異なった帰結が示すようにAOPパルミジャーノ・レッジャーノには展望がある。

2）重要な分業と強い個別戦略

現在のPRフィリエールの、2つの大きなタイプのアクターへの構造化は過去の歴史を引き継いでいる。

・一方では、酪農協同組合に結集した生乳生産者が原料の生産と第一次加工（AOPの認証取得のための最短の熟成期間の12か月まで）を掌握する。酪農家も協同組合もかつてないほどの重大な再編を経験した。酪農家の戸数は8分の1になったのに対して、生乳生産を45％増加させたのである。結局、1985年に生乳生産者2万5,000人が、1,000の協同組合に13億ℓを出荷し、協同組合は8万

5,000tのPRを生産していた（Perrier-Cornet, 1990）。2015年には2,893人の生産者が335の協同組合に19億ℓを出荷しているのである。

・他方で、卸＝熟成企業は熟成の第二段階を確保するためにホイール（大型チーズ）をストックし、販売を管理する。

こうしてPRの生産フィリエールは、そのバリューチェーン段階の強い個人主義化によって特徴づけられる。それぞれは、（後見としてのコンソーシアムにより確立された集合的戦略に加えて）それ自身の生産および販売戦略を実施している。それと同時にこのフィリエールはとりわけ川上において、これらの同一の生産段階の間でのきわめて統合された関係によって特徴づけられている。

協同組合はそれほどの交渉力を有していない。一方で、卸企業がますます集中化し、他方で協同組合は組織上の問題を抱えている。その交渉力を増大させるために、これらの協同組合のうちのいくつかは、第二ないし第三段階の下請け協同組合を通じて、その供給量を集中化させる（コンソーシアム）。これらの協同組合は融資を受けるのに必要な保証を提供し、生乳生産者への定期的支払いを可能とさせ、近代的流通網への販売戦略を展開している。しかしながらこれらのイニシアチブは期待される成果をそれほど収めていない。巨大コンソーシアム（Consorzio Granterre de Modene）が1つ残っているだけである。卸＝熟成企業は重要な経験と、技術的および商業的な能力を有している。巨大な熟成企業はその製品の範囲の多角化を行い（彼らはPRとグラーナ・パダーノを同時に販売し、このことで彼らは量と相場の変動を管理し、特定のフレキシビリティを自らに確保することができる）、さらに差別化戦略を行うことができる（図表3-23）。

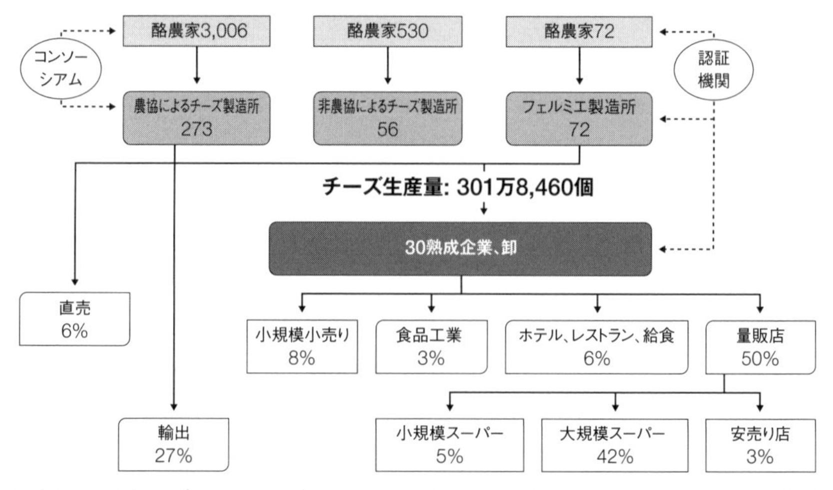

図表3-23　パルミジャーノ・レッジャーノAOPフィリエール（2010） 出典：Raynaud（2011）

結局、1980年代末まで、一般的で、差別化されていない製品としてみられてきたPRは（Arfini *et al*., 2006）、今日、新しい差別化戦略の対象となり、これはコンソーシアムConsorzioによって実行されている（量販店の求めに応じて）。この差別化は熟成期間に応じてなされ、フィリエールのアクターたちに対して、品質の特定の差異について意識させることになった。それ以降、18か月以上の熟成期間のホイールは赤い押印で飾られ、22か月以上のチーズは銀色の押印、30か月以上の熟成については金色の押印がなされる。こうして卸業者に対して、以前より的を絞ったマーケティング戦略が必要とされる。卸業者は新しいサービスを供給し、私的ブランド戦略によってお互いに差別化される。

3）付加価値の集合的形成

PRを含む「粉っぽいgrana」タイプのチーズはイタリアの美食術における基礎的調味料である。それは多くの場合、おろし金でおろした形で、パスタやスープに使われる。しかしながらここ数十年以来、粉チーズの新しい消費様式が登場している。こうした変化は、（社会の変化に対応した形で）消費者側の新しい需要によってと同時に、熟成企業によりなされるイノベーション戦略によって牽引される。熟成企業は差別化するために、新しい販売形態を提案するのである。PRフィリエールにより使用される差別化の最初の要素がテロワールと評判とに結合していたのに対して、今日、新しい要素が活用され、それはより技術的である。20年前には、ホイール（大型チーズ）、もしくは売り場で切断されるポーションの形でしか、このチーズは見られなかった（場合によっては熟成期間により差別化される）。その後、量販店においても（200g～1kgの三角形の真空の個包装、個包装されたシュレッド・チーズ、真空の立方体の個包装など）、またスナッキング・タイプの菓子の自動販売機においても（おやつ用に、クラッカーやその他のチップスと組み合わさった40gの立方体）、様々な形の個包装を見出すことができる。こうした新製品は市場のニッチを見出すのに遅れたが（De Roest, 2000）、量販店と「総菜」の飛躍的発展と共に、いまやAOPであろうとなかろうと、粉っぽいタイプのチーズのフィリエールに対して特定の経済的価値を示している。結局、ポーション、立方体、シュレッド、その他の個包装が、2010年の量販店における「粉っぽいgrana」タイプのチーズの販売量全体の54％以上、販売額の57％を占めている。PRフィリエールについて、これらの製品が販売量の48％、販売額の53％を占めている（CRPA, 2008）。家計でのPRの浸透率はイタリアにおいて極めて高い。すなわちイタリアの世帯の60％がこれを消費し、世帯の100％がPRおよび、もしくはグラーナ・パダーノを消費しているのである（Rama, 2010）。消費の頻度も高く、PRの消費者の60％以上が毎日、これを食べているのである。

需要が安定しており、また多いにもかかわらず、フィリエールの職業に関わる人たちは、価格変動を押さえ、製品の価格を最適化するために、過剰生産の時期を制限しようとした。しかしながらフィリエールは効率的供給管理を実現するための内的、外的な特定の困難に突き当たっている。1990年に制定された、競争と市場の保護のためのイタリアの法no.287／1990（アンチ・トラスト法とも呼ばれている）は、市場アクター（加工企業や卸）の間での合意から生じ得る市場パワーを制限することを目的としていた。それは、生産制限計画や価格設定合意、市場シェアの配分、企業の間での集乳地帯の配分、これらを禁止することによってである。パルミジャーノ・レッジャーノ・チーズ・コンソルツィオCFPRの地位は、生産管理計画を認可する可能性（生産上限量の設定）に関わっているが、アンチトラスト法を遵守させる監督官庁は、CFPRを含む特定の後見コンソーシアムにおいて実施されている供給管理活動を1996年に疑問視した。これらは反競争的とされたのである。2005年になってやっと、新しいキャンペーン・プラン（生産計画）が認可され、これは（例えばそれ以前の3年間に比して10％の価格低下といった）「市場の標準的条件が悪化したとき」に適用できるだけであり、しかも一定の均衡を取り戻すためにだけなされる。インタープロフェッション（業種組織）に関するその論文の中で、ジアコミニGiacominiとアルフィニArfini、ド・ロゼットDe Rosetが考えているように、市場危機が起こったことへの対応として使用される計画は首尾一貫していない手法である。というのも計画は、こうした危機を予想して、もしくはそれを回避するために策定されなければならないだろうからである（Giacomini, et al., 2010）。

ここ数十年の統計は生産量の変動を示しており、そこではチーズ価格の上昇は翌年度における生産増加をもたらし、次いで、それは価格低下をもたらす。市場が供給過剰を吸収できないからである（図表3-22）。生産増加の期間はしばしばチーズ価格下落期間に引き継がれるといえよう。その上、熟成期間12か月のPRと24か月のそれとの価格格差は、価格が下落したときに増大する。このことが意味するのは、生産が増加するとき12か月のチーズがまず最初に価格低下を被るということである。こうしてインタビューの時（2011年5月）に、フィリポ・アルフィニFilipo Arfiniが我々に指摘したように、価格が再び上昇するやいなや、農業者はこれに乗じて、生産拡大を可能とさせる投資を行う（生乳クォータの買い取り、未経産牛の購入など）。このことがそれに引き続く年の生乳生産増加をもたらし、市場でのチーズ生産量過剰をもたらす。生乳の過剰をゴルゴンゾーラやAOP無しのチーズの生産に向けるグラーナ・パダーノとは逆に、PRのフィリエールは余剰生乳について他の選択肢を持たない。PRはきわめて厳格な規格によって生産され、これを、市場でそれほど高価でないチーズとすることは生産者にとって重大な損失をなすことになろう。ピュグリーズPugliese（2010）が指摘しているように、PRはその70％が量販店によって値引き商戦において販売されていることに鑑みるに、リスクがある。生産者の多くは協同組合に統合されており、協同組合は、出荷される生乳すべてを使用しなければならない。他の生産用途がないので、協同組合は内部で供給管理をすることができない。PRに専門特化していることで、それは別の生産へと生乳を向けることができないのである。

生乳クォータの廃止という背景において、品質表示チーズの供給を調整するために、欧州レベルでのいくつかのイノベーションがなされた。EUによる2012年のミルク・パッケージの実施以降、AOPの保護管理機関は供給管理プランを策定することができる。PRコンソーシアムと生産者たちは、イタリア農業省により認可された調整プランのおかげで、供給を合理化しようとすることで、価格の乱高下という近年の問題に応えようとした。調整プランは、生乳および乳製品部門における契約的関係に関する欧州規則no.261/2012に基づいており、その主要な要素は、農業者に付与されたPR向け生乳生産の割り当ての維持であった。バリューチェーンにおける農業者と熟成部門、卸、量販店の間での力関係の均衡を目的としていたのである(Giacomini et Manfredi, 2013)。したがって保護管理機関であるパルミジャーノ・レッジャーノ・チーズ・コンソルツィオCFPRが、過剰生産を制限することができる集合的で効率的な手法を制定するのである(競争の透明性と良好な運用を保証しつつも)。こうして生産者が需要と供給を調和させるために適用されるべき原則と手法について協定を締結する。それは新しい市場の探求、品質改善、不正防止でもあり得る。不正はきわめて多く、PRは世界で最もコピーされているチーズの1つなのである(CFPR, 2011)。実施されている品質政策は、生乳とチーズの品質を改善するために生産チェーン全体に介入することにある。仕様書はテロワールへの強い結合を保証しようとする多くの規定を含んでいる。こうした結合が、典型的製品にとっての最終消費者の支払い意欲に対して役割を演じているからである。1957年の牛の飼料についての最初の規則以降、(干し草刈りのような乾燥の伝統的手法に応じて保存された)地域の牧草によって乳牛を養うこと、(サイレージトウモロコシのような)発酵粗飼料の使用を禁止することが、インタープロフェッションの中で決定されていた。PRは固有な微生物学的均衡を持った、またいかなる添加物にも依拠しない生乳で製造される。これらの生産実践はチーズの典型性と、テロワールへのその結合を構築すると考えられている。しかしながら畜産の内部での大きな変化を無視すべきではなく、その経営規模はますます大きくなっており（平均して酪農経営あたり65万ℓ）、生産を「人工化する」生産の濃厚飼料の大量の使用も見られる。さらに生乳は加熱処理されず、12か月未満のいかなるチーズも販売することができない。

チーズは、その品質に応じて3つのカテゴリに分類される。すなわち格落ちチーズはAOPを得るための最小限の品質を満たさない。パルミジャーノ・レッジャーノ・メッツァーノParmigiano Reggiano mezzanoは形状や表皮、中身の何らかの欠点を示す（味覚には影響はない）。PRのAOPを受けるのは、強い保存適性をもった高品質のチーズである。これはかかるものとして販売されるが、熟成企業の要求に応じて、それが18か月以上を超えた次期から第二の分類に服することができる。それはExportやExtraといった補完的ブランドを受ける。この選抜過程もまた、供給管理のための役割を演じている。したがってフィリエールはたえず、需要と供給を調節するための様々な梃子を使っているのである。例えば2008～10年の間に、2つの公的制度がPR市場に介入し、市場から40万個ほどのホイールを回収した。農業支払い庁Ageaはこのホイールを食料援助活動に向けた。他方CFPRは回収されたチーズを輸出促進のために使用したのである（展示や試食など）（CFPR, 2008; 2009a; 2009b）。多くのマーケティングにかかるイノベーションが何年も前から展開され、とりわけ食品原材料としのPRの使用を増大させた（Mancini et Consiglieri, 2016）。CFPRは生産過剰を緩和しようとして輸出も促進した。2014年にはPRの輸出促進のために400万€が支出された。生産量の39％が輸出されていることを鑑みるに、こうした戦略はうまく機能していると考えられる。輸出量も、長期間にわたって増加している。

最後に、品質管理と供給管理、種別的な地域資源の活用にかかる、こうしたあらゆる戦略はAOP グラーナ・パダーノに比較して経済的余剰をもたらす。このチーズは代替品であり、2つのチーズは市場において同一の行動を取っているのである（図表3-24）。長期的にはこの2つのチーズの間の価格格差は平均して34％、PRのほうが高く、価格格差は年次によって1.1～3.65€／kgとなっている。

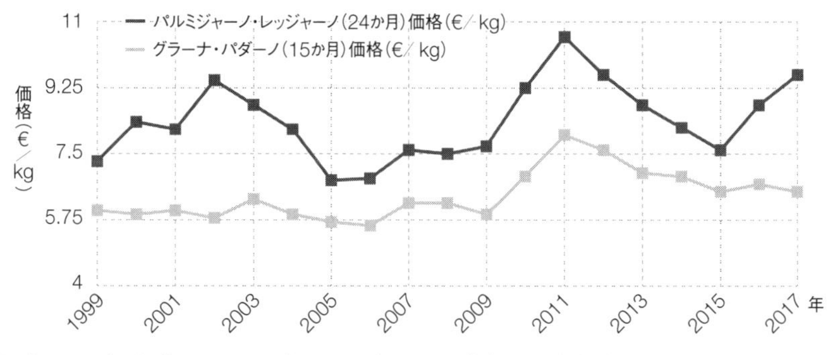

図表3-24 パルミジャーノ・レッジャーノとグラーナ・パダーノの価格変化の比較　出典：Clal

4) チーズ価格と結合した生乳価格、制度的運営

PRの買い取りと販売はCFPRにより設定された契約タイプに基づいてなされる。契約はチーズの販売の最低限の熟成期間以前に締結することができるが[27]、ホイールの引き取りは、12か月の熟成期間以降からしかなされない。価格はそれぞれの契約締結時点で交渉されるが、それぞれの利害を保護するために、しばしば調停人が同席する。調停人はしばしば鑑定士（battitore、鍛冶屋の意味：金槌でチーズをたたいて熟成状態を見ることから）でもあり、彼がチーズの品質を評価する。彼は売り手に対して、（売り手がその生産に対して要求できる）価格について勧告することができるだろうし、買い手により追求される品質について熟知しているのである。チーズ価格は各県で確定されている基準価格をもとに、契約締結時点で交渉される。価格形成の主要な3つの場所がある。すなわちパルマのボルサ・メルチBorsa Merci商品取引所、モデナの商業会議所、レッジョ・エミリアの商業会議所である。フェルミエ（農場産）生産者とチーズ製造企業、熟成企業＝卸の代表者が、調停人の出席のもと、そこで週一回会合して、12か月および24か月（もしくはそれ以上）のチーズの指標価格を設定する。それぞれの会合の前に、CFPRの職員が、その週にチーズ製造企業と熟成企業＝卸との間でなされた取引様式を調査している。しかしながら、それぞれのどちらも、CFPRに対してこれらの情報を伝える形式上の義務はなく、CFPRは受け取る不完全なデータ（ロット数、キロあたり価格、計量の日付）で満足しなければならず、詳細なデータは取得できない（ホイー

ルの品質、ロットにおけるメッツァーmezzanoと格落ちの割合等)。会合の開始に際して、会合主催者は、(取得された情報にもとづいて) その週になされた販売と、地帯のその他の商品取引所や商業会議所の価格について通知する。こうした傾向をどの程度フォローすべきかを知るために交渉がなされる。

生乳が協同組合にか、それとも民間チーズ製造企業に出荷されるかに応じて、生産者乳価は異なる。協同組合の場合、チーズやバター、その他の副産物 (リコッタやヨーグルト) の販売益と、チーズ加工コストとの差に基づいて、価格が設定される。前年度に出荷された生乳について、価格は毎年春に決定される。生乳生産者は、出荷時点に前払い金の形で (20～60%) 支払われ、価格が決定した後でしか精算金は支払われない。すなわち12か月後の熟成を行う協同組合については24か月後、規定期間後の熟成を行わない協同組合については12か月後に精算金が支払われる。民間チーズ製造企業の場合、市場での最終製品価格の傾向をもとに商業会議所によって基準価格が決定される。こうした背景の下で、この地域的チーズ生産システムの運営において、銀行家の役割が無視し得ない。1950年代以降、12～24か月、ないしは36か月のPRの長期間の熟成はエミリア=ロマーニャ州の銀行家が運営する組織により融資されている。実際、最終的支払いがなされた後で、つまり生乳の出荷と加工の後の12～36か月後になってからしか、チーズ製造企業と生乳生産者がチーズ代金を受け取れないようなことを回避するために、チーズ製造企業は生産者に支払われる前渡し金 (最終価格の20～60%) をファイナンスするべく、銀行から資金を借りる。借り入れを保証するために、チーズ製造企業はチーズを担保に入れる。これはwarrantageと呼ばれる慣行である。債券を受け取って、銀行は、代位によって所有権留保条項の利益を移転される。ワラント技術の成功は以下の事実に由来する。つまり (チーズを貯蔵しなければならないであろう) 債権者を制約する所有権没収にはかならずしも基づいていない。通常は、熟成企業でチーズは貯蔵され、それは現実の販売に至るまで、チーズ製造企業の所有にとどまるのである。したがってホイールは、銀行がその所有者に付与する融資にとっての担保として役立つ。この原則により生産継続のための資金繰りを確保し、サプライヤーに支払い、様々な生産コストをまかなうことができるのである。

時代を通じて、銀行家は自分自身の熟成倉庫を発展させてきた。こうしてその後、特定の銀行家はファイナンスと貯蔵庫の完全なサービスを提供するようになっている。こうした貯蔵庫は今や、（自分のそれを持たず、熟成企業とは連携していない）小さなチーズ製造企業にとって熟成庫として機能している。これらの企業はこうしたサービスのために支払う。すべては規定されている。決済期限には、ホイールの保存料金を精算した後で、価格変動があった場合、現金かチーズの現物で、その差額を相殺しなければならない。生産者は、量販店の売り場に卸すべく自分のPRを回収する。借入金を返済しない場合には、銀行がチーズを直接自分で販売する。サルヴァトーレ・アロイズSalvatore Aloiseによれば[28]、「エミリア=ロマーニャ州では、クレデムCredem銀行（Credito Emiliano）の所有になるMagazzini Generali della Tagliata（MGT）の2つの貯蔵庫はFort Knoxの名前で知られている。しかし、通常、金庫の中に見られる黄金や札束、芸術作品ではなく、それはPRを秘蔵している。45万個のホイールの収容能力をもち、これは一個あたり300€で総計1億3,500万€になる。同州の他の3つの銀行はそれ自身の貯蔵庫を有している」。ホイールは金融資産となったのである。2015年にイタリア警察は78万5,000€と評価されるPRホイールを盗んだ窃盗集団を摘発した。

PR向けの生乳価格と、ロンバルディア州（イタリアで最大の生乳生産地帯）で生産される生乳価格とを比較すると[29]、PRのほうが、年によって7～86％、平均34％高い（図表3-25）。

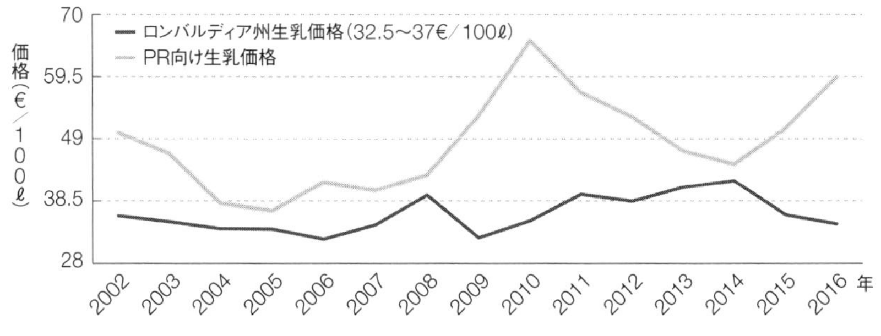

図表3-25 ロンバルディアとPR向けの生乳価格の比較（100ℓあたり€）

出典：Camera di comercio Reggio Emlia, Clal

この粉っぽいgrana2つのチーズについて、技術的差別化は同じであるので（熟成期間による差別化と新しい販売形態）、おそらく経済余剰の創出の主要な決定要因は製品の種別性と、決められた生産条件と関連している（原産地や品質、ノウハウなど）。こうして、上述のように、PRの差別化戦略が、その最も直接的な競争相手に対して平均31％以上の経済余剰の形成を可能としているので、こうした余剰の再分配はきわめて公平なように見える。

こうしてパルマの商品取引所やモデナとレッジョ・エミリアの商業会議所のおかげで、フィリエールのアクターの間での経済的余剰の分配は生乳生産者に対して高い生乳価格を保証することができる。これらは取引における透明性はあまりないが、生乳およびチーズの基準価格を設定し、交渉において仲介者として参加するのである。こうして、図表3-26で見ることができるように、市場でのPRの高付加価値化と、生産者乳価との間での実際の結合が存在することになる。結局、（乳価とチーズの価格という）2つの曲線は、あらゆる期間を通じて平行しているのである。時間的なずれは、生乳の最終価格が、販売されるチーズの最終価格が決定した後に確定されるという事実による。

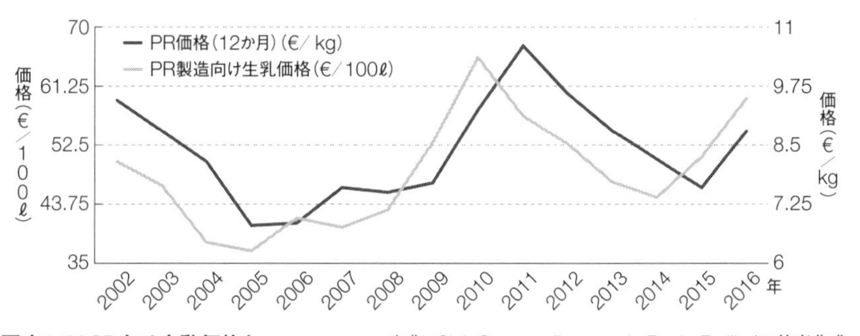

図表3-26 PR向け生乳価格とPRチーズ価格との関係

出典：Clal, Camera di comercio Rggio Emiliaより筆者作成

5）生産の再地域化と職人的実践の称揚

1955年の最初の仕様書以降、その継起的進化がPRの保護の基盤を確立したのは、「チーズの工業化への試みを終わらせ、伝統と専門特化がフィリエールの力である、ということを絶えず言葉で確認すること」（CFPR, 2003）を目

的としてのことであった。以下の2つの事例がとりわけこのことを雄弁に物語っている。

・テロワールへの結合：家畜飼料条件の厳格化（2001年に、牧草飼料の35％は経営に由来しなければならなかったが、2003年には、これは50％に。しかも75％はAOP地帯に由来すること）。発酵飼料が徐々に禁止され、最初は飼料配合で、次いで、経営全体で、徐々に禁止された。禁止される飼料のリストが拡大された。生乳は搾乳後2時間以内に朝と夕に集荷され、冷蔵されてはならず、添加剤を含むことはできない。

・職人的生産様式：夕刻の搾乳の生乳は静置分離法によって脱脂される。17世紀にチーズ工房が行っていたように、生産はケトルにつき2つのホイール（大型チーズ）に限られる（各ケトルにつき1日に1回のみの使用）。原料生産と加工、最初の12か月の熟成、第三次加工（カットタイプ、個包装、すりおろし）は、呼称地帯でなされなければならない。

こうした主要な生産規則は、生産の人工化を制限し、テロワールへの結合と人間的規模での畜産を維持するような、生乳生産を維持すると考えられる。ところが上述したように、酪農再編が大規模に進み、山岳地帯の酪農は「山岳生乳」という表示によってはその生産を差別化することはできず、平野地帯の酪農に比して競争力を持ち得ない（PRでは酪農の75％が平野地帯）。それでもこのシステムは、高い生乳価格を付与することで、グラーナ・パダーノのような競争相手からPRを保護することができた。

チーズ製造企業段階でのこうした生産規則によって、とりわけ加工の工業化と集中を回避することができた。たとえこの30年間でチーズ製造企業数が3分の1になったとしても、そうなのである。

6）地域的ガバナンスで強い参入障壁を設定

価値の形成は種別的な地域資源の高付加価値化（この場合、チーズの原産地と飼料構成）と、品質格落ちの管理措置に基づいている。卸売市場でのチーズの実際の高付加価値化と結合した生乳価格のおかげで、創出された富の配分がなされる。経験的データに基づいて（市場のきわめて弱い透明性にもかかわらず）、商業会議所やパルマの商品取引所によって、チーズ価格は制度的に決定される。チーズ製造企業と熟成企業とは、信頼と忠実さの関係により結合され、この関係はそれぞれのロットの販売時点での契約締結により強化される。そのうえ、銀行システムの重要な役割を無視すべきではない。これにより長期間での在庫をファイナンスすることができるのである。それはある種の梃子であり、流動資金を見つけるために、大量に在庫処分しなければならないような制約を被ることなく、チーズの熟成能力を付与するのである。場合によっては、市場での在庫過剰を回避するためにチーズの熟成期間を延長させることで供給管理を行うための利点でもある。PRはきわめて長期間の保存のきくチーズなのである。こうした実践がフィリエールにとっての流動資産の真の潜在的リザーブをなしている。12か月から36か月のチーズ熟成期間が生産者を価格変動に曝していることを考えると（2005年の7€／kgから2011年の10.60€へ、次いで2015年の7.70€へ、さらに2017年には9.60€へと変動）、チーズ製造所が市場リスクをカバーすることが重要であり、PRのホイールのような種別的資産を長期間固定しなければならないのである。

厳格な仕様書のおかげでシステムが制度的に保護されている。仕様書の進化は競争相手への参入障壁に対して規制的な制約を課すという意欲を示している。それは、高い生産コストを持った職人的システムを維持することによってであり、製品を模倣する可能性を制限することによってである。結局、加工企業に関しては、システムは国内の巨大グループによってはコントロールされていない（フランスのいくつかのフィリエールに見られるような）。むしろ、とりわけ生産段階については事業者が多く小規模である。意志決定とルール生成のパワーを持っているのはチーズ製造の協同組合である。上述のような巨大グループの参入に対して、フィリエールを保護することを可能とするシステムであるが、翻って、生産段階と販売段階の間での構造的不均衡と、調整の困難を生み出している（図表3-27）。

	パルミジャーノ・レッジャーノAOP
価値の創出	種別的地域資源の高付加価値化：地帯に由来する牧草飼料75%。50%は経営に由来。
	希少性の組織化による供給管理：生産地帯の限定（狭い面積）、量の割り当て、品質格落ち品の除去、選別によるセグメント化（第二次熟成のためのよりよいホイールの選別）。
	銀行部門による貯蔵の安全なファイナンス。
価値の配分	チーズの価格に基づいて計算される生乳価格。協同組合メンバーへの再分配。
	4か月ごとに設定される、チーズ製造所と熟成企業の間での契約。
	価格についての透明性の欠如。
	均等化プール基金がない。
競争優位の保護	テロワールへの結合に基づいた差別化戦略（2010年の仕様書により強化）。
	生産規則のコントロールによる競争相手への参入制限。
	競争相手へのコストの賦課：伝統的で職人的な生産手法、サイレージ禁止、地帯からの牧草。
システムの調整様式	保護管理機関ODGの中で成立する力関係は不完全で、熟成企業はそれ自身の戦略の余地あり。
	ODGへの国家の委託は3年ごとに更新される。

図表3-27 パルミジャーノ・レッジャーノAOPの調整様式　筆者作成

(3) カンタルAOP〈フランス〉[30]

1) 工業的生産組織化により支配されたフィリエール

フランスのマッシフ・サントラル（中央山塊）地帯の農業はチーズ生産により強く特徴づけられている。オーヴェルニュ州だけについても、2017年に、搾乳牛のいる経営が6,593戸あり、うち4,735戸が生乳生産に特化し、これがとりわけ、オーヴェルニュの6つのAOPの生産を可能としている。すなわちカンタルCantal、サン・ネクテール、Saint-Nectaire、ブルー・ドーヴェルニュBleu d'Aubergne、フルム・ダンベールFourme d'Ambert、サレールSalers、フルム・ドウ・モンブリゾンFourme de Montbrisonである。カンタル県は、AOPカンタルとAOPサレールの主要な生産地帯である。

カンタル県はフランスのチーズ生産の歴史的地帯である。大きな円筒形チーズ（フルム）の生産は、1850～1945年のカンタル農業の繁栄の象徴であった。もともとカンタル山地は大地主によって掌握され、次の3つの土台に基づいていた。すなわち、在来種（サレール）と夏季放牧、フルム・チーズの製造場所（チーズ小屋buron）である。チーズの製造過程から生じるラクトセラムを利用することで、豚の飼育が、こうした農牧生活と結合していた。カンタル・タイプのフルムが販売され、この山岳生産地に多くの利益をもたらした。こうした潤沢な経済は徐々に、オーブラックAubracやセザリエCezallier、モン・ドールmonts Doreといった近隣の山岳地帯にも波及した（Bordessoule, 2001）。こうした「脂肪分にとんだ山岳地」の繁栄があったとしても、19世紀末の、次いで第一次大戦により激化した、膨大な離村を覆い隠すべきではない。この二重の現象が、これらの農地への人口圧力を減少させたのである。

長い間、大規模農場は、カンタルの山岳地帯を利用して、夏季放牧期間に、チーズ小屋でカンタルの農場産チーズを生産してきた。ついで、複数の家畜群の生乳を加工する、最初の民間の職人的チーズ工房laiteriesが、カンタル側のマッシフ・サントラルの西部と北西部で、1910年に登場し、1928年以降、カンタル県西部とプラネゼPlaneze地域で酪農協が登場した（Durand, 1946）。こうした変動は、生乳集荷の巡回と、2つのタイプのチーズ（農場産カンタルとチーズ工房カンタル）の区別だてを伴っていた。1943年には、55の乳業協同組合と45の民間チーズ工房を数え、これらは少量（平均して1日に1,000 ℓ）を加工していた。輸送手段の集約化や道路の改善、農場産チーズの生産の困難、加工工業の発展によって、農場産の生産が徐々に減少した。こうした変化がまた、酪農生産の一部もしくは全体を、肉用牛経営へと転換させた。1950年代末に、いくつかの協同組合は丸形ケトルを装備し（搾乳した生乳を集荷するのに使用する木樽gerleを放棄し、生乳はチーズ製造のためにすぐに凝乳酵素を添加された）、工業化を加速させたのである。複数の経営の生乳を集荷し、加工することによって、同じくらいの大きさの円筒型チーズを製造するために、夏でも、また経営のある場所からも集荷でき、冬季での個別経営の不足を克服し、年間を通じてカンタルを生産することができるようになった（Charet et al.,1947）。こうして生産地帯はより標高の低い地帯へと拡大された。夏季放牧に自分の家畜を送り出していた経営は、しばしば放牧地帯からかなり離れていたからである。乳牛のフリソンヌ品種FFPN、次いでホルスタイン品種の導入によってもまた、同じ規模の家畜群あたりでのより多くの生乳生産高を可能とし、サレール混合品種の減少を示している。他の酪農産地との競合も無視し得ない。オーヴェルニュ全般として、またとりわけカンタルは「(フランス西部の) ブルターニュ流の」生産方法を採用したのである。すなわちきわめて生産性の高い乳牛の大量の導入と、サイレージ飼料 (牧草、トウモロコシ) の普及、農場での生乳集荷、生乳の低温殺菌、加工の工業化である。

現在の近代化が、生乳フィリエールの一般的組織化についても、カンタルチーズの性質そのものにも見られた。徐々に、「カンタル向け生乳」の生産フィリエールは、強い分業によって特徴づけられるようになった。農業者は生乳生産に限定され、生乳は民間のチーズ企業や村の協同組合によって加工された。協同組合は彼らの生乳を円筒型に加工し、これを「グリーン・チーズ」のまま、県内のオーリャックやミューラMuratの民間の熟成企業に出荷した。これらの企業が、その市場に応じて、加工施設で生産する量を調整していた。「カンタル」の名称の繰り返される偽装に引き続いて、「カンタル・ラベル組合」とカンタル県農業会議所は、ある食品小売商を裁判所に訴えた。こうしてカンタルの原産地呼称に関する最初の判決が、サン・フルールの裁判所で1956年5月17日に下され、この硬質シーズの基礎を制定した。その定義は、この産品の農場産的、職人的特徴に基づいていた。そこでのカンタルの製造は、以下のような要素の結合の結果であるとされた。すなわち特別な地帯 (標高600～1,500m、火山性土壌で、特別な植物相の草の繁茂を促し、特別な生乳の生産を可能とさせる)、頑強で、気候に適した2つの品種 (サレールとオーブラック)、製造期間 (5～10月までの夏季放牧期間に1日2回の製造)、製造場所 (農場産カンタルについてはチーズ小屋、乳業カンタルについては限られた集荷範囲での加工施設)、最後に、加熱された生乳の使用である。そこでの判決文に含まれたチーズの記述は、簡潔すぎていた。カンタルチーズは1980年2月19日のデクレによってAOCとなった。

このフィリエールは乳業のリストラと、工業的な大規模加工施設の登場により第二の転換点を経験した。カンタルのフィリエールは、生乳の過剰生産に対応して、1960年代に工業化に道を開いた (1956年の判決にもかかわらず)。「カンタルチーズ協同組合連合会UCFC」[31]と「サントル生乳協同組合連合会」が1961年に創出されたのも、こうした背景においてである。UCFCは、その組合員のカンタルの熟成と販売を保証することを役割とした。サントル生乳はUCFCに加盟しており、カンタル以外の形態で生乳を加工することを任務としていた（Ricard, 1994）。この連合会は、最初にシャテニエレChataigneraie地方での生乳集荷を行った。そこでは、ホルスタイン品種とサイレージトウモロコシ、AOC地帯以外からの草の移入を使用した集約化へと傾斜した酪農システムのおかげで、生乳生産へと急速に特化していたのである。フィリエールの組織化が修正され、乳業は新しい技術によって製造される短い熟成期間のカンタルの円筒型チーズ（フルム）を開発した。「チーズ業種委員会CIF」もまた1965年に設立された。これは経営者への技術支援を提供し、地域の酪農経済を方向付け、生産と販売促進を役割としていた。副産物のチーズ生産が1970-84年に例外的な成長を見た。サントル生乳は当初は、輸出向けのチェダー・チーズの生産に力を入れた。これは、その製造がカンタルとかなり近く、簡便な技術のチーズである。サントル乳業のフィリエールの多くは、行政によって支援されたAOC生産には参画しておらず、こうしたAOCの様子をうかがうにとどまっていた。こうした戦略は、サントル生乳協同組合連合会の加盟企業に向けられており、UFCFからは切断されていた。というのもサントル協同組合連合会の生乳集荷は1962年以降、2倍になっていたからである。1969年にはチェダー・チーズの生産はカンタル生産の半分に達していたが、その製造は、ますます競争力がなくなっていた。生乳集荷の絶えざる増加に対応するために、サントル生乳協同組合連合会は、供給調整において重要な役割を演じていたが、生き残るためには、より報酬の高い伝統的なチーズの市場でも活動しなければならなかった（Ricard, 1994）。1960年代初冬以降、カンタル製品にもたらされた修正と、平野地帯の乳業へのその生産の徐々の移動とに鑑みて、カンタル山岳地帯の生産者たちは新しい仕様書を作成した。これは1961年12月21日に公布され、高い標高でのカンタルの農場生産と、乳業カンタルの生産とを、ないしは渓谷で作られる農場産カンタルとを区別するのであった。すなわち「AOCサレール・オート・モンターニュ」が制定されたのである。このデクレはAOCカンタルについての1956年の判決の定義を引き継ぎ、夏季放牧期間（5月20日から9月30日まで）と、標高（850m以上）、牛の伝統的品種について厳密に示した。

技術革新により加速化された農業経営の近代化と規模拡大は、1980-1990

年代の数十年の間に、伝統的地域資源と経営の結合を弱めた。こうした状況は、これらのチーズの典型性の起源にある（地方的で、忠実で永続的な慣行を保証するとされる）AOPのイメージと両立しがたくなった。オーヴェルニュのチーズの伝統的イメージと、生産方法との間のこうしたずれに対応するために、また農業者が付加価値を獲得するために、さらに彼らがAOC生乳を生産するようにインセンチブづけるためにも、チーズ・フィリエールは、2007年以降、3つの梃子に基づいた地域戦略（農業省の地方部局によっても広く推進された）を実施したのである。これはAOPフィリエールのすべてのアクターに対して、このプランの構想と実施について集団として取り組むように支援したのである。

・品質改善とAOP名称の信頼性の改善という二重の目的において、仕様書を更新すること。

・消費者に対して、これらのチーズの評判を改善し、彼らの購買行動において忠実化させ、彼らの支払い意欲を増大させるために（その一部は生乳生産者にも返ってくることになる）、集団的なマーケティング努力と販売促進キャンペーン。

・予想される余剰を酪農家に再分配し、販売促進キャンペーンをファイナンスするために、義務的任意拠出金CVOの制定。

こうした活動にも関わらず、オーヴェルニュのチーズ・フィリエールは、生産者に支払われる生乳価格についても、また酪農や加工業者の経済パフォーマンスについても、さらにAOPチーズ市場の成長についても、きわめて低い経済成果しかあげられていない。INAO／Cnaol（2017）によれば、AOPチーズ全体の販売量は、2006年から2016年の間に16万9,000tで安定している。ところがオーヴェルニュのAOPチーズについては、2006～16年に13％減少している。すなわちサン・ネクテールでは+0.8％、カンタルで-20.7％、ブルー・ドーヴェルニュで-22.4％、フルム・ダンベール-12.4％、サレールで-15.3％なのである。一般的に、この10年間で、これらのチーズは、その販売量を10％以上減少させた。ただし農場産（フェルミエ）サン・ネクテールは、その販売量の規則的な増加があるが、これはAOPというよりも、このチーズの農場産品的特徴に由来しよう。

カンタル県は2015年に2,190人の生産者（うち1,300人が酪農専門経営）から、チーズ（その60％はAOP）に加工される生乳3億9,100万ℓを集荷している。すなわちチーズ生産量はサレール1,500t、カンタル1万3,000t、サン・ネクテール5,000t、ブルー・ドーヴェルニュ4,000t、フルム・ダンベール2,000tである。隣接するピュイ・ド・ドーム県も、いくらかの違いがあるものの、ほぼ同様である。すなわちチーズ生産者は1,880人の生産者（うち1,380人が酪農専門経営）から3億5,000万ℓの生乳を集荷し、その半分がAOPチーズに加工される。カンタルが1,000tで、サン・ネクテールが1万t、ブルー・ドーヴェルニュが2,000t、フルム・ダンベールが2,000tである。集荷された生乳の残りの半分は常温牛乳UHTと標準的チーズに加工される（Agreste, 2011; 2014;2016）。

カンタル県で2015年に生産された牛のチーズ4万tのうち、AOPカンタルは35％（1万3,705t）を占めていた。このフィリエールは主要な生乳生産者1,200人、集乳企業21、加工企業13、熟成企業15により組織されている。全国規模の2つの乳業グループがAOPカンタルの生産量の70％を掌握する。10ほどの中小企業（民間乳業と農協）は3,000tあまりを生産している。このフィリエールの4つの組織形態が、アクターの間での分業に応じて同定される（図表3-28）。

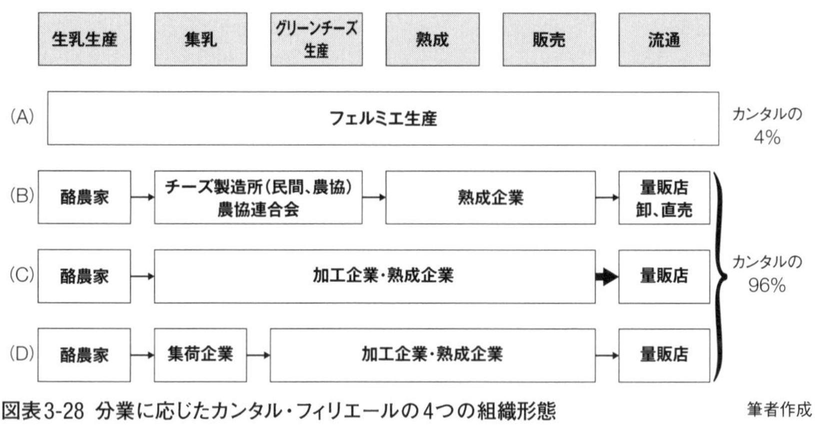

図表3-28 分業に応じたカンタル・フィリエールの4つの組織形態　筆者作成

その生産量の減少の後に、AOPカンタルチーズの年間生産量は1万3,000～1万5,000tで推移している。AOP地帯での生乳生産は4つの生乳産地で組織されている（図表3-29）。すなわちシャテニェレとサンフロランはきわめて集約的な産地であり、リオ・エス・モンターニュとカンタル山地は、農協の緩いネットワークと多くの農場産（フェルミエ）加工によって特徴づけられている。

2）工業的かつ経済自由主義的フィリエール

1956年5月17日のサン・フルールの民事裁判所の判決以来、AOPカンタルはその生産を工業化させてきた。生乳が貯蔵できず、そのテロワールときわめて結合した、1日2回の、職人的な生乳加工から、カンタルチーズはますます工業的な生産へと向かった（その生産量の70％以上）。加工前の生乳の貯蔵は48時間に達することができた。生乳は低温殺菌され、販売前の熟成期間は30日間に短縮された。プラスチックフィルムでの熟成だけが禁止された。要するにカンタル・フィリエールの集合的戦略は、大規模流通で販売するための低コスト化の追求に基づいている。こうした生産費用削減の顕著な論理は、加工企業の集中をもたらした。生乳加工と熟成をインテグレートしている2つの企業が、その生産量の70％を占めている、こうしたフィリエールについて、集合的戦略が存在しているのかどうか問うこともできよう。集合的プロジェクトがないことは、きわめて経済自由主義的なAOP仕様書に示されている。そのために、お互いを商業的に区別しようとする、個別企業戦略に場所を譲るのである。つまりこうした企業は次のようなチーズのスペシャリティを増殖させる。すなわちCantal jeune, Cantal entre-deux, Cantal veiux, Petit Cantal, Cantalet, 低温殺菌カンタル、無殺菌生乳カンタル、個包装、フィルム包装frais-emballé、シュレッド、等々である。乳業により採用される論理が、酪農家の集合的戦略（きわめて緩い生乳生産条件により特徴づけられる）を強く条件付けていたのである。

図表3-29
カンタル生乳産地

出典：Meyer（2010）

1991年の「乳製品全国委員会CNPL」の設立を受けて、AOCチーズの仕様書すべてが修正され、AOPの定義によりよく対応し（テロワールへの結合と製品の典型性）、また保護主義的と思われることを回避しようとした。こうしてカンタルチーズの業種委員会CIFが、1994年にAOPカンタルのデクレの修正を求めた。こうした修正はCNPLにより任命された調査委員会によって、1996年から取り組まれてきた。2001年12月に、カンタル・フィリエールのための共通目標を定義するプラットフォームが設置され、仕様書の修正を中心とした業種組織委員会の第二の作業が2002～03年に開始された。こうしてAOPカンタルの生産を規定する新しいデクレが2007年3月に官報に掲載され、これは、テロワールへの結合と典型性を追求するという、フィリエールのアクターたちの意欲を表している（図表3-30参照）。フィリエールのすべての段階を新しい生産ルールに適応させるための移行期間が認められていた。新しいデクレは2015年12年31日に完全に発効したのである。新しい規格は川上（酪農システム、家畜とその飼料の特徴）、中間的原料（生乳の特徴）を強調し、製造に関する規格を強化した（図表3-30）。

こうした修正は、フィリエールの組織化に強く影響した。それは、数百人の生産者を強制排除した。2,220人の生産者（潜在的な3,150人のうち）がAOPでの生産ができるとしてCIFに登録されている。2009～2011年の期間に予定されていた立ち入り検査は、生産者数を1,600人ほどとした（2015年には1,200人と算定された）。それ以降、加工企業は生乳生産者にいっそう依存し、このことにより上流のアクターたちが、AOPメカニズムをめぐる交渉の中心となることができよう。この新しいデクレはCIFのダイナミズムにも影響を与え、その活動を再編し、新しいパートナーたちを動員する。CIFは当初、経営者に技術支援を提供すること、地域の酪農経済を方向付けること、生産と販売促進を改善することを役割としていた。よりいっそう地域的な戦略の実施は、フィリエール内部での、またCIF内部での組織的修正を必要とし、とりわけCIFによる競争の集合的管理、高いレベルでの品質管理、選別によるセグメント化、チーズの品質に応じた報酬、価格の透明性を必要とするのである。CIFの地位の修正が検討され、農業省と財務省に対して提案がなされた。この修正は、理事会において農業者により多くの重要性を与え、それぞれ8人の代表者と、2人の補佐を含むアクターたちの選出母体を3つから2つにすることを目的としていた。会長の任期は2年とされ（4年ではなく）、生産者および加工企業、熟成企業の間で交代でなされる（今日に至るまで、CIFのすべての会長は農業生産者であった）。なおCIFは保護管理機関ODGであり、カンタルとサレールの2つのAOPの業種組織である。

デクレ	生乳生産条件	第一次加工	熟成	コメント
サン・フルール裁判所判決 1956／05／17	生乳生産地帯の定義 2つの品種：サレールとオーブラック	チーズ製造地帯の定義	熟成に関する記述なし	地域的ガバナンス：硬質チーズの職人的生産（夏季放牧のチーズ小屋で作られた生の生乳のカンタル）、しかし生乳生産地帯と製造地帯のみ条項に記載。
1980／02／19	牛の特定品種なし。1日の餌は牧草（放牧、もしくは保存）50％以上。	牛の凝乳。非加熱半硬質、2回の圧搾。3つの大きさ：カンタル、フルム・カンタル（35-45kg）、プチ・カンタル（20-22kg）、カンタレット（8-10kg）。	AOC地帯での熟成。45日以上の熟成。	部門的ガバナンス：製造工程、生乳生産条件の記述なし。短い製造期間、低温殺菌、別の品種の使用が可能。熟成期間の短期化。
1986／12／29	結核とブルセラ症候に感染なしの家畜。	生乳：生、または低温殺菌。	熟成温度（6-10度）。熟成期間短縮（45日から30日以上へ）。プラスチック熟成禁止。品質の監視。	
2007／03／08	AOC地帯で生まれ、飼養された経産牛・未経産牛。農地1ha以上／1頭。施設型畜産禁止。1日の餌のうち70％以上牧草（サイレージ、干し草、放牧、ラッピング）。干し草5kg／日以上、濃厚飼料1,800kg／年以下。120日以上放牧。GMO禁止。	凝乳酵素添加24時間以内（農場産）、48時間（低温殺菌）、直接（無殺菌生乳）。タンパク質標準化禁止。1回のみの工程（10+3h）。2つの大きさ：カンタル、フルム・ド・カンタル（35-45kg）、プチ・カンタル（8-10kg）。トレーサビリティ強化：生の生乳、低温殺菌により2つの鑑札。農場産の区別。	製品による熟成期間の定義：Jeune（30-60日）。Entre-deux（90-210日）。Veiux（240日以上）。シュレッドチーズ、個包装の販売可能。	地域的ガバナンスへ? テロワールへの結合と、特異性の強化。生乳生産条件の定義：生乳供給のセグメント化。長期熟成への回帰。熟成期間による3製品の明確なポジショニング。

図表3-30 AOCカンタルの仕様書の進化　　筆者作成

AOPコンテと逆に、カンタルの仕様書に示されている規則は生産者にとっては制約として考えられており、この規則は、新しい競争相手から酪農家を保護するというよりもむしろ、生産の極端な集約化の発展（AOPをそのテロワールへの結合から切断させるかもしれない）を制限することを目的としている。ある製品から別の製品へと（カンタルから別のAOPへと、もしくは別の工業製品へと）加工される生乳量の移転により、もしくはある加工施設から別の加工施設への生乳量の移転により（生乳の搬入もしくは搬出）、企業の中で内部的に供給管理がなされる。チーズ価格の上昇が、この新しいデクレの目標の1つであるが、そのために採用すべき手段については、検証されなければならない。

仕様書の修正のすべてが経済余剰を引き出すことを可能としたわけではない。2017年に、熟成業者により買い取られたカンタル・グリーン・チーズはおよそ4.40€／kgであり、2015年とほとんど変わらなかった。流通業者へのカンタルチーズ（Entre-Deux、熟成期間3～7か月）の売渡し価格は、2017年に平均6.70€（税抜き）／kgであり、ほかのAOP（コンテもしくはサン・ネクテール）の価格よりも3～4€／kg低い。カンタルのこのカテゴリは、最終消費者に対して、平均9.60€（税込み）／kgで販売される。生み出されてもいないような価値を公平に配分することなど困難である。

3）付加価値と関係なく決定される生乳価格

長きにわたり、乳業と酪農家の間での合意（基準価格を勧告する）が生乳価格を定義することで、付加価値の配分が組織されていた。AOPカンタルの基準価格は、「全国酪農経済業種センターCNIEL」のオーヴェルニュ＝リムザン州支部（Criel Auvergne-Limousin）によって決定されていた。次いで、この月別の基準価格が、CNIELの指標により調節されていた。最初の指標は工業的製品（バターと粉乳）の動向に関連づけられた。第二の指標は、（チーズやヨーグルトなどの）一般消費者向け製品価格の動向に関連づけられた。追加的な柔軟性をもたらす第三の指標は、工業的製品がその製造量の20％以上を占めるような企業だけに関連づけられ、追加的な値引きが交渉される。最終的にこの基準価格は、出荷される生乳の化学的、細菌的品質に応じて、それぞれの生産者について変化するが、特定の奨励金支払い（生乳コントロール奨励金、AOC

奨励金等）によっても変化する。生産者は、自分たちの生乳がどの製造に向けられるか知らなかったのである。彼らの生乳が集荷され、加工場で選別され、乳製品（AOPもしくは非AOP）へと加工されていた。しかし2009年に、公正取引当局が、酪農業種組織（CNIEL）による価格勧告の発行が、全国レベルでも州レベルでも、国際競争を考慮して、非効率であると考え、また欧州競争規則に照らして法的リスクがあるとした。生産者たちは、自分たちがどの企業と取引していようが、すべて同一の生乳価格を受け入れ、標準的な契約に服していたからである。

公正取引当局は、競争規則に適合しつつも、市場の機能不全を緩和させるような解決策を優先させることが好ましいと考えた。当局は契約化の実施を勧告したのである。これは、生乳クォータの廃止を準備するために2013年以降実施された措置である。それ以降、生産者と加工業者との間の契約が締結され、契約期間が数年間にわたるものである。契約は一対一で、もしくは生産者組織を通じて交渉され、生乳出荷量と価格、その中期的な変更の条件、品質基準について規定する。取引に必要なこれらの条件は、その調達とそのコストについてよりよい予測可能性を与えるために、生産者と加工業者の経済水準を安全化させると考えられていた。

2009年以降、AOPカンタルに加工される生乳の生産者は、交渉された標準ベースの価格に追加して、AOP奨励金を受け取るが、それは、仕様書の修正という対価と引き替えにであり、生産者はこれを採用しなければならず、カンタルチーズを高付加価値化するとされる。特定の小規模加工企業は差別化戦略に取り組み、生産条件をいっそう厳格化している（サイレージとGMOの禁止、無殺菌生乳のチーズ、120日以上の熟成など）。こうした戦略によって、高品質チーズの新しい市場を発展させることができるのである。こうした企業はより高い生乳価格を得る（オーヴェルニュ州Crielの平均価格よりも、トンあたり50～65€高い）。「義務的任意拠出金CVO」が2009年に制定された。これは2年間について適用が認められ、続いて更新された。この拠出金は30€／1,000ℓと決められ、うちその全体金額の20％が、この製品にかかる消費者コミュニケーションとマーケティングに向けられているのである（図表3-31）。

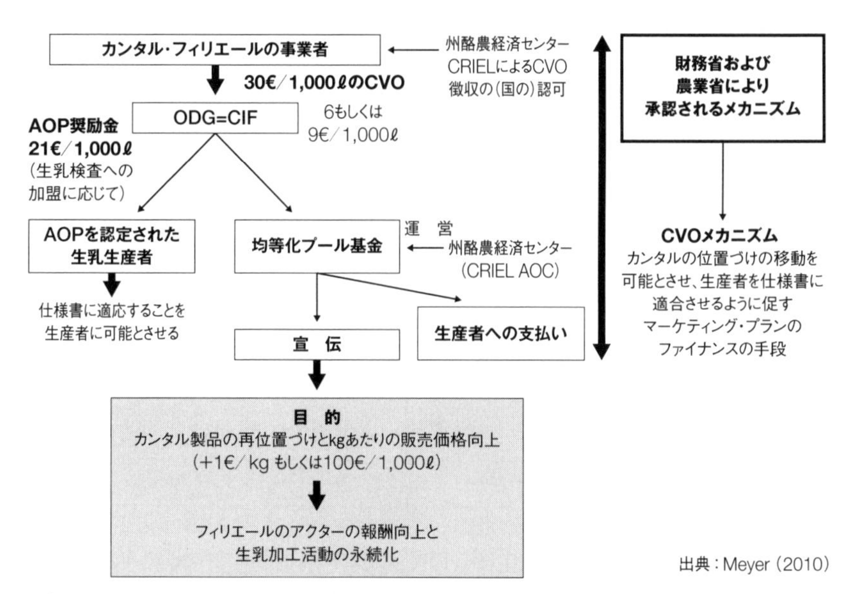

出典：Meyer（2010）

図表3-31 カンタル・フィリエールの高付加価値化の目標と義務的任意拠出出勤（CVO）の役割

長い間、カンタルの生乳価格は全国価格と同じ動向を示していた（図表3-32）。2015年以降、価格の軽微な上昇が見られる。2016年には生産者に支払われる平均乳価は、カンタル県では企業によって、1,000ℓあたり、319.8～339.9€であり、他方でオーヴェルニュ州での平均価格は321.2€、全国価格では293.8€である。

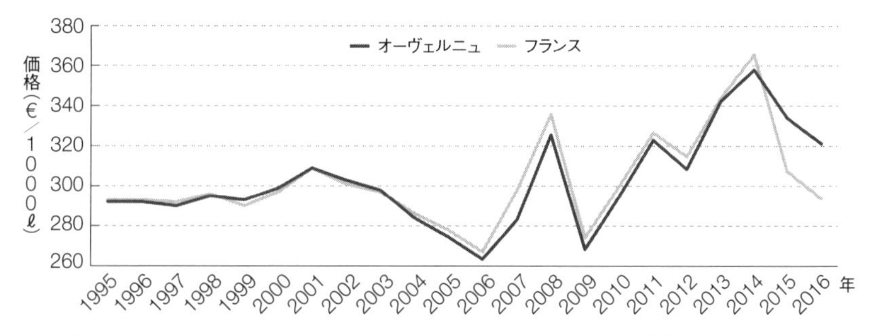

図表3-32 フランスとオーヴェルニュの
生乳価格の動向比較（1995-2016）

出典：FranceAgriMer, Draaf.

4) ハイブリッドなガバナンス形態へ

テロワールへの結合と典型性の強化へと仕様書を修正したことで、カンタル・フィリエールは地域的戦略へと再び位置づけられる。このプロジェクトはカンタル業種組織CIFの地位と活動を修正し、全国レベルでの消費者キャンペーンを行う。その最初の効果はプラスのようである。このフィリエールの責任者によれば、カンタルAOPはフランス人の60％に認知されており、この数字は他のチーズと比較しても多い。熟成によるセグメンテーション（仕様書には3つの熟成期間が記載されている）のおかげで品質管理が改善され、格落ちの選別と除去によって補強されることができよう。これからは製品のバリエーションは、アクターの間での技術的差別化によるというよりも、むしろ生産条件の種別性によるに違いない。競争は集合的に管理され始めているが、すべてのアクターの間での透明性は必ずしも得られてはいない。CIFの理事会における、現行の3つの選出母体の2つへの再編は、集合的戦略をよりよく打ち立てるのに役立ち得るであろう。

しかしながら、地域的ガバナンス様式へのこうした最初の転換にもかかわらず、主要なガバナンス要素は部門的論理を軸にしたままであり、力関係は不均衡のままである。新しい仕様書が、カンタルチーズの生産における、またその品質における生産者の役割を強調しているとしても、全国規模の乳業グループがそのリーダーとしての地位を保持している。生産の供給管理はなされていない（共通に定義されている目標ではない）。製品バラエティの管理は主に個別企業的になされる一方、品質管理は集合的になされる傾向にあるが、より金銭的インセンチブを持つべきである。この仕様書に伴う新しい制約、したがって、それに伴う新たな生産コストは、生乳価格のいっそうの上昇によって相殺されなければならないであろうが、これはフィリエール内部での力関係と消費者の支払い意思による。AOPカンタルチーズについて、共有された集合的プロジェクトを構築し、これを実施する上でのこうした困難は、おそらく、チーズ生産にかかる様々なアクターの間での歴史的関係に由来している。集合的な行為は種別的であり、この地域でのソーシャル・キャピタル（まとまりと信頼、外部との弱い結合など）は、これまで見てきたような他の地域とは異なっている（図表3-33）。

AOPカンタル・フィリエールは、長きにわたる戦略再編の過程に突入したが、それが経済的なパフォーマンスを示すことができるとすれば、全体的転換においてでしかない。こうした転換の最初の兆候は、生産者乳価がわずかながら上昇していることに見られよう。さらに特定の生産者は、AOPカンタル・フェルミエ（農場産）の発展を検討している。こうした動向は、この産品への消費者の見方が変化していることを示している。

	部門的ガバナンス	地域的ガバナンス
価値の形成	技術的差別化：低温殺菌生乳、販売形態の進化。 川下：個別乳業による供給の内部的管理。製品差別化。供給管理なし、セグメンテーションなし。	テロワールとの結合への進化：家畜の原産地、飼養条件、飼料。加工条件、熟成期間の再定義。
価値の配分	CNIELの全国基準。実際の製品価格と生乳報酬との間に関係なし。	CVOによる再均衡。
競争優位の保護	低コスト戦略。供給の垂直的統合。競争相手の水平的統合。生産地移転。低い参入障壁。	
システムの調整様式	全国規模のリーダー的乳業グループによる生産システム管理。	ODGの再定義：新しい機能と地位。

図表3-33 AOPカンタル・フィリエールの調整様式　筆者作成

(4) アルゴイヤー・エメンターラー〈ドイツ〉[32]

1) 工業的エメンタールの国のニッチなチーズ

アルゴイヤー・エメンターラーPDO Allgäuer Emmentalerはスイスのベルン州に起源をもち、そこでこのチーズはグリュイエール・チーズ同様、何世紀も前から生産されていたのである。1821年にジョゼフ・アウレル・シュタットラーJosef Aurel Stadlerがアルゴイ Allgäuにスイスの製造方法を導入した。このイノベーションはすぐに真の成功をとげ、とりわけグンツェスリートGunzesried渓谷に多くのチーズ企業を生み出した。20世紀には家畜飼養技術（飼料や家畜育種、機械化など）の進歩のおかげで、生乳生産量は顕著に増加し、バイエルン州は最も重要な欧州酪農地帯の1つとなった。アルゴイヤー・エメンターラー（以下、文脈に応じてAEと略）は1997年1月24日に欧州連合により公式にPDOとして承認された。これはドイツでは希なPDOの1つである（ドイツには12のPDOしか存在しない)。現在、アルゴイヤー・エメンターラーPDOはバイエルン州とバーデン=ヴュルテンベルク州にまたがって位置している(図表3-34)。この2つの酪農およびチーズ生産地域の南部で、2016年にバーデン=ヴュルテンベルク州で18億ℓ、バイエルン州で77億7,000万ℓで、ドイツの全生産量の34%を占め、うち18億ℓがハードチーズに加工されていた[33]。この2つの地帯の南部で、1955年には450のチーズ企業が1万6,500tのAEを製造していた。これらの企業はほとんどすべてアルゴイに位置していた。

図表3-34
アルゴイヤー・エメンターラーPDO地帯の位置

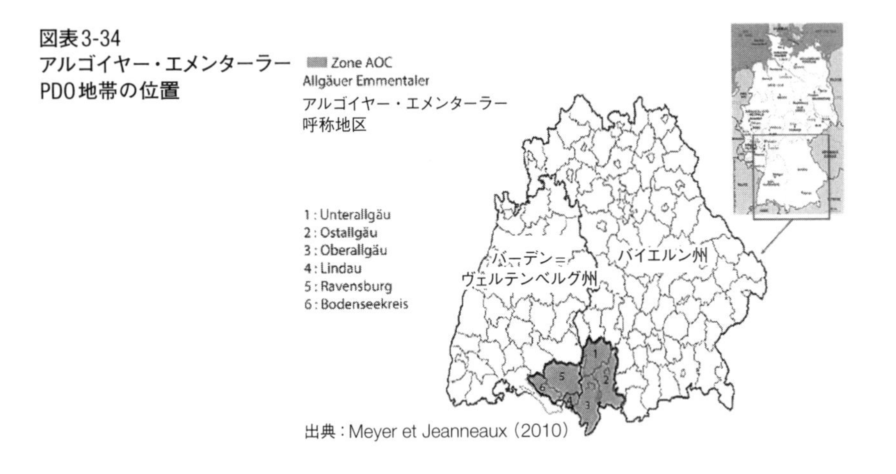

出典 : Meyer et Jeanneaux (2010)

2016年には300の酪農経営と14の加工企業が存在し、企業がすべての機能を統合し(集乳と加工、熟成、販売)、アルゴイでアルゴイヤー・エメンターラーPDOを3,500tほど生産していた。他方で、10弱の加工企業がバイエルン州で14億ℓの生乳で、10万tのエメンターラーと、2万700tのチェスターを製造していた(図表3-35)(LFL, 2017)[34]。バイエルン州の生乳生産、とりわけAEのフィリエールは重大な構造的、生産的変化を被った。1950年代末頃、AE生産は2つのフィリエールへと構造化された(Meyer, Jeanneaux, 2010)。すなわち成長が鈍化したアルゴイでの伝統的フィリエールと、バイエルン州とバーデン=ヴュルテンベルク州の残りの地帯での、急速に発展したエメンターラー(工業的な標準的エメンタール)生産フィリエールである(Meyer, Jeanneaux, 2010; Idele, 2012)。

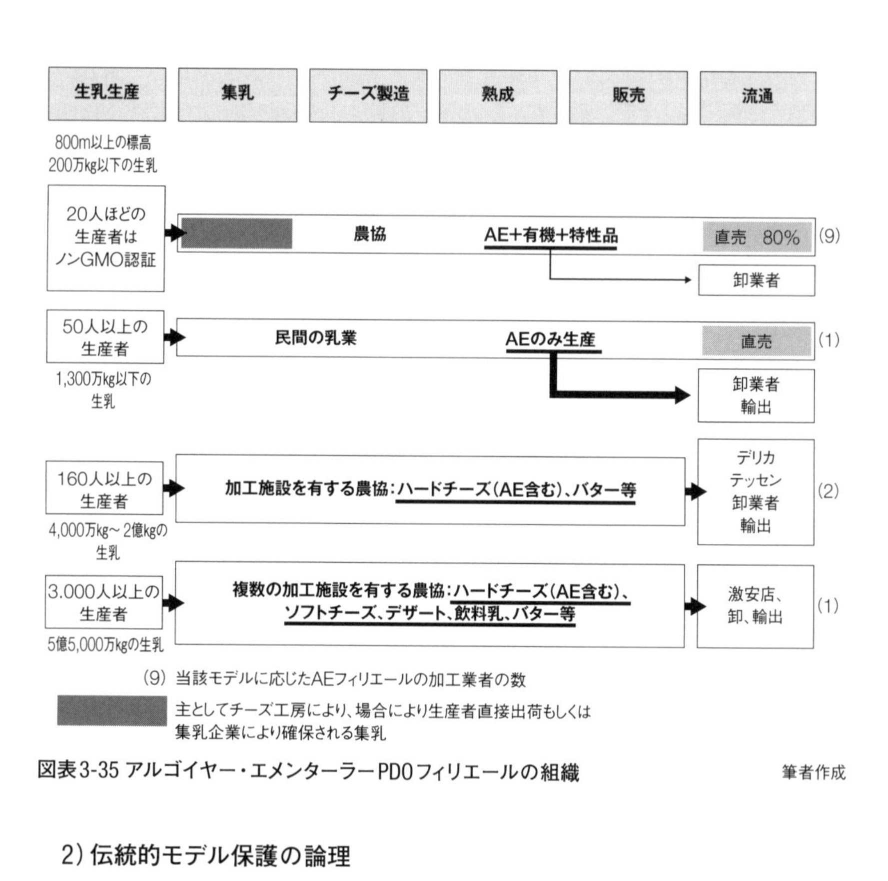

図表3-35 アルゴイヤー・エメンターラーPDOフィリエールの組織　　筆者作成

2) 伝統的モデル保護の論理

無殺菌生乳での伝統的フィリエールが連邦政府によって支援されていた。連邦政府はAE保存協会と同チーズ組合Kaseverbandと整合的に、この呼称を持つチーズが国内の無殺菌生乳によってしか生産されないような措置を執った[35]。連邦行政裁判所により1971年に再確認された、こうした選択は、民間企業クラフトKraftにより開始された低温殺菌乳での新しいエメンタールタイプの製造がもたらしていた脅威への対応であった。こうしてこの選択により、加工企業はもはやその低温殺菌乳で作られたチーズをエメンターラーEmmetalerの名前で販売しないように促したのである。他方1967年にはエメンタールemmentalは食品コーデクックスにおいて標準製品として登録され、低温殺菌された生乳で、マッシフ（気泡のない）で、外皮のないエメンタールの生産の承認に道を開いたのである。ヨーロッパにおける市場自由化により、ドイツで低温殺菌された生乳で製造されたチーズについて「エメンタール」表示を禁じるというドイツの決定はもはや妥当ではなくなった。というのも他の加盟国がこれを生産する権利を有していたからである。連邦政府はこうして、1994年に無殺菌生乳からしかエメンタールを作らないという決定を廃止しなければならなかった。さらにまた国際競争に直面してドイツは、エメンターラーEmmentalerの名称で、低温殺菌生乳のエメンタールemmental生産を開始した。AEの製造企業は、自らを守ることが緊急課題となり、そこからPDOへの要求（1997年に取得）が生まれ、これはアルゴイヤー・ベルクケーゼBergkaseの要求と結合されていた。これはこのチーズの特徴を承認させ、この地帯で生産されている工業的エメンタールとこれを差別化することを目的としていた。この伝統的フィリエールは50年以上前からその生産の衰退を経験していた。他方で、同時に、工業的エメンタール生産は急増し、低温殺菌生乳で作られ、とりわけプラスティックで熟成されるエメンタールの長方形のマッシフの生産の普及によって顕著な技術変化を被ったのである。

PDOのアクターたちは、このチーズ製造の伝統的特徴を活用するために、テロワールへの強い結合と種別的な技術選択を仕様書の中に記載することで、自らを保護した（図表3-36）。使用される生乳はサイレージなしで生産される。場合によって植物防除剤は正確な期間の間に適用されなければならず、使用される牧草は、家畜糞尿や液肥が散布されたばかりの地片から由来してはならない。ホイール（大型チーズ）製造のために使用される生乳は無殺菌で、熟成は3か月以上である。しかしながら仕様書によって技術的バリエーションが可能となっている。すなわちAEはホイールの形でも、もしくは長方形のマッシフでも製造することができる。製品は加工企業の異なった製造方法により、また生産の季節性により不均質である。すべてのアクターたちは、このチーズが高級品であると異口同音に述べる。水平的競争がかなり弱いのは、アクターたちが特別なクライアントに対応しているからである。すなわち小規模チーズ企業にとってはツーリスト、大規模な加工企業にとっては専門的な卸である。供給管理がアルゴイヤー・エメンターラー・チーズ協会Kaseverbandの中で集合的になされていたとしても、その後、加工企業により個別的に確保されている。加工企業が量を管理するためにそのチーズの品質の多様性を訴求するのである。Milchwirtshaftlicher Verein Allgau-Schwaben（アルゴイアー・シュバーブ酪農経済連盟）が販売促進を担当しているとしても、それはかなり個別的になされている。アクターたちの側でのファイナンスはもはやないので、このPDOの販売促進の集団的キャンペーンももはや実施されていない。差別化戦略は、無殺菌生乳の使用と製品の長期熟成のみによってなされ、それはエメンタールの官能的品質に影響を及ぼす。これは、標準的エメンタールをスイス・エメンターラーPDO（アルゴイヤー・エメンターラーと同一の生産条件に服している）と比較することで、Bisig et al.（2010）が示しているとおりである。

	AE仕様書	特定の協同組合の補足的規則	エメンターラー
飼料	サイレージなし、放牧、発酵飼料禁止（甜菜など）	GMOなし、有機認証（Demeter／Bioland等）	制限なし
生乳タイプ	無殺菌生乳	—	低温殺菌
フォーマット	ホイールもしくは長方形	ホイールのみ	長方形
乾燥成分	45％	62％以上	60％以上
熟成	3か月以上	長方形のマッシフの場合、プラスチック熟成可、しかしホイールの場合、プラスチックなしの熟成	プラスチックで2か月以上（洗浄回数の縮減、より少ない重量喪失）

図表3-36 アルゴイヤー・エメンターラーとエメンターラーの製造方法に関する主要な違い　出典：Meyer, Jeanneaux（2010）

2000年末以降になってやっと、差別化戦略による経済余剰を創出することができた（図表3-37）。AEは、ドイツの標準的エメンタールから辛うじて差別化することができていたが、2009年の酪農危機以降、実質的に製造企業出荷価格が上昇し、標準的エメンタールに比べて、平均30％高くなった。それ以降、2つのチーズの間の価格格差は1,600€／tほどになっている[36]。

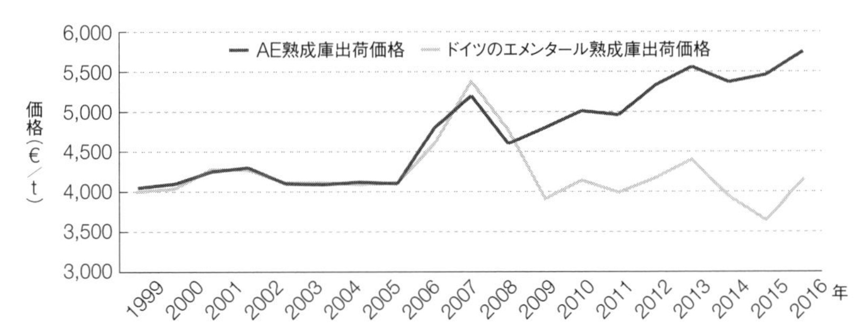

図表3-37 アルゴイヤー・エメンターラー熟成カーブ出荷額とドイツ・エメンタールのそれとの比較

出典:Clal-EU Milk Market Observatory

3）特別奨励金により補完される生乳価格

「高級」チーズがチーズ専門店に販売されるような専門的市場の存在にもかかわらず、チーズ品質の実際の評価に応じて、生乳報酬がなされるのではない。ドイツの酪農生産者への生乳価格は長期にわたり、生産者基本価格EOP――全国レベルでのフランスに類似した措置――によって計算されてきた。これが生乳支払いの平均価格の概要を与えるのである。このEOPの決定は、ケンプテンKemptenの取引所により供給される、バターやソフト・チーズ、カット・チーズ、ハードチーズの販売の申告（直近4ないし5週間）によって作成される。脱脂粉乳に関するデータは、ZMP（農産品と食品、林産物の市場および価格の中央情報センター、2009年末に廃止）と乳製品加工企業により提供される飲料乳に関する平均収益の申告に由来する。乳製品企業は生乳価格に関する報告を毎月提出しなければならなかった（デクレによる義務づけ）。計算された収益と生産費、販売費用を考慮して、「食品経済および市場研究所」（バイエルン州食品庁に属する）が、バイエルン州の酪農経済組織の参加により、毎月、EOPを公表する。1996年に、新しいタイプの計算方法が制定され、これは、より広範な製品種類を考慮し、バターおよび粉乳価格の影響を減少させ、ハード・チーズ（エーメンターラーとチェスター）と飲料乳を含んでいる。こうして製品介入価格の変動はもはやそれほどの影響をもたなくなった。生乳価格の計算方法でなされたあらゆる変更にもかかわらず、このシステムへの信頼の欠如が2006年に、当局に対してこれを廃止するように促し、生産者と加工企業との間の交渉システムへと場所を譲ることになった。しかしながらAE生産向けの、サイレージ飼料なしの生乳を出荷する生産者は、サイレージでの生乳を出荷する生産者よりも、平均50€/t高く支払われている。というのも生乳生産の制約条件がより高いと判断されているからである。サイレージ飼料なしの有機生乳生産者は150€/tの奨励金を受け取っている。しかしこのPDOチーズを生産しているそれぞれの乳業はそれ自身の奨励金支払いを実施している。AEのフィリエール内部での合意はないが、このPDOチーズ製造向けの生乳のより高い価格はこのフィリエールの内部で、かなり以前から設定されている。

プログラム名	バイエルン州 (KULAP)	バーデン=ヴュルテン ベルク州(MEKA)
予算、加入率	2億€、加入率95%	1億300万€、加入率95%
有機農業	190€/ha(255€/ha)	150€/ha
草地粗放化	最大2頭UGB/haにつき50€/ha。晩い時期の採草(7月1日以降)につき350€/ha。 最大1.4頭UGB/haでかつ化学肥料なしにつき150€/ha(95€/ha最高で2.5頭UGB/ha)。 化学肥料なしにつき80€/haの追加(90€と130€)。	最大2頭UGB/haにつき40€/ha。 最大1.4頭UGB/haにつき90€/ha。 化学肥料なしにつき80€/haの追加(90€と130€)。
傾斜地採草	35〜40%で400€。50%で600€。	25%以上で120€/ha(2005年に、2.5〜3.0%で)100€。30%以上で160€。
特別措置	フルタイム放牧者奨励金:80€/アルパージュha(最低600€/アルパージュha:最高1,250€/アルパージュha)。 (2005年:100€/ha〜1,535€/ha)	在来種保全70€/ha〜120€/ha(50〜100€)。

図表3-38 バイエルン州とバーデンヴュルテンベルク州の農業環境措置による農業者の補助金の推移　出典:Meyer, Jeanneaux(2010)

注:括弧内は旧措置

長期でのバイエルン州の生乳価格がドイツ全体のそれよりも高かったのは、おそらく同州での巨大乳製品企業の能力のためであり、これらの企業はきわめて多様なチーズとその他の乳製品を生産することができた。しかしながら価格格差は小さく、縮小する傾向にさえあるようである(図表3-39)。

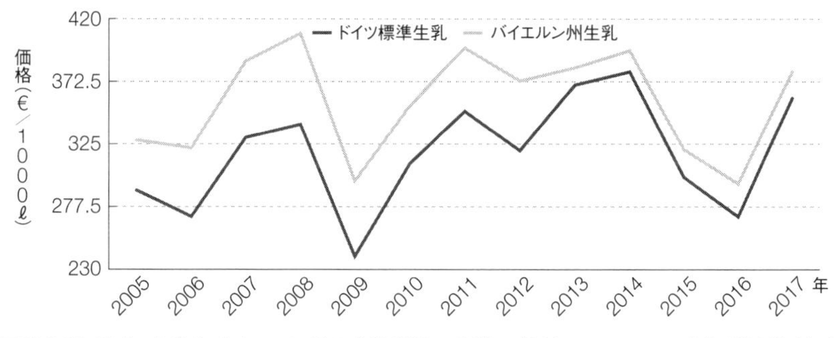

図表3-39 ドイツ全体とバイエルン州の生乳価格の変化の比較

出典：EU Milk Market Observatory, LFL, 2017.

4）バター・チーズ取引所の市場観測の決定的役割

加工企業は、必要に応じて平均年2回、フィリエールについて議論するためにインフォーマルに会合を開催する。ケンプテンの「バター・チーズ取引所」協会建物が、加工企業と買い手の間の会合の別の場所をなしている。この取引所組織がAEの生産と卸売価格の推移をフォローする際に重要な役割を演じてきたし、今なお演じている。生産量全体の推移に関するデータは、取引所協会のフィリエールのメンバーのアクターだけに提供される一方、卸売価格はウェブサイトで参照できる。

・乳製品に関する統計データの収集

ケンプテン市長により1921年に創設されたケンプテンのドイツ南部バター・チーズ取引所協会（Suddeutsche Butter-und Kase Bosse e. V. Kemptem）は、バターとチーズの市況と価格についてのよりよい概要を与え、こうして生産者がより公正な生乳価格を決定するための良好な基礎情報を有することを第一の目標としていた。生産者と生乳買い手との間の会合の定期的な開催は、データの交換とアクターの連携を促したにちがいない。

その制定以来、この会合は市場データの収集のみならず販売額の統計的評価と解釈に集中している。取引所のメンバーは主としてバイエルン州とバーデン=ヴュルテンベルク州、ザクセン州の乳業と卸売り企業であり、基準の週の間に、どのくらいの量が、どのくらいの価格で販売されたかを申告する。

こうしてドイツ全体の出荷量の40％、（フレッシュチーズをのぞく）チーズ生産量の60％、バター生産量の25％がケンプテン取引所市場の概要によって代表される（Milchwiirtschaftlicher Verein Allgäu-Schwaben, 2008）。ケンプテンの取引所の作業は、とりわけ市場が変動しているときには、安定化の機能を有する。

取引所の運営に必要な資金は、バイエルン州とバーデン=ヴュルテンベルク州の乳製品企業のアクターからの課徴金に由来する（1951年2月28日の法律により）。取引所委員会は建値cotationシステムに関する議論の理想的枠組みもなしている。

・建値委員会：市場締結のための方向付けへの支援

取引所と建値委員会は密接な関係にある。取引所は行政作業全体を管理し、規則に従って、建値委員会に対して、価格の建値と市況を決定するための多くの支えを提供する。こうして販売統計（基礎的情報）は、建値について合意するために、それぞれ毎週、市場の種別的知識と関連して、建値委員会により利用される。しかし最も高い価格で販売された量の15％と、最も低い価格で販売された量の15％は考慮されない。それは異常に高かったり低かったりする価格が市場の誤った解釈をもたらすことを回避するためである。最も高い価格と最も低い価格が「境界価格prix forontière」をなしている。

建値委員会は、売り手と買い手、取引所会頭、建値委員会会長から公平に構成されている。建値はパートナーたちの間での市場締結のための支援として役立つ。1997年11月27日のバターおよびチーズ、その他乳製品の価格建値に関する法律（1952年7月23日の同様の省令M Nr.1／52に代替した）によって、建値は公式の地位を得ている。1952年に取引所は連邦規則により規定されることになった。それまでは委員会は民間の制度として、経済の強い要素をなし、取引所から合法的に独立していた。連邦政府は公式的な価格を共有する場を持つことを必要としていた（とりわけ最低価格廃止後のバターの在庫について）。

ケンプテン[37]とハノーヴァー（ドイツでの、もう1つの建値が設定される場）で登録されたデータは、生乳政策の問題のために連邦レベルで、またブリュッセルで参照される。

5) ハイブリッドなガバナンス形態

アルゴイヤー・エメンターラーPDOフィリエールはエメンターラーの工業的生産の飛躍に直面して発展した。そのアクターたちは製品の種別性の強調と強い品質差別化に賭けたのである。すなわち生産条件に応じた品質への生乳ボーナス、加工・熟成企業のノウハウに応じた市場での高付加価値化、高品質産品へのポジショニング（図表3-40）、である。

もしアレールAllaireとシルヴァンデールSylvander（1997）のガバナンス様式の区別の3つの基準やバルジョルBarjolle et al.（1998b）のAOCシステムの分類を考慮するならば、AEは弱い地域的ガバナンスのフィリエールである。

結局、規格の観点からは、仕様書はテロワールの結合と並んで技術的バリエーションを含む。製品は加工企業や製造時期に応じて不規則である。競争の観点からは、ホイールの品質とバラエティは現在、個別的に管理されている。

しかしながら、特定の要素はまず部門的論理に属している。すなわち生乳価格の制度的運営の廃止、チーズ価格と生乳価格との間の直接的結合がないこと、それぞれの企業に固有な奨励金の金額などである。これらの理由すべてのために、AE部門は弱い地域的ガバナンスのフィリエールであり、地域的ガバナンスと部門的なそれとの間のハイブリッドと呼ぶことができよう。

	部門的ガバナンス	地域的ガバナンス
価値の形成	各企業による供給の内的管理	種別的資源の価値向上：生乳生産条件
	集合的供給管理の不在	差別化戦略：企業による製造ノウハウ
価値の配分	各企業に固有な奨励金額。価格の制度的運営の廃止。	価格突き合わせ。価格の透明性（観測、取引所）。PDOと有機への奨励金。酪農家と加工企業との力関係均衡。
競争優位の保護		差別化戦略。生産規則のコントロールによる競争への参入障壁。競合相手へのコストの賦課。
システムの調整様式	加工企業による生産システムのコントロール。強い競争的論理。	

図表3-40 アルゴイヤー・エメンターラーPDO部門の調整様式　　筆者作成

(5) ケソ・マンチェゴPDO〈スペイン〉[38]

1) 特徴的な輸出向けチーズ

スペインで消費されるチーズの多くはマンチェゴManchegoタイプで、つまり小型円筒形（2～4kg）の圧搾チーズで、羊乳もしくは、様々な割合での牛の生乳との混合、羊とヤギ乳との混合のチーズである。2016年にケソ・マンチェゴ（以下、文脈に応じてQMと略）は749人の酪農家により生産され、彼らが65のチーズ製造企業に出荷し、1万4,833tのチーズを生産する。ケソ・マンチェゴPDOはスペインで最も生産量が多い。マンチェガManchega種の羊の生乳をベースに製造される圧搾チーズであり、1.5kg以下のチーズについては熟成30日以上、それ以上の重量については60日以上で最大2年の熟成である。それは低温殺菌生乳によっても（「工業的」製造）、無殺菌生乳（いわゆる「職人的」製造）によっても作られる。後者の場合、こうした特徴はArtesanoというラベルで表示される（Commission européenne, 2008）。

このPDO（1984年にDOC、1996年にPDOを取得し、現在、ケソ・マンチェゴ原産地呼称調整委員会Consejo Reguladorにより管理されている）は、2008年にスペインで生産された原産地呼称チーズ生産量の42％を占め、同年に生産されたチーズ生産量全体の6％を占めていた（Inlac, 2016）。

PDOのQMの生産のための限定された地理的空間は441万9,763haにおよび、カスティーリャ・ラ・マンチャCastille-La Mnache自治州のコミューン407を含み、アルバセーテAlbacete県の45、シウダ・レアルCiudad Real県の84、クエンカCuenca県の156、トレドToled e県の122を含んでいる（図表3-41）。

図表3-41
ケソ・マンチェゴPDO呼称区域
出典：MARM（2021）をもとに作成

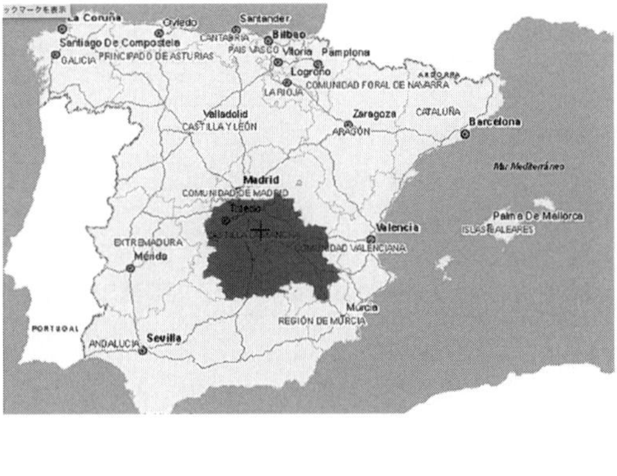

QM生産向けの生乳生産はここ15年で顕著に増加し、2008年に対し2009年には7％増加し、チーズ生産量の増加をもたらした（Agrama, 2010）。QMは10年前から、スペインで市場シェアが最も高い地理的表示チーズである。2016年にはQMは地理的表示チーズの50％を占めていた。2008年の世界金融危機に至るまでスペインの国内市場がQMの主たる販路であり、年間生産量の70％を占めていた（Mapama, 2017）[39]。

金融危機の後に、スペインにおけるQMチーズの市場シェアは2009年に7％減少し、他方で輸出割合が増加した。輸出量が顕著に増加し、2002年に生産量の30％、222tから、ここ数年は60％となり、2016年には9,100tの輸出となっている（図表3-42）。輸出の増加と共に、国内市場での販売が復活し、生産量は2000年代以降、40％増加している。米国が主たる買い手であり、年間4,000tほどである。結局、米国消費者がManchegoの表示をよく知っているのは、同一の名称のよく知られているチーズ（もっともスペインのManchegoとは全く別である）がメキシコに存在しているからである。

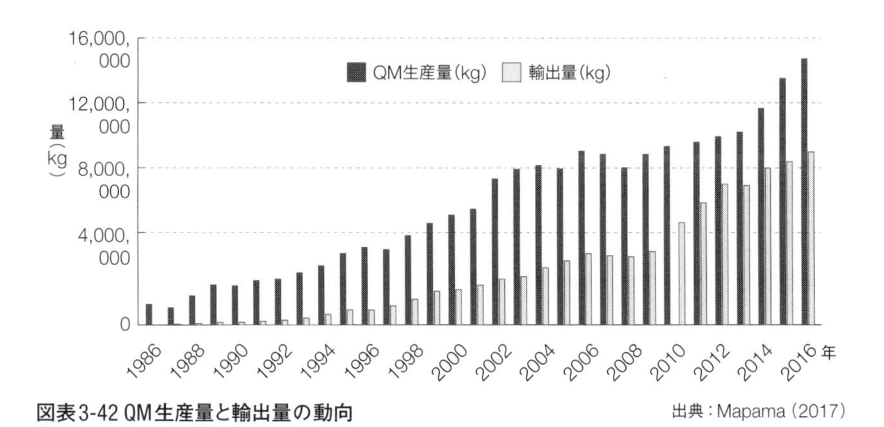

図表3-42 QM生産量と輸出量の動向　　出典：Mapama（2017）

ケソ・マンチェゴPDO部門は1980年代以降大きな発展を遂げた。10年ほど前から生乳生産の集中が見られる。すなわち2001年に1,472の酪農経営（64万頭の雌羊、平均430頭）が、5,880tのチーズに加工される生乳4,200万tを生産していた。ところが2016年には749の酪農経営（55万頭の雌羊、平均730頭）となったのである。品種改良努力とここ数年来の家畜飼養方法とが、雌羊あたりの年間生乳生産量の増加をもたらした。こうして、2009年には、7万頭少ない雌羊で2005年と同じ生乳が生産されたのである（Mapama, 2017）（図表3-43）[40]。

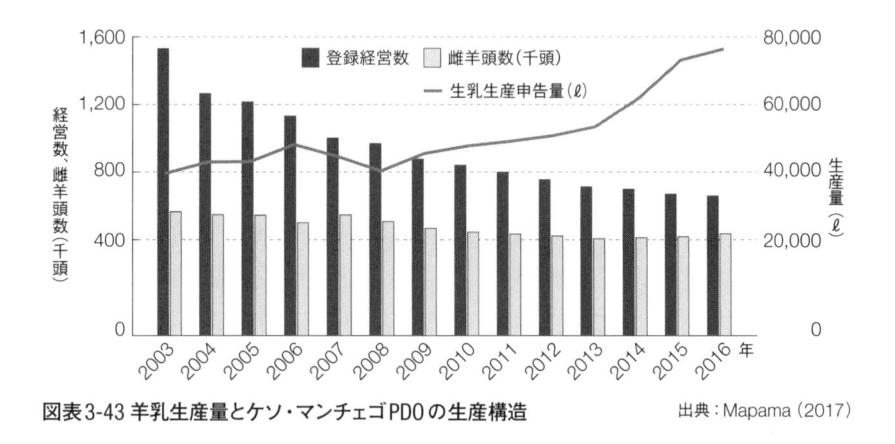

図表3-43 羊乳生産量とケソ・マンチェゴPDOの生産構造　出典：Mapama（2017）

2016年にはこうした生乳（7,670万ℓ）が65のチーズ製造企業により加工され14万8,323tのQM生産量記録を達成したのである（Mapama, 2017）。

2) 工業的チーズの割合が多いフィリエール

このフィリエールでは分業がきわめて強い。すなわちフォーマルに生乳生産を統合しているチーズ企業はほとんどなく、農協が徐々に消失し、酪農家は一般的に加工はしない。ただし農場産加工が近年発展している。大規模チーズ企業がとりわけ重大な部分をなし、フィリエールの構造化において強固である。フォルラザForlasa社（2010年にラクタリス・グループにより買収された）は農協（現在は存在していない）と共同で、1940年代末にはQMチーズの保護に取り組んできた。それは現在、原産地呼称調整委員会の理事会で、8票により代表される。4票は「職人的」チーズ工房、4票は「工業的」チーズ企業で、酪農家を代表する4票、チーズ製造農協と農産物加工法人を代表する4票で等しく代表されている。今日、呼称地帯のすべてのチーズ製造企業は、たとえ自社の製品の主要部分ではなくても、ケソ・マンチェゴPDOを生産している。というのもこれが顧客訴求力を持っているからである。

このPDOチーズ部門は生産および加工、販売のモデルの多様性により特徴づけられている（図表3-44）。2016年にこのフィリエールは生乳生産者749人を数えている。生乳の多くは地理的表示のQM製造のチーズ企業に向けられ、さらに生乳の一部は別のチーズの製造にも向けられている。仕様書に応じて、39の企業は自らが低温殺菌する生乳を加工しており、工業的とされる。無殺菌生乳を加工する企業は25で、「職人的チーズ企業」と呼ばれている。工業的企業は生産者から生乳を買い取り、その生産量はQMフィリエールの生産量全体の85％を占めている。他方で職人的フィリエールはきわめて統合されている。というのも職人的チーズ企業25の多くは自らの生乳を生産し、これをチーズに加工しているからである。

協同組合の数は年を追うごとに減少し、今日では2つの、職人的で、統合的な協同組合のみが存続している。生乳価格の上昇（後述のように）と工業的チーズ企業の影響により、生産者たちはもはや農協に組織化されることに利益を見出さない。

工業的もしくは職人的なチーズ企業の多くが熟成を行っている。専門的な熟成企業は6つあり、きわめて少量を熟成している。工業的企業の中で、乳製品部門において世界で最も影響力のあるものの1つであるラクタリス・グループが2010年以降、Forlasa社を買収した。後者の企業は当時、PDO行動の担い手のチーズ企業の1つで、ケソ・マンチェゴPDOのリーダーであった。ラクタリスの存在はこのフィリエールの販売戦略を輸出に向けて強く促進した。

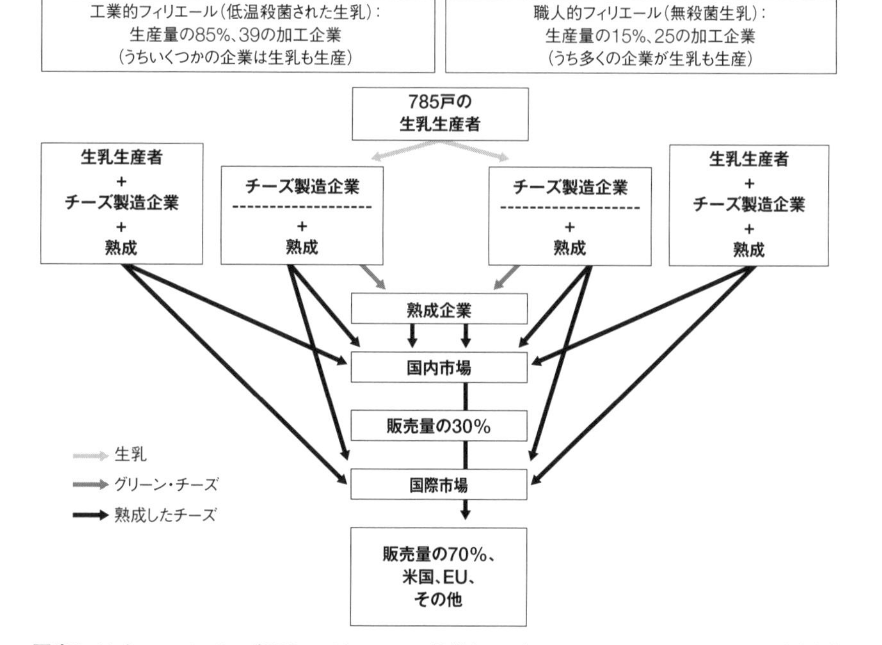

図表3-44 ケソ・マンチェゴPDOフィリエールの組織（2016）　筆者作成

3）需給不均衡という特性

・種別的テロワールに根づいた特徴的チーズ

17世紀にさかのぼる書物（例えばセルバンテスの『ドン・キホーテ』のような）に引用されて、マンチェゴ・チーズはその歴史によって飛び抜けており、その他のスペインのチーズに比べてユニークな特徴を持っている。それは在来種のマンチェガ羊の生乳からもっぱら生産され、熟成される、非加熱圧搾のハードチーズである。つまるところ、過酷であるarideが豊穣な標高600mの広大な高原である、ラ・マンチャ地方を原産とするこの在来種は、木陰や水をそれほど必要とせず、この地方の過酷な気候に適応することができたのである。マンチェゴチーズの特徴はその生乳の品質と結びついている。この生乳は他の羊の生乳に比べてより高い脂肪分とタンパク質成分を含んでいる。無殺菌生乳もしくは低温殺菌された生乳から作られるこのチーズは、密に詰まった堅さを持ち、柔らかさはない。白とアイボリー・イエローの間の多様な色で、濃い乳のアロマと軽い酸味があり、デリケートで差異化された残り香が特別なアロマをチーズに与えている。チーズの表皮は特別な視覚的特徴をもち、これは茅（エスパルト）の伝統的な型での製造方法の特徴を想起させる。表皮に茅の文様を刻印している。

純粋種の羊に由来する生乳のみがQM生産のために使用される。生産の要件はきわめて厳格で不正は厳しく罰せられる（より生産力に富んだ別の品種と雌羊を交雑したとして、毎年、複数の経営が呼称から外される）。原産地呼称の公式的承認の以前でさえ、在来種の重要性が認識されており、最終製品の収益性を改善するために1958年以降、最初の品種改良計画がなされた。結局、マンチェガ羊は、休耕地や穀物切り株chaumesの上を歩行するのにきわめて適し、それほどの日陰を必要とせず、日中にそれほど水を飲まない（そのために井戸や雨水貯水槽から水を汲むさいの羊飼いの苦労を削減することができる）、頑健な品種である。伝統的な飼料は、牧草で、主として、休耕地や荒れ地の草や冬の穀物切り藁の利用に基づいている。穀物刈り取りの機械化と切り藁作業の改善、草刈りの制約緩和により、放牧の重要さが減少し、一部は灌漑の副産物（トウモロコシやひまわりの切り藁など）の統合により軽減されたのである。困難な時期（霜、雨、雪）には、酪農家は、大麦やカラスムギ、トウモロコシといった穀物、もしくはウマゴヤシの干し草、籾殻、野菜くず、甜菜のパルプ、ソラマメといったかさの多い飼料だけでなく、ブドウ絞りかすなども使用する（Alia Gomez et al., 1994）。農業団体やケソ・マンチェゴ原産地呼称調整委員会はこの在来種の羊を保護している。複数の補助金がマンチェガ羊の生乳の生産者に支払われる。すなわち生乳奨励金0.03€／ℓ（雌羊一頭あたり年6€ほど）、雄羊の買い取りへの補助金（購入される雄羊一頭あたり120€）、「マンチェガ雌羊育種酪農組合Arama」への補助である。この組合は人工受精もしくは泌乳管理のような酪農家への技術普及サービスを提供している。

マンチェゴチーズの評判は、とりわけカスティーリャ=レオン州で20世紀に広がり、その名称は異なった品質の別のタイプのチーズによって使用されていた。そのため1982年に、生乳生産者とチーズ製造企業とがスペイン政府に対して、「マンチェゴ」名称を保護するために原産地表示を要請し、カスティーリャ=ラ・マンチャ州のみへの生産地帯の限定と、マンチェガ品種の生乳のみの原材料を要求したのである。品種を義務づけることで、生産者は、より生産力主義的な品種による生乳増量のリスクから守られた。その2年後の1984年に州農業省は、ケソ・マンチェゴ原産地呼称調整委員会CRDOQMをこのチーズの保護管理機関として設立した。また1984年12月21日に、QMの原産地呼称を承認する規則がスペイン農業省により批准された。それ以来、マンチェゴチーズはスペインの主要なチーズの1つとして発展し、位置づけられることで国内市場を獲得した。1991年に、非営利組織のマンチェゴチーズ保護団体が設立され、これはこの州の社会文化的、美食術的資源についての研究に依拠することで、このチーズのイメージを促進し、近代化させることを目的としていた。欧州規格に適合するために、1995年には、調整委員会CRDOQMは、「法的、公共的な独立性を持った、非営利協会」として、州の農業環境省に登録された。1996年にはマンチェゴチーズは欧州レベルでPDOとして承認された。

・輸出により確保される供給管理

ケソ・マンチェゴPDOへの需要はチーズ供給を上回っている。輸出は、1998年の1,072tから2009年の3,809tへと11年間で3.5倍に増えた。さらに輸出は増加し、2016年には9,100tに達し、うち3,762tはEU域内向けで、5,344tは第三国で、その多くは米国向けである。

生乳生産を制限しようとしている多くのフィリエールとは逆に、調整委員会は、PDO用に登録されているマンチェガ羊の生乳を買い付ける企業に対して、75％以上をQMに加工するように義務づける規則を制定する必要性を感じていた。他方で大規模工業は、官能的なよりよい品質の、呼称なしのチーズを作るために、呼称のない雌羊生乳と混合する傾向にある。

地理的表示への登録は、マンチェゴチーズの価格には顕著な効果を持たなかった。たしかに価格は上昇したが（2003年に8€／kgから2013年に11€を経て、2016年には11.5€に達した）、スペインの高級チーズほど急上昇したわけではなかった。マンチェゴと同じカテゴリの別のチーズがより高い価格を達成したのである（図表3-45）。この低い価格は、そのアクターたちの工業的論理により説明できよう。アクターたちの目的は、より競争力ある価格によって、生産コストを削減することなのである。こうした論理により、価格を落とすことなく、主として輸出向けにチーズ生産量を拡大させることができたのである。

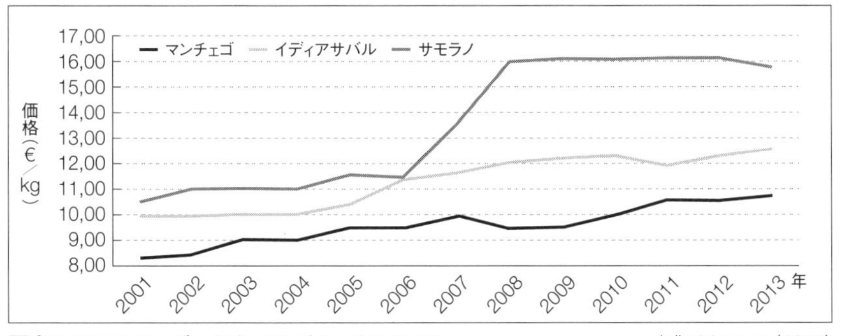

図表3-45 マンチェゴ、イディアサバル、サモラノの各種PDOチーズの価格の比較

出典：Mapama (2017)

4) 付加価値の配分と保護

現在のところ、マンチェガ品種の雌羊生乳価格は標準的な羊生乳価格よりも高い。

需給不均衡と関連した緊張によって、その生乳調達を確保するべく、チーズ企業は価格を上昇させるように促される。州の主要農産物価格形成情報センターLonja d'Albaceteは、取引を促すために生乳価格指標を提供している。生産者と商業者は毎週、会合を持ち、市場の傾向とそれぞれの意見に基づいて、PDOを受けるマンチェガ品種の生乳価格、PDOなしの羊生乳価格、ヤギ乳生乳価格を設定する。しかし価格の制度的運営へのこうした試みは大まかで、指標的なものにとどまり、チーズ製造企業と生乳生産者との間の力関係を均衡させるには不十分である。生産者の孤立とPDO地帯での取引の透明性の欠如により、彼らはマンチェガ品種の生乳市場についての詳細な知識を持つことができないのである。逆にチーズ製造企業が優位に立っている。つまりそれぞれの企業が酪農家のネットワークと連携し、価格を設定している。生乳の売買は多くの場合、長期での暗黙の協定により調整されている。いくつかの企業はその集乳地帯と価格の定義について暗黙のカルテルを結んでいると疑われてさえいる。州公正取引委員会は、告発に基づいて、2009年に調査を開始した（La Tribuna, 2009）。2009年に実施された予備審査の結果が示したのは、とりわけ酪農家と（チーズを製造するために集乳を行う）企業との間の取引関係について、この部門が透明性に欠けていることであった。すなわち「契約もなく、酪農家は生乳についていくら支払われるかを知らず、他の企業がどのくらい支払っているかを知らず、このために彼らは需要の特徴に対して自らの供給を調節できないのである。（中略）それは大規模チーズ製造企業による支配的地位の濫用である」（Romero, 2009）。

しかし一般的に、生産者に支払われる生乳価格は標準の価格よりも20％高い。ケソ・マンチェゴPDO向け生乳価格が2014年におよそ1,150€／1,000ℓであったのに対し、非PDO羊生乳は950€／1,000ℓであった（図表3-46）。

そのうえ、輸出に牽引された生産増加の論理によっても、このフィリエールにとどまる酪農家は、標準生乳よりも高い価格を享受しながら、自らの経営規模を拡大させ、生産性を向上させることができた。おそらくこれが、こうした生産者にとっての重要な利点なのである。

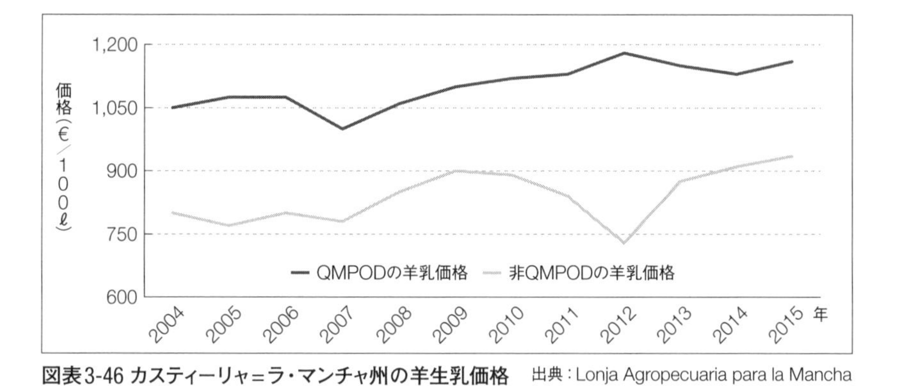

図表3-46 カスティーリャ＝ラ・マンチャ州の羊生乳価格　出典：Lonja Agropecuaria para la Mancha

5）生産システムの保護：地域的根づきと部門的市場の間でのハイブリッドなガバナンス形態

・国際貿易の争点と地域的酪農家の保護との両立のために発展した仕様書

ケソ・マンチェゴPDOの仕様書は以下を含む。すなわち生産物の記述（生乳とチーズの物理化学的、微生物学的特徴およびチーズの官能的特徴)、地理的ゾーニング、コントロール(生産物が限定された地理的地帯を原産地としていることを証明する)、生乳生産から熟成までに至る生産物製造の記述、(テロワールとの結合を正当化する)生産の歴史的、自然的な特徴、コントロール機関の表示、最後に販売の表示とフォーマット、である。

マンチェゴチーズの生産のためのゾーニングされた地帯はラ・マンチャ州で、これはアルバセーテ、シウダ・レアル、クエンカ、トレドの各県を含む、440万ヘクタールである。登録された家畜のマンチェガ品種の羊に由来し、チーズ製造企業で加工され、この地帯で登録されている熟成企業で熟成された生乳のみがPDOを使用することができる。生乳は乾燥成分11%以上を有していなければならない(脂質6.5%以上、タンパク質4.5%以上)。物理化学的基準の分析と官能分析がすべての生産段階でなされる。チーズのカバーのためのパラフィンもしくはオリーブオイルの使用は許容される。

仕様書の研究によれば、その2つの重要な修正が示されている。すなわち一方では酪農家が生産コストを削減するために、家畜飼養ルールを進化させたように思われる。家畜飼養の制約については、たとえ仕様書が、家畜群の伝統的飼料は共同放牧地によってなされることを規定しているとしても、実際は、すべての酪農家が、この飼料方法を全部について採用しているわけではない。彼らは泌乳期の雌羊を干し草や穀物補助飼料により畜舎の中で飼養したがるのである。彼らはまた生乳生産のために最適な飼料を確保し、羊はラ・マンチャの日差しの下で餌を探しに行くことでエネルギーを消失しないのである。搾乳は機械化され、衛生的要請が極めて高い。よりよい生産性の目的のために確立された、こうした様々な要素は、家畜群の飼養に必要な人手を減少させることもできる。

他方で、チーズ製造企業は、量販店や輸出に適応するために、販売のフォーマットや熟成期間、チーズの調整を工夫することで、販売を実践的に発展させた。例えば企業による販売促進の要求にしたがって、1995年にチーズに認められている大きさや最小限の重量が削減された(2kgから1kgへ、最大限は3.5kg)。QMの販売フォーマットのこうした変化は加工企業および流通業者側の追加的サービス提供を示している(Nefussi, 1999)。卸業者はもはやたんにチーズだけを売るのではなく、新しい消費様式に適した製品を売るのである。世帯規模の変化に対応して（家族世帯員数のますますの減少）、このチーズのフィリエールはたんに真空パックだけではなく、小型の全形チーズ、おろしチーズ、真空スライスチーズも提供している。カットおよびおろし、個包装の作業は大企業の中でも（こうした企業は特別なラインを持っている）、もしくは専門的な個包装企業（下請け、もしくは量販店への再販）によっても行うことができる。

要するにこうした仕様書はそれほど制約的でもなく、2つのことを可能としている。すなわちそれは市場の要請と消費者への、製品の即座の適応を可能とし、チーズの新しい生産加工技術の導入を促進する。市場の進化と消費様式への即座の、効率的適応は、主として大規模チーズ製造企業による。すなわちこうした企業こそが、量販店や輸出との緊密な結合を有しているのであり、この2つの市場は小型のフォーマットの需要により特徴づけられている。これに対して、小規模のチーズ製造企業は伝統的流通網と結合しており、標準的大きさのフォーマットでのチーズを生産し続け、こうしたチーズは売り場で切り売りされるか、もしくは丸ごとの形で再販されるのである。新しい技術への仕様書の開放によってもまた、こうした同じ巨大企業は——というのも大企業はその資本力を持っていたから——、その生産コストを削減しつつ、より高い生産性を追求することで、広範に機械化を行い、自らの生産チェーンを自動化させることができた。今日、あるケソ・マンチェゴPDOは、いかなる人の手の介入もなしに作ることができる。それはPago de La Jarabaの農場産チーズ企業の例であり、これは4,000頭の雌羊を飼養し、タンクから直接届く生乳を、無菌室で加工する（そこではすべて自動化されている）。こうして仕様書はライバル企業の参入に対して弱い制約しか課さない。2つの要素が、こうしたガバナンス様式を説明してくれる。

・チーズ部門への強い参入障壁の存在が確認された。これは、マンチェガ品種を課すのであり、そこでは、生乳およびチーズの過剰生産リスクがこのフィリエールの中での付加価値創出と均衡的配分のメカニズムを脅かす可能性があった。ところがケソ・マンチェゴPDOの場合、現在のところ需要に応えるには供給は不十分である。むしろ課題は、それがマンチェガ品種で生産されるという条件で、より多くの生乳生産を追求することである。

・当初から、またPDO行動のそもそもの起源から大企業が関与していた。こうした企業はフィリエールのステークホルダーであり、仕様書の特定の進化を促進した。したがって、（フィリエールの構造と生産条件を疑問視させるような）新規の巨大企業グループの新規参入からフィリエールを保護する必要はなかったことであろう。

・重要課題、偽装防止

最後に、保護管理機関ODGの役割は、輸出向け販売の多さという背景において、評判の詐取からPDOを保護することでもある。マンチェゴ名称の保護が課題となっている。というのもメキシコではマンチェゴ表示が評判を博しており、メキシコ人たちは、スペインのマンチェゴとはかなり異なった「マンチェゴ」と呼ばれるチーズを持っているからである。様々な機関のネットワーク（スペインの原産呼称保護機関である、Origen Espana, oriGIn、スペイン商標特許機関）が、この名称保護のためにケソ・マンチェゴ原産地呼称調整委員会CRDOQMによりなされる活動を支持している。こうした保護によって、以下のことを説明することができる。つまり、とりわけ以前に「マンチェゴ」という名称になじんでいたメキシコ人共同体をつうじて、米国市場が2002年から2013年の間に、ケソ・マンチェゴPDOの輸入を314％増加させたのである。このPDOは、（その評判を保護し、新しい市場を開拓するための）高品質産品の差別化を可能とさせる集合的行為の手法として活用されている。

6）商業的成果と酪農保護の両立

「ケソ・マンチェゴ原産地呼称調整委員会CRDOQM」はPDOの管理責任機関であり、1984年に農業省により設立された。その目的はマンチェゴチーズの威信を通じて地域の経済的社会的発展を促すことである。そのためにこの委員会は、その販売促進を行い、仕様書を見直し、認証委員会によりその適合性を認証し、その威信を保証し、その品質と海外での威光を改善するべく製品についての研究を促進する。

全国マンチェガ品種羊飼養協会（Agrama）はといえば、より生産性の高い品種よりもマンチェガ品種の維持のための膨大な作業を行う。この協会はコンクールを通じてこの品種を振興し、研修を行い、酪農家に技術支援を行う。それはまたハード・ブックの最適化、人工受精による遺伝改良も行う。さらにそれはそれぞれの家畜の電子識別を担い、販売追跡を保証する。

県農業技術研究所Itaphaは、その乾燥成分含有量にもとづいてマンチェガ生乳価格の設定に責任を負う機関である。逆にこの価格は課せられない。それは生乳生産者と加工企業との間での交渉にとっての基準となる。

したがって地域的ガバナンス（種別的資源の価値向上、品質への指標価格、保護管理機関の中での民主主義的代表制）と、部門的ガバナンス（技術的差別化、契約の欠如、透明性の欠如、コストによる支配の戦略）とが交差する、ハイブリッドな様式にしたがってケソ・マンチェゴPDOフィリエールは機能しているのである（図表3-47）。

	部門的ガバナンス	地域的ガバナンス
価値の形成	技術的差別化：殺菌生乳、販売フォーマットの進化。 川下：各企業による供給の内部管理、すなわち製品多角化（供給管理の不在、選別によるセグメント化の不在）。	川上：種別的地域資源の価値向上（マンチェガ品種）。
価値の配分	生産者と企業との相対での交渉（契約の不在）、価格透明性の欠如。	品質に応じた価格の制度的運用。均等化プール基金。
	製品の実際の価値向上と生乳報酬との間の間接的関係	
競争優位の保護	コスト支配戦略。戸外での飼料の減少（人手を削減するための飼養方法）、加工工程の工業化。個別ブランド戦略。供給者の垂直統合。低い参入障壁。	差別化戦略。生産規則のコントロールによる競争への参入障壁。競合相手へのコストの賦課。
システムの調整様式	国内リーダー企業グループによる管理。	保護管理機関で制定される力関係。この機関への国家による委任。

図表3-47 ケソ・マンチェゴPDOフィリエールの調整様式　筆者作成

注

[訳者から：以下の＊は省略した原典の注であるが、本章の背景を知る上で重要であり残すことにした]

＊ この章は、教育的な目的を持っている。この章の詳細な分析は、コラムを含んでおり、これは読者を導くことを目的としている。それは提案されている方法基準を適用するために、読者にいくつかの注意を提示している。様々な節の表題は、辿るべきアプローチについて強調する。例えば「その経済的背景の中にフィリエールを置き直すこと」、のようにである。

＊ 本章で提示されているAOPコンテ・フィリエールの分析は、1970～80年代にPerrier-Cornet（国立農業研究所INRA研究部長）によってなされた見事な研究に多くを負っている。彼は経済学におけるオリジナルな分析潮流を確立し、こうした分析は地理的表示の下でのチーズのフィリエールの発展を特徴づけることを目的とし、フランスの農村空間のダイナミズムをよりよく理解することを可能とさせる。

1 この歴史的分析は、歴史家でフランスにおける社会運動の歴史の専門家であるAlain Méloとの共著論文（Mélo et Jeanneaux, 2016）に依拠している。さらに以下を参照。Alain Mélo（2012, 2015）。

2 グリーン・チーズは未熟成のチーズである。グリーン・チーズは1日から120日までの大型チーズ（ホイール）に対応すると考えることができる。実際のところ、グリーン・チーズは、熟成企業によりそれが扱われるまでの、フリュイティエールの熟成庫の中で前熟成pré-affinageされるチーズに対応する。120日からコンテは販売可能である。

3 我々が行った、1970年代の酪農経済の進展についての記述は、Perrier-Cornetの研究（1980, 1986）を参照している。

4 この集団は「集中企業centrale」と呼ばれていた。

5 コンテAOPのホームページを参照。http://www.comte.com/le-comte-1er-fromage-aop-de-frame-la-filiere-en-bref.4.0.4.0.1.1.html

6 FranceAgriMer（2017）とDraaf Bourgogne-Franche-Comte（2017）のデータより。

7 発酵粗飼料の禁止、遺伝子組み換え作物GMOの飼料の禁止、モンベリアルド品種、もしくはシメンタール品種のみ、搾乳ロボットの禁止、牛あたりの草地面積の制限（1ha／1頭）、生乳生産量の制限（4,600 ℓ／ha）、放牧ゼロの禁止。

8 CIGCのデータを参照。http://www.comte.com/decouvrir/economie-les-marches-du-comte/le-marche-du-comte.html

9 http://www.comte.com/decouvrir/valorisation-du-terroir-le-comte-et-lenvironnement/les-terroirs-du-komte-le-sol-la-flore-la-microflore-et-le-savoir-faire-des-hommers.html

10 http://www.comte.com/decouvrir/economie-les-marches-du-comte/gestion-economique-de-la-filiere-de-nouvelles-regles-de-regulation-de-loffre-juin-2015,html（現在は確認できない）

11 http://www.comte.com/decouvrir/une-filiere-organisee-et-solidaire/lamelioration-de-la-qualite-un-souci-permanent-html（現在は確認できない）

12 http://www.comte.com/decouvrir/pour-produire-un-comte-aop-il-faut/il-faut-une-cave-daffinage/html

13 この事例は、CIGC契約に基づいて、ドゥー・ジュラ県酪農協連合会（FDCL 25-39）の協力によって作成された。

14 例えば、輸送費用発送者払い（franco de port）は、輸送もしくは出荷の経費が、あらかじめ決められた量や距離について出荷者負担とされる。

15 基準として配布され、使用されることになる価格の構築をもたらすこの過程は、CIGCの中での契約委員会によって承認される。この委員会は、フィリエール全体のアクターを関与させる。

16 経済学では、フリーライダーとは、グループの他のメンバーと同じくらいの努力（お金と時間など）をそこに投じることなく、グループの集合的な利益、財、サービスから利益を得る人の行為を指す。

17 http://www.comte.com/decouvrir/une-filiere-organisee-et-solidaire/laop-la-politique-de-lexigence-html

18 http://www.comte.com/decouvrir/une-filiere-organisee-et-solidaire/le-comite-interprofessinnel-de-gestion-du-comte-cigc.html

19 こうした歴史分析は、農業経済学者Denis Michaudとの共著（Michaud et Jeanneaux, 2014）に依拠している。彼は以前、コンテの酪農経営をしていた教師であり、ジュラ山脈の酪農経済の専門家である。

20 この事例はP. Jeanneauxの指導の下でD. Meyerの協力により分析された（Meyer, 2010）。

21 これらの情報のすべてはグリュイエールPDOのウェブサイトで入手可能である（https://gruyere.com./fr/）。

22 Cremoはスイスの乳業のリーダーグループであり、2002年以降、グリュイエール有機チーズの製造向けの生乳600万ℓを加工する製造企業を保有している。

23 すべての統計は以下のウェブサイトで入手可能である。スイス農民連盟のウェブサイト（htttp:www.sbv-usp.ch/fr/statistique/）、あるいはスイス連邦農業局（Ofag）（https://www.blv.admin.ch）。

24 この事例はP. Jeanneauxの指導の下で、M. Raynaud（Raynaud, 2011）との協力で分析された。

25 読者はCFPRのウェブサイトで多くの統計データを読むことができよう（https://www.parmigianoreggiano.it/）。

26 統計データはClalのウェブサイトでアクセスすることができる（https://www.clal.it/）。

27 公式的なデクレにより承認された仕様書は以下のように規定している。「12か月の熟成に達する以前には、チーズはパルミジャーノ・レッジャーノの名称で消費用に販売することはできない」。

28 ル・モンド紙ローマ通信員Salvatore Aloiseによる2009年8月21日付けの記事「エミリー・ロマーニャ州では銀行はFort Knoxのなかに、保証金としてパルメザンチーズを預ける」。

29 およそ51億ℓで、2017年にイタリア生産量の43％を占め、そのうち19億ℓがグラーナ・パダーノに加工され、2億ℓほどのみがパルミジャーノ・レッジャーノに加工される（このPDO全体量の10％）。このことがロンバルディアの生乳価格を比較の基礎とさせるもっともな理由をなしている。

30 この事例はP. Jeanneauxの指導の下でのD. Meyer,（Meyer, 2010）との協力により分析された。

31 UCFCは、もはやオーヴェルニュ未来協同組合Avenir cooperative d'Auvergne（後のRiches Montsグループ）に加盟していない様々な協同組合により1959年に設立された。これは2013年にSodiaal農協グループに2013年に吸収された。

32 この事例はP. Jeanneauxの指導の下でのD. Meyer,（Meyer, 2010）との協力により分析された。

33 出典、ZMP,BMVL、2008年ベース。

34 読者はLFLのウェブサイトですべての統計データを読むことができよう（https://LfL.bayern.de）。

35 その要求が認められて、（1962年以降）補償支払いが生乳および脂肪分に関する法律に導入された。というのも（その生乳がアルゴイヤー・エメンターラーに向けられていた）雌牛の餌の条件が「特別なもの」と判断され、より高いコストを生み出したからである。

36 Clalのウェブサイトを参照（https://www.clal.it）。また欧州委員会のウェブサイトも参照（https://ec.europa.eu/agriculture/market-observatory/milk.fr）。

37 アルゴイヤー・エメンターラーについては以下のように記載されている。「アルゴイヤー・エメンターラー、ホイールおよび長方形、2～6kg、卸売り」「アルゴイヤー・エメンターラー、10kgからホイールのみ、同様の企業向け」「アルゴイヤー・エメンターラー、2～6kg、同様の企業向け」「アルゴイヤー・エメンターラー、ホイール、もしくは長方形、10kgから、輸出向け」「アルゴイヤー・エメンターラー、2～6kg、輸出」「アルゴイヤー・エメンターラー、長方形、エメンターラーおよび長方形のハードチーズ、脂肪分45％、10kgから、同様の企業向け」「アルゴイヤー・エメンターラー、長方形、エメンターラー、長方形ハードチーズ、脂肪分45％、2-6kgから、同様の企業向け」。またエメンターラーに関しては以下のようである。「エメンターラー、長方形ハードチーズ、脂肪分45％、2～6kg、輸出向け」。

38 この事例はP. Jeanneuxの指導の下でM. Raynaud（Raynaud, 2011）との協力で分析された。

39 スペインのチーズ生産の統計データはスペイン農業省のウェブサイトでアクセスすることができる（https://www.mapama.gob.es/es/estadistica/publicationes/）
また以下のEstado公文書カタログでもアクセス可能である（https//publicationesoficiales.boe.es/）。

40 スペイン農業省Mapama（2017）Datos de las Denominaciones de Origen Protegidas（DOP）, Direction general de la industria alimentaria, 2003-2016.

参考文献

[訳者解説]

Jeanneaux,P., Meyer, D.（2010）“Régulation des filières fromagères sous AOP et origine des prix du lait: un cadre d'analyse” in Ricard, D.（ed）Les Reconfigurations Récentes des Filières Laitières en France et en Europe, PUBP, pp. 267-292.

Salop, S.-C., Scheffman, D.-T.（1983）“Raising Rivals' Costs”, American Economic Review, no.73, pp. 267-271.

[1.以降]

Agrama, 2010. Datos estadisticos de la DO Queso Manchego. *Consorcio Manchego*, 17.

Agreste, 2011. *Mémento de la statistique agricole : Auvergne, Direction régionale de l'alimentation, de l'agriculture et de la forê*t, Service régional de l'information statistique, économique et territoriale, septembre 2011, n° 101, 32 p.

Agreste, 2014. *GraphAgri Région - 2014*, 150-157.

Agreste Franche-Comté, 2014, *La filière lait en Franche-Comté*, Edition 2014, DRAAF-SRISE Franche-Comté N° 201, 4 p.

Agreste, 2016. *Mémento de la statistique agricole : Auvergne-Rhône-Alpes*, Direction régionale de l'alimentation, de l'agriculture et de la forêt, Service régional de l'information statistique, économique et territoriale, série Références, septembre 2016, n° 5, 40 p.

Agreste, 2017, Mémento de la statistique agricole 2017 - Bourgogne-Franche-Comté, DRAAF- SRISE, n° 29, 44 p.

Agridea, 2016. *Les caractéristiques du marché du lait de vache en Suisse, Filières et marchés - Marché du lait*, Lausanne, Article 2929, 16 p.

Agristat, 2017, Statistique laitière de la Suisse 2016, TSM, PSL, SCM, Agristat, www.sbv- usp.ch/fileadmin/sbvuspch/05_Publikationen/Mista/MISTA2016_def_online.pdf , 94 p.

Aldrich D.P., 2012. Social, not physical, infrastructure: The critical role of civil society in disaster recovery. *Disasters*, 36, 398-419.

Alia Gomez J., Altares Lopez S., Arroyo Gonzalez M., Duro Martino P., Gallego Martinez L., Garcia del Cerro C., Roman Esteban M., Velsaco Ferrer R., 1994, *El Queso Manchego*, Junta de Communidades de Castilla la Mancha.

Allaire G., Sylvander B., 1997. Qualité spécifique et innovation territoriale. *Cahiers d'économie et de sociologie rurales*, 44, 29-59.

Arfini F., Boccaletti S., Giacomini C., Moro D., Sckokai P., 2006. Case Study: Parmigiano Reggiano. Instituto di Economia Agro-alimentare, Universit_a Cattolica, Piacenza, and Dipartimento di Economia Sezione di Economia Agro-alimentare, Universit_a di Parma, paper prepared for the European Commission, DG JRC/IPTS.

Arnoux M., 2012. *Le Temps des laboureurs. Travail, ordre social et croissance en Europe（XIe-XIVe siècle）*, Paris, Albin Michel, coll. L'évolution de l'humanité.

Augier J., 2011. *Influence de la grande distribution sur l'organisation des filières AOP*, VetAgro Sup Clermont-Ferrand, ENSAT, 91.

Barjolle D., Boisseaux S., 2004. *La bataille des AOC en Suisse. Les appellations d'origine contrôlée et les nouveaux terroirs*, Lausanne, Presses polytechniques et universitaires romandes.

Barjolle D., Chapuis J.-M., 2000. Coordination des acteurs dans 2 filières AOC. Une approche par la théorie des coûts de transaction. *Économie rurale*,（258）, 90-100

Barjolle D., Boisseau S., Dufour M., 1998a. *Le lien au terroir*, International Food Policy Research Institute（IFPRI）, Washington DC, IFPRI.

Barjolle D., Chappuis J.-M., Dufour M., 2000. Competitive position of some PDO cheeses on their own reference market: Identification of the key success factors. *In: The Socio-Economics of Origin Labelled Products in Agrifood Supply Chains: Spatial, Institutional and Coordination Aspects* (B. Sylvander, D. Barjolle, F. Arfini, eds) , Inra-Economica.

Barjolle D., Chappuis J.-M., Sylvander B., 1998b. From individual competitiveness to collective effectiveness in PDO systems. Contribution to the *59th EAAE seminar: "Competitiveness: does economic theory contribute to a better understanding of competitiveness?"*, The Hague.

Ben Youssef H., Grolleau G., Jebsi K., 2005. L'utilisation stratégique des instances de normalisation environnementale. *Revue internationale de droit économique*, 4, 367-388.

Bisig W., Fröhlich-Wyder M.-T., Jakob E., Wechsler D., 2010. Comparison between Emmentaler PDO and generic emmental cheese production in Europe. *The Australian Journal of Dairy Technology*, 65, 210-213.

Bordessoule E., 2001. *Les montagnes du Massif central. Espaces pastoraux et transformation du milieu rural dans les monts d'Auvergne*, Presses universitaires Blaise Pascal, Ceramac 17, Clermont-Ferrand, 370 p.

Bossel H., 2007. *Systems and Models, Complexity, Dynamics, Evolution, Sustainability*, Norderstedt, Germany, Books on demand GmbH.

Brundtland G.H., M. Khalid M., 1988. *Notre avenir à tous*, Montréal, Éditions du Fleuve.

Butterworth D., Lausson P., 1982. Les entreprises d'affinage du Comté : pratiques et stratégies. Mémoire de fin d'étude, Dijon, ENSSAA, 126 p.

CFPR, 2003. *Parmigiano-Reggiano : Più forza al Disciplinare*, Reggio Emilia, CFPR. CFPR, 2008. *Crisi Parmigiano, Consorzio ritira 80mila forme*, Repubblica Parma Volume.

CFPR, 2008. *Crisi, Parmigiano, consorzio, ritira, 80mila, forme,* Repubblica, Parma, Volume.

CFPR, 2009a. Dall'assemblea il via libera al ritiro delle forme. Retrieved 07/07/2011, 2011, http://www.parmigiano-Reggiano.it/area_stampa/2009_2/dall-assemblea-libera-ritiro-delle- forme.aspx .

CFPR, 2009b. Il consorzio Parmigiano-Reggiano ritira 50mila forme per l'export. Retrieved 07/07/2011, 2011, http://parma.repubblica.it/dettaglio/il-consorzio-parmigiano-ritira-altre-50mila- forme/1578029.

CFPR, 2011. La gestione del prodotto apre strade nuove. Retrieved 07/07/2011, 2011, http://www.parmigiano-Reggiano.it/news/2011_2/gestione_prodotto_apre_strade_nuove.aspx .

Charet J., Maruéjouls M., Parisot C., 1947. *L'économie laitière et les techniques fromagères du Cantal*, Imprimerie Moderne, 133 p.

Clal,2011,2017.Market News Italy, http;//www.clal:it

Cniel, 2013. *L'économie laitière en chiffres*, Édition 2013, Paris, Centre national interprofessionnel de l'économie laitière.

Cniel, 2015. *L'économie laitière en chiffres*, Édition 2015, Paris, Centre national interprofessionnel de l'économie laitière.

Commission européenne, 2006. Règlement (CE) n° 510/2006 du conseil du 20 mars 2006 relatif à la protection des indications géographiques et des appellations d'origine des produits agricoles et des denrées alimentaires.

Commission européenne, 2008. Demande de modification du cahier des charges de l'AOP
« Queso Manchego ». *Journal officiel de l'Union européenne*, C255 (10) .

Commission européenne, 2009. Communication de la commission au Parlement européen, au Conseil, au Comité économique et social européen et au Comité des régions sur la politique de qualité des produits agricoles.

Conseil fédéral de Suisse, 2017. Déclaration de force obligatoire générale du contrat-type de l'Interprofession Lait. OFAG, Confédération suisse, 15 novembre 2017, 7283-7297

Corriol V., 2009. *Les serfs de Saint-Claude. Étude sur la condition servile au Moyen Âge*, Rennes, Presses universitaires de Rennes.

CRPA, 2008. Vendite di Parmigiano-Reggiano per canale di vendita nel 2007. Retrieved 15/06/2011, 2011, http://www.crpa.it/media/documents/crpa_www/Progetti/sifpre/mercatoi/2007_vendite.pdf .

CRPA, 2010 (13/04/2011) . Costi di produzione e di trasformazione del latte in emilia romagna. Opusculo CRPA. Retrieved 10/05/2011, http://www.crpa.it/media/documents/crpa_www/Pubblicazi/Opuscoli- C/Archivio_2010/CRPA_7_2010.pdf .

De Roest K., 2000. *The production of Parmigiano Reggiano cheese. The force of an artisanal system in an industrialised world.* Wagningen, Wageningen University (Holland) , PhD.

De Rosnay J., 1975. *Le macroscope, vers une vision globale*, Le Seuil, 296 p.

De Rosnay J., 2007. *Énergie et développement durable : « de l'ego-citoyen à l'éco-citoyen »*, Conseil de développement de la Loire-Atlantique.

Durand A., 1946. *La vie rurale dans les massifs volcaniques des Dores, du Cézallier, du Cantal et de l'Aubrac*, Aurillac, Imprimerie Moderne, 530 p.

FranceAgriMer, 2013. Évolution des structures de production laitière en France, Filière lait de vache, Montreuil.

Getur (Groupe d'études urbaines) , 1979. *Industrie laitière en zone de montagne : le maintien des fruitières traditionnelles et l'agriculture de montagne dans l'Est central.* Grenoble, CTGREF, p. 99 + annexes p. 61.

Giacomini C., Manfredi F., 2013. Parmigiano: Sistema di Produzione in Fase di Trasformazione.
Parma Economica, 3, 18-24.

Giacomini C., Arfini F., De Roest K., 2010. Interprofession and typical products: The case of Parmigiano Reggiano cheese. *In: European Association of Agricultural Economists, 116th Seminar*, Parma, Italy.

Granovetter M., 1974. *Getting a Job: A Study of Contacts and Careers*, Cambridge, MA, Harvard University Press.

Idele, 2012. Les Allemagnes laitières. Voies divergentes et avenirs contrastés. *Économie de l'élevage*, Le dossier, (426) , juillet-août 2012, Paris, Idele-Département Économie de l'élevage.

Inao, 2011. Les signes de qualité et de l'origine. Retrieved 26/07/2011, http://www.inao.gouv.fr/public/home.php? pageFromInde=textesPages/Les_Signes_de_la_Qualite_et_de_l_Origine376.php~mnu=376.

Inao-Cnaol, 2010. Produits laitiers AOC, les chiffres clés 2010. Paris, Inao et Cnaol, Rapport n
° 6.

Inao-Cnaol, 2016. *Chiffres clés 2015 des produits sous signes de la qualité et de l'origine*, Paris, Maison du lait, Cnaol.

Inao-Cnaol, 2017. *Chiffres clés 2016. Des produits sous signes de la qualité et de l'origine* – Produits laitiers AOP et IGP, base Panel Symphony IRI/Cniel.

Inlac, 2016, Sector Lácteo en España - Datos de producción, industria y consumo (2008-2015) Interprofesional Láctea InLac, Madrid, 48 p.

Institut de l'élevage, 2009. Le lait dans les montagnes européennes. Un symbole menacé.
Économie de l'élevage, Le dossier, 390, 76.

Jeanneaux P., 1998. Enjeux et dynamique du secteur fromager du massif jurassien. Mémoire de fin d'étude ITA, Dijon, ENESAD.

Jeanneaux P., Meyer D., 2010. Régulation des filières fromagères sous AOP et origine des prix de lait : un cadre d'analyse. *In : Colloque ASRDLF-AISRe*, Aoste.

Jeanneaux P., Perrier-Cornet P., 1999, L'organisation en fruitière face à l'innovation technologique et au changement économique : Le cas de la filière Comté. *In* : Colloque SFER- INRA-ENITA, *Signes officiels de qualité et Développement Agricole - Aspect Techniques et économiques*, 14 et 15 avril 1999 – ENITA Clermont-Ferrand

Jeanneaux P., Perrier-Cornet P., 2011. Stratégie d'élévation des coûts des concurrents pour préserver un système productif agroalimentaire : le cas d'une filière fromagère d'appellation d'origine. *Revue d'économie industrielle*, 115-138.

Jeanneaux, P., H. Dakpo and H. blasquiet-Revol (2014) . "The performance of the strategy of differentiation for dairy Farms in France." Options Mediterranéennes Series A: Mediterranean Seminars (109) : 609-613.

Langer F., 1991. La gestion des quotas laitiers France/CEE. *Politiques et management public*, 9 (2), 237-255.

La Tribuna, 2009. Competencia investiga « pactos de precios » en la leche de oveja manchega. *La Tribuna de Ciudad Real*.

Levi G., 1985. *L'eredità immateriale. Carriera di un esorcista nel Piemonte del seicento*, Torino.

LFL, 2017. *Statistik der Bayerischen Milchwirtschaft 2016*, München: LFL Bayerische Landesanstalt für Landwirschaft -Institut für Ernährungswirtschaft und Märkte, Freising- Weihenstephan, 47 p.

Mancini M.C., Consiglieri C., 2016. Innovation and marketing strategies for PDO products: The case of "Parmigiano Reggiano" as an ingredient. *Bio-based and Applied Economics*, 5, 153-174.

Mapama (Ministerio de Agricultura y Pesca, Alimentación y Medio Ambiente) , 2017. *Datos de las Denominaciones de Origen Protegidas (DOP), Indicaciones Geográficas Protegidas (IGP) y Especialidades Tradicionales Garantizadas (ETG) de Productos Agroalimentarios, año 2016*, Madrid, MAPAMA Subdirección General de Calidad Diferenciada y Agricultura Ecológica, Secretaría General Técnica, Centro de Publicaciones.

Marm (Ministerio de Medio Ambiente y Medio Rural y Marino) , 2011. Resultados de las encuestas de ganado ovino-caprino de noviembre 2009. Retrieved 05/04/2011, http://www.marm.es/es/estadistica/temas/encuestas-ganaderas/2009-11_Ovino- Caprino_Resultados_tcm7-14368.pdf .

Mélo A., 2012. *Fruitières comtoises. De l'association villageoise au système productif localisé*, Poligny/Morre, FDCL

Mélo A., 2015, Fruitières comtoises, *Revue de géographie alpine,* 103-1, 8 p.

Mélo A., Jeanneaux P., 2016. Le système productif fromager jurassien : résilience d'un commun original, le lait. *In : XVIes Rencontres du Réseau interuniversitaire de l'économie sociale et solidaire (éd.), Les communs et l'économie sociale et solidaire. Quelles identités et quelles dynamiques communes ?*, Montpellier, 25-27 mai 2016.

Mérel P.R., 2009. Measuring Market Power in the French Comté Cheese Market. *European Review of Agricultural Economics*, 36, 31-51.

Meyer D., 2010. Filières fromagères sous AOC en zone de montagne et performance économique : étude des filières AOC Gruyère et Cantal. Montpellier, SupAgro, Diplôme d'ingénieur, Agronomie tropicale.

Meyer D., Jeanneaux P., 2010. La filière AOP Allgaüer Emmentaler : premiers éléments d'analyse, VetAgro Sup Clermont-Ferrand, 48.

Michaud D., Jeanneaux P., 2014. Éleveurs et coopératives-fruitières de la filière Comté face au changement technologique et économique. *In : Repenser l'économie rurale* (P. Jeanneaux, P. Perrier-Cornet) , Versailles, Éditions Quæ, 80-93.

Milchwirtschaftlicher Verein Allgäu-Schwaben, 2008. Die Allgäuer Milchwirtschaft auf dem Weg ins 21. Jahrhundert.

Mollard A., 2001. Qualité et développement territorial : une grille d'analyse théorique à partir de la rente. *Économie rurale*, (263) , 16-34.

Morsel J., 2014. Communautés d'installés. EspacesTemps.net, 11/11/2014, http://www.espacestemps.net/articles/communautes-dinstalles/ .

Nefussi J., 1999. *Filières agroalimentaires : filières de produits ou de services ?* Demeter 2000, Paris, Armand Colin, 7-70.

Ofag, 2001. *Cahier des charges de l'AOC « Gruyère » en Suisse*, Office fédéral de l'agriculture, Registre des appellations d'origine et des indications géographiques, Office fédéral de l'agriculture, CH - 3003 Berne, 16 p.

Pecqueur B., 2001. Gouvernance et régulation : un retour sur la nature du territoire. *Géographie, Économie, Société*, 3, 229-245.

Perrier-Cornet P., 1980. L'économie laitière jurassienne : enjeux sociaux de la « qualité » et de la « tradition » dans une région difficile et marginale. Inra Dijon, Document de recherches n° 24, novembre 1980, 85.

Perrier-Cornet P., 1986. Le massif jurassien. Les paradoxes de la croissance en montagne : éleveurs et marchands solidaires dans un système de rente. *Cahiers d'économie et sociologie rurales*, 2, 61-121.

Perrier-Cornet P., 1990. Les filières régionales de qualité dans l'agro-alimentaire. Étude comparative dans le secteur laitier en Franche-Comté, Émilie-Romagne et Auvergne. *Économie rurale*, 195, 27-33.

Perrier-Cornet P., Sylvander B., 2000. Firmes, coordinations et territorialité. Une lecture économique de la diversité des filières d'appellation d'origine. *Économie rurale*, 258, 79-89.

Perrot M., 1998, L'expansion des produits frais permet une meilleure valorisation du lait. Enquête annuelle laitière, données chiffrées IAA, Agreste, *Cahiers*, (27) , pp. 3-14.

Pflaum J., 1995. En Allemagne, la fin du modèle laitier mixte bavarois ? *Fourrages*, 144, 115- 130.

Pugliese F., 2010. Il Parmigiano Reggiano. Nuove Opportunità per il Futuro. *In: Proceedings, Camera di Commercio*, Parma, 6 marzo.

Putnam R.D., 1995. Bowling alone: America's declining social capital. *Journal of Democracy*, 6 (1) , 65-78.

Rama D., 2010. Da Ripensare il Modello delle "Grandi" DOP Italiane? Il Caso del Grana Padano. *Agriregioneuropa*, 6, 20.

Raynaud M., 2011. Analyse de deux filières fromagères sous signe de qualité en Europe. Organisation, évolution et partage des rentes d'appellation, VetAgro Sup Clermont-Ferrand-ESA Angers, 115.

Réseau d'élevage pour le conseil et la prospective, 2012. *Résultats 2010 et estimations 2011 pour les exploitations bovins lait*, Paris, Institut de l'élevage, 52 p.

Ricard D., 1994. Les montagnes fromagères en France. Terroirs, agriculture de qualité et appellations d'origine. Clermont-Ferrand, université Blaise Pascal-Ceramac, 495 p.

Romero B., 2009. *Estamos investignado si hay pactos anticompetitivos en el sector lacteo*, ABC Castilla la Mancha.

Ruffieux R., 1972. *Histoire du gruyère : En Gruyère du XVIe siècle au XXe siècle, Fribourg*, Éditions universitaires, coll. Études et recherches d'histoire contemporaine/Série historique, (4) ,364 p.

Ruffieux R., 1998. La civilisation du gruyère. *Cahiers du Musée gruérien-Revue d'histoire régionale*, 2, « La civilisation du Gruyère », 9-14.

Salop S.C., Scheffman D.T., 1983. Raising Rivals' Costs. *American Economic Review*, 73, 267- 271.

Scheffman D.T., Higgins R.S., 2003. 20 Years of Raising Rivals' Costs: History, Assessment, and Future. *George Mason Law Review*, 12 (2) , 371-387.

Storper M., Harrison B., 1992. Flexibilité, hiérarchie et développement régional : les changements de structure des systèmes productifs industriels et leurs nouveaux modes de gouvernance dans les années 1990. *In : Les régions qui gagnent* (G. Benko, A. Lipietz, eds) , Paris, PUF, 265-291.

Szreter S., Woolcock M., 2004. Health by association? Social capital, social theory, and the political economy of public health. *International Journal of Epidemiology*, 33 (4) , 650-667.

Torre A., 2002. Les AOC sont-elles des clubs ? Réflexions sur les conditions de l'action collective localisée, entre coopération et règles formelles. *Revue d'économie industrielle*, 100, 39- 62.

Van Griethuysen P., 2008. Une analyse économique évolutive du développement durable. *In : La problématique du développement durable vingt ans après : nouvelles lectures théoriques, innovations méthodologiques, et domaines d'extension*, colloque organisé par le Clersé, Villeneuve d'Ascq.

Vernus M., 1998. Une saveur venue des siècles : Gruyère, Abondance, Beaufort, Comté, Yens sur Morges, Cabédita, coll. Archives vivantes, 152 p.

Wouts C., 2006. Dynamique et évolution d'une organisation collective efficace, le cas de l'AOC Comté, Institut national agronomique Paris-Grignon-Cemagref, 110.

第4章
フランスワインとの
ブランディング比較

原産地呼称としてのワイン保護の歴史と、1935年以降ワインを管理している国立原産地呼称機関INAOの歴史はよく知られているとしても、乳製品の歴史と原産地呼称との関係は、あまり知られていない。しかしながら乳製品はINAO（AOCとして）でも、EU（AOP／IGPとして）でも、保護されている産品数において第2位を占めている。つまりワインと並んでチーズは時代を通じて、その生産地帯と産品の特徴との間の特別な結合を支える地理的表示を有しているのである。さらに1940年代以降、乳製品のアクターたちはINAOと類似した機関の設立を、もしくはINAOへの統合を要求し続けてきた。そしてついに乳製品は1990年にINAOに統合されることとなった。こうしてワインに続いて、乳製品は原産地呼称として最も保護された製品となり、すでに集団として組織されているのである。

第一に我々は、1905年と1919年の法律に引き続いて、チーズとバターの生産者が、原産地呼称に対してどのようなポジションを取ってきたか、国家がどのように彼らの要求を考慮してきたかを見てみよう。次いで、1955年から1990年にいたる、全国チーズ原産地呼称協議会（CNAOF）の歴史を概観しよう。最後に我々は、乳製品のINAOへの統合とその帰結について検討しよう。

1．ワインとの比較

19世紀末にはチーズとバターにとって不正取引から保護されることが重要となった。結局、ある製品が市場で一定の成功を収めるやすぐに、別の製品が市場を獲得するべく、同一の名称（きわめてしばしば地理的な）を使用するのであった。それは例えば19世紀におけるイズニーIsignyやグルネーGournayのバターのケースである。自らを保護するために、「原産地の」生産者たちはコンクールを開催し、優秀性や対置、定義の場を通過することになった[1]。初期の乳製品企業の発展によって、不正問題は別の形をとった。（複数の酪農経営者の生乳で生産された）いわゆる乳企業による製品が農場産フェルミエ産品と区別されるとしても、特定の場合、しばしばこうした区別がなくなるのである。こうして製品の品質をめぐる論争が登場する[2]。その場合もまた、乳企業とフェルミエという2つの異なったカテゴリによりそれぞれコンクールがなされたが、論争が止むことはなかった。1905年の不正防止に関する法律の制定によって、それ以降、こうした論争は乳製品の定義や地理的表示の所有権と地位の法律に統合されることになった。結局、ワインについての表示の問題は1919年の原産地呼称に関する法律と、1935年のINAOの萌芽的組織の制定によって解決されたが、乳製品についてはそうではなかった。こうしてチーズ生産者が組織され、その地理的表示の保護を要求したのである。

(1) 法律か定義か

不正防止法（1905年）はチーズ部門において多くの議論をひき起こした。その形状や色、製造方法、味覚が異なっているような多様な製品をどのようにして1つの形式に閉じ込めるのであろうか。たいていのチーズが地理的な呼び名を持っているために、問題はいっそう複雑なものとなった。こうして、とりわけ主要なチーズ製品（その生産地帯の拡張と、乳製品工業の発展を目指している）について、2つの観念が対立することになった。すなわち、こうしたチーズが一般的（ジェネリック）である場合には、どこでも生産できる当該チーズの特徴を定義するだけで十分である。他方、地理的呼称が原産地の保証をなすような場合、製品は、それが由来する地方からその特徴を引き出す（1905年の法律がこれを可能としたように）。結局、この法律の第1条からして、同法は原産地の問題を提起している。しかし政府は原産地を、「以下のような製品、すなわちその品質が、どこでも採用され得るような製造方法にではなく、またまったく異なった地方で栽培され得るような品種にでもなく、限定された地方の地質的、気象的条件に由来するような製品」に限定している。政府は、「こうしたケースはほとんどワインと蒸留酒についてのみ示される」とした[3]。

それでも、この法律制定の直後にチーズ生産者たちがその原産地の保護を要求した。かくしてフェルミエ産ブリチーズ生産者たちはシャプノワChapenois近隣在住のシャンパーニュ・ワイン生産者の行動から触発されて、マルヌMarneとムーズMeuseの両県の「工業的」チーズ生産者に抵抗して組織された。この両県ではブリ生産が1870年頃から発展していたのである。それは原産地とフェルミエ生産方法（それのみがテロワールに価値を与えることができるとされた）を高付加価値化することが重要なのであった。この行動は、東部のチーズ工業の新興エリートに対抗して、セーヌ=エ=マルヌSeine-et-Marne県の「農業愛好家たちagromanes」によって主導された。こうした要求がブリチーズの場合では地方名士や同県の県議会によって波及したのである。

カマンベールの工業については、1909年に組合（「ノルマンディーの真のカマンベール組合」）として成立した。それはとりわけ「工業的な」その製造方法を整理すること、とりわけパリの市場での「真の」カマンベールの信用を落としている脱脂乳カマンベールに対抗することが重要であった。いったん内部的合意が得られるや、外部にそれを知らしめなければならなかった。5月27日以降、検印が発行され、それは「検印が添付されているチーズの原産地と品質を保証し、高品質なノルマンディー製品の保証を消費者に与える」とされた。

1919年に原産地呼称に関する法律が制定された。それはチーズの原産地保護についての論争を再開させた。1920年代には2つのチーズが論争に関わり、これらのチーズはその原産地の保護を要求し、異なった道を辿ることになった。すなわちカマンベールとロックフォールである。カマンベールは工業的発展のモデルとなる傾向にあったものの、またその生産空間はノルマンディーを広く超えて、ロワール渓谷（このチーズ工業が誕生し発展していた）にまで拡張していたものの、カマンベールの生産者たちは、今度は、その生産の原産地を保護し、生産地帯をノルマンディーに、より詳細にはノルマンディーのデュシェDuchéに限定しようとした。こうして1923年に会議を開催し、彼らは原産地呼称として自らのチーズの保護を要求することを決定した。彼らは裁判に訴え、「カマンベール」の呼称の使用を禁じるべくインドル=エ=ロワールIndre-et-Loire県の農協に対して裁判所へ提訴した。しかし1924年7月19日付けの判決により、ロシュLochesの裁判所は、カマンベールの呼称は公共財産domaine publicとなっていると判断し、組合の要求を根拠のないものとして却下したのである。こうしてカマンベール呼称はジェネリックで、「全国的」となることになった。「ノルマンディーの真のカマンベール組合」はロシュの裁判所の判決を不服として上訴したが棄却された。

国家は、1919年の原産地呼称に関する法律によって、チーズの呼称を保護するために介入することを望まなかった。しかしながらロシュの裁判所の判決に引き続いて、国は、ラベルに登場する、もしくはチーズに添付される記載に含まれる地理的表示は、製造地域もしくは県の表示について義務的に管理されなければならないと決定した。したがって、それは原産地origineではなく生産地provenannceを規定しているのである。

1925年にロックフォールの生産者たちがそれ独自の法律として保護を獲得したのは、こうした背景においてである。第一次世界大戦の間、ロックフォールの市場が混乱し、このことが、酪農家の側でも、企業の側でも、生産における不正を蔓延させた。同時に、経済的な成功が続くすべてのチーズにとってと同様、ロックフォールはフランスと外国においてますます多くの不正の対象となっていた。不正は、ロックフォールのオリジナリティをなしている要素（コンバルーCombalou洞窟の熟成庫での熟成、羊乳から製造されるグリーン・チーズfromage blanc）の確証についての疑念まで生み出すようになった。このような微妙な背景において、酪農家と乳業との間での緊張がますます激しくなり、全国レベルで、生乳生産者と加工企業との間で対立が勃発していたのでなおさらのことである。羊乳酪農家は1923年にミヨーMillauで強力な組合組織（羊飼養組合地方連合会）を設立した。ソシエテ・デ・カーヴSociété des Caves社が企図していたように、チーズ製造企業がグリーン・チーズの集荷地帯を北アフリカにまで拡大させるのではないかと懸念して[4]、連合会はロックフォールチーズの保護を要求した。政府が羊の生乳販売価格と牛生乳混合使用を規制するように、また政府が新しい原産地呼称の新しい法律の枠組みの中でチーズ生産区域をゾーニングするように、連合会は地元議員を仲介にして政府に陳情した。三年の国会での議論の後の1925年に、ロックフォールの生産者たちは、「ロックフォールチーズの呼称を保護することを目的とする」法律の制定により、保護を取得した。この法律はチーズ企業の期待と酪農家、強力なソシエテ・デ・カーヴ社のそれとの間のある種の妥協をなしていた。法律は羊乳のみの使用を認めたが、許可された生産地帯は、大西洋からコルシカを経て、アルプス山脈にまで拡張された。熟成地帯は明確にはゾーニングされなかった。同法は、熟成地帯を定義することを裁判所にゆだねた。その第1条で、ロックフォールは「その熟成の場所についても、採用される手法についても、地方的で永続的な慣行に適合して製造され、熟成される」とした。この呼称を管理し、コントロールを保証し、呼称を保護し、その利益を共有するために酪農家と企業とは、コーポラティズム的モデルに基づいて、1930年に地域レベルの組織である、「羊乳生産者およびロックフォール工業総連合会」を設立した。それは1925年の法律の後に設立された「ロックフォール工業組合連合会」と「羊飼養組合地方連合会」を合併したものである。

「羊乳生産者およびロックフォール工業総連合会」は1935年のINAO設立時にモデルとしての役割を演じることになった[5]。

ロックフォールの原産地呼称獲得は「ブルーチーズ」の世界に反響を及ぼした[6]。ジュラ地方では円筒形ブルーチーズのブルー・ド・ジェクス・セモンセルbleu de Gex-septmontcelの生産者たちが1935年に裁判により原産地呼称を獲得した。オーヴェルニュ地方では、1931年6月にオーヴェルニュAuvergneとラカイユLaqueuille、ケルシーQuercy、ジェヴォーダンGévaudanのブルーチーズ生産者連合組合が設立され、次いでここから「ラカイユ・ブルーチーズ品質原産地ラベル付与保護組合」が分かれることとなった。オーヴェルニュの人々の活動は法制化され、生産者に対してラベル組合を組織することを認めた。

(2) ラベル組合を中心としたチーズ保護組織

1927年に職能組合は、ブランドもしくはラベルを登録することが認可された。「これらのブランドもしくはラベルは、原産地と製造条件を認証するために、すべての製品もしくは販売物に添付されることができる」[7]。この法律に引き続いて、製造法にかかる不正もしくは地理的な不正に対抗するために、ないしは特定の商業的実践に対抗するために、10ほどのチーズ組合が設立された。こうした不正は主として、一定の評判があるチーズで、しばしばフェルミエ産品に関わるものであった。これらの組合は強い農業生産的意味を持っていたが、地域主義的考えと共鳴していた。マロワルmaroillesチーズを生産するフェルミエ生産者のみならず「チーズ企業」も結集させるマロワルの組合のように、特定の組合の設立に際して、こうした地域主義régionalismeの醸成が見られた。これらの企業の起源とその資本は地方的であり、生乳を地域外のチーズにではなく、マロワルチーズに加工していたのである[8]。この組合はまた「認められた製造方法に対応し、限定された地域の産品だけを調達する熟成企業」を登場させた[9]。（マロワルチーズを産出する）ティエラーシュThiéracheの組合組織は、製品を中心とするだけでなく、地域を中心とする、多様なアクターからなるすべてのカテゴリを結合させることを目的とした地方コーポラティズム的組織を前身としていた。結局、農業職能団体が県レベルで組織される傾向にあったのに対して、マロワルの組合がノール県とエヌ県の両県の生産者を結合させたのは、ティエラーシュ地区が両県にまたがっていたからである。こうしてマロワルが、県境をこえた「ティエラシアン」統一のエンブレム的産品となったのである。

これらの組合はより広く地政学的な争点も帯びている。マロワルの場合、第一次世界大戦によって甚大な被害を被った地域でチーズの復興を支えることが重要なのであった。それは県境を超えて、この地域にアイデンティティと熱狂を与えることができるチーズなのである。マロワル保護組合の会長は熱烈な地域主義者なのであった。こうした地政学的争点がマンステール組合にも見られる。オート・ヴォージュ・マンステールチーズ生産者熟成業者県越境組合Syndicat interdépartemental des Producteurs et Affineurs des Fromages de Munster des Hautes-Vogesが1934年に設立され、彼らが「オー・ラン県とヴォージュ県、バー・ラン県の生産者と流通業者を含むのは、これらがヴォージュのフェルミエ製造のチーズの生産と熟成、販売に関与しているからである」[10]。この組合の設立は、フェルミエと工業産品の間の対抗という経済的価値のみならず、地政学的価値を有していた。それは当時ドイツ人であったアルザスの人々Alsaciensとフランス人のヴォージュの人々を結合させ、協力させることができたに違いない。「一般的に小規模なフェルミエである生産者と、熟成企業の間での協力は、良好な協調の精神を示しており、またアルザス・ロレーヌに起源を有する東部と西部の渓谷の住民たちの共働がよく示しているのは、経済的利益と安全上の協力が当該地域（その誹謗者たちは利害対立を浮き彫りにしようとする）を結集させることができることである」[11]。

このようにしてこれらの組合は地域の生産者を組織することになった。自らの産品の主たる特徴とその生産区域を定義するために協調することがその主要な目的であった。組合により保護されるチーズの定義づけは二重の争点を有している。すなわち内部的争点としては、組合が製造方法を「規格化する」ことを可能とするだけでなく、外部的な争点としては、この表示の下では、当該製品は同一のタイプの製品であることを消費者と商業者に保証するのである。これらの組合はしばしばフェルミエ生産者によって支えられており、工業的チーズの発展に対抗してフェルミエ産チーズの保護を目的としている。結局、フェルミエ産チーズはきわめてバリエーションにとんだ特徴を持ち、偽造された製品のように見えるのに対して、工業的チーズは近代的で、清潔で規則的な品質を持ったチーズのように見える。都会の消費者を安心させ、自分たちのチーズ促進するために、組合は工業組合もしくは農協にならって、品質保証を提供し、こうした品質の監視を組織しようとしたのである。多くの組合はラベルを通じて、フェルミエ生産者の中に乳業の指導を導入し、(その製造手法を改善するべく) これらの製品に関する科学的研究を促進する組織を創出した。組合の団体商標によってフェルミエ産チーズの高付加価値化に貢献し、工業的ブランドとの同等の武器を持って対抗することができた。組合の活動は、いくつかのチーズ (サン・ネクテールのような) について、その「無名性」から脱却させ、その生産のみならず消費を促進させることになり、これを美食術的産品にしようとした。これらの組合は、こうしたチーズをテロワールに根づいた産品 (ワインのように)、農民的伝統に根づいた産品とするのである。

バターの生産者も例外ではなく、自らを組織化しようとした。最初はシャラント地方のバター生産協同組合であり、これは1930年にサントラル協会乳業連合会 (Union des laiteries de l'Association central) を設立した。組合syndicatの資格を持つこの連合会が目標としたのは、組合に加盟している乳業のバターに対して、フランス国内および外国において原産地の保証を与えると同時に、その製造条件を認証するためのブランドを創出し、申請し、保護することである。組合は、バターについての偽装、とりわけ原産地の偽装の抑止を、専門的な組合エージェントに委任したのである。シャラントの農協はこうしてたんに生産のモデルであっただけでなく、地域のバターの組織化と保護のモデルでもあった。こうしてシャラントのモデルにならって、バターの農協が増加していたブレス地方では、彼らの組織はブレスのバターの品質のみならず、原産地を保証する団体商標の創出を促したのである。

イズニーIsignyでは、生産者が連携する傾向にあったものの、より多様であり、フェルミエ生産者と卸商人、民間の乳業、農協の乳業などが存在していた。対立はとりわけコーポラティズム的な性格をおび、後にイズニー=サント=メールIsigny-Sinte-Mère農協乳業となるものの周りに結集した組合を中心にして、イズニー原産地を保護する団体商標が申請されたのである。

19世紀にきわめて有名であったグルネーのバターについては、その製造が衰退しつつあったので、もはや保護の要求の対象とはならなかった。

(3) 乳製品市場の正常化に関する基本的法律

経済危機という背景において、ワイン部門はINAOの設置から利益を得ていたし、また穀物部門では全国穀物業種組織オフィスONICが設立されたが、一方で乳業部門は酪農コーポラティズムを背景に、「乳製品市場の正常化に関する法律」(1935年) により組織された。この法律と、1936年の「チーズに関する同法適用のためのデクレ」は、「チーズの主たる種類」について定義している。すなわちブリとヌフシャテル、カマンベール、ポン・レヴェック、マロワル、ポール・サリュ、グリュイエール、エメンタール、コンテであり、ついで1937年のデクレでブルー・ドーヴェルニュとカンタルが追加された。不正防止部局での調査の後に、またそれぞれのチーズの原産地域の生産者組合との協議の後に、これらのチーズの定義がなされた。こうしてラベル組合の活動は効果がなかったわけではなく、彼らのチーズが定義されたが、しかしその生産区域については定義されなかった。この法律は、これらのすべてのチーズを、一般的なチーズ、全国的なチーズ、いわばどこでも生産できるチーズとし、表示の上にその生産地を添付するだけで十分なのであった。生産地は県の行政的区画に統合されていた。1935年の法律もまたバターの生産地と原産地の問題を規定しようとしたが、今度は、味覚saveurと原産地の間の結合というよりも、むしろ不正防止ためにきわめて厳格になされた。すなわち「第10条：ある国paysもしくは地域régionを生産地とするものとして販売されるバターは、かかる国もしくは地域をもっぱらの生産地としなければならない」。その上、特定の企業が行っているような、著名な原産地の名称を冠しつつも、様々な生産地のバターの混合に直面して、同法の第11条は以下のように規定している。「様々な生産地のバターの混合は原産地の表示によっては販売することができない」。それでもバターの分野において、低温殺菌の最初の発展とデンマーク製の酵素の使用によって、バターの銘醸地クリュの問題が、全国的な争点となった。このようにして以下のような叙述を見出すことができる。「フランスのようなあらゆる観点で多様性のある国で、大地の製品について単一のテイストを求めることほど悲しいこと」はない[12]、というのである。微生物学者がこれに介入する。彼らは、企業の実践(これらの企業は外国の試験場—フランスよりもかなり進んでいる—から酵素を購入している)を告発する。「クリームはシャラントやノルマンディー産であったとしても、企業がデンマークやオランダに、そのクリームの発酵ensemencement用の乳酵素を買い付けに行っているのが、ここ数年前から見られるようになっていないだろうか」[13]。1930年代にアクターたちと科学者たちは特別なチーズやバターを生む生乳のクリュの存在に言及している。

なるほど1935年の法律は生産地を規制している。しかし1935年の同じ年に、INAOの設立によってワインについて行ったこととは逆に、フランス国家はチーズについては原産地の問題を規制するドクトリンについても機関についても制定しなかった。1935年の法律によって、国家は一般的なチーズの定義とバターの生産地の規定のみに向かったようにさえ思われる(原産地を保護し、管理するという配慮をラベル組合に任せることで)。この政策は第二次世界大戦を通じて追求された。チーズは義務的に脱脂され、職能団体はそれぞれ異なったアクターを区別しなければならず(生乳生産者と加工企業、商業者)、また協同組合もしくは乳業での生産が促進されたが、他方でラベルは最小限の脂肪成分比率を保証し、もしくはフェルミエ生産を保護することを可能とした。

最終的に、第二次世界大戦の終結時点では2つのチーズのみが1919年の法律により保護され、それは2つの異なった様式によってであった。すなわち、原産地呼称を管理するために設立された機関によるロックフォールのための法律であり、ブルー・ド・ジェクスについての裁判所の判決である。他方、別の保護様式が存在し、それは多くのチーズに関連し、品質ラベルが制定されたのである。こうして原産地としてのチーズの保護様式については、いかなる明確なシステムも存在していなかったのである。

2. INAOと類似した委員会：全国チーズ原産地呼称協議会CNAOF

終戦直後の1940年代末まで配給制度が続けられた。次いですぐに市場が回復し、生乳生産が増加し、新たに品質が問題となり、同時に乳製品の定義が問題となった。この時期はとりわけ生乳および乳製品生産の集約化と工業化の政策により特徴づけられる。バターについて、工業化がとりわけ急速であった。しかしながらこの期間、チーズについて、INAOに類似した組織、すなわち全国チーズ原産地呼称全国協議会CNAOFが設立された。

(1) 終戦直後、品質問題の再来と保護の要求

「解放」は復興の時代であって、原産地と結合した品質の時代ではなかった。それでも配給制度が終わり、品質の問題、生産者と消費者の信頼の問題が課題になった。

1947年にラベル政策の存続が決定されたことで、上級品質（規則的チーズ、脱脂されていない生乳からの製造、あまり際立っていないテイスト）と原産地結合品質との間での関連づけが変容した。企業がそれ以降、原産地にほとんど言及しないラベルを創出したのである。原産地に関する全国会議が1948年にドーヴィルで開催され、これはこうした差別化を認めようとした。原産地呼称に関する法律としての保護を要求し、他の農産品にもワインの組織と類似した組織の創出を要求したのである。ブレス鶏以外では、戦前および戦中に創出されたチーズ・ラベル組合の代表だけが彼らの産品を提示し、保護するために会議に参加した[14]。会議発言者の中には、ラベルの代表者やツーリズムの代表者の他、とりわけジョルジュ・ベラールGeorges Berart（当時の暫定酪農経済部の部長で農業技官）がいた[15]。この会議の後にも進展はなかったが、それでもチーズの定義に関する1935年の法律を見直すことが重要になり、1953年に一般的なチーズを定義する新しい法律が制定された。その間、2つのチーズが裁判所の決定により呼称を獲得した。すなわちコンテ・グリュイエール（1952年）とブルー・ド・コース（1953年）である。コンテ・グリュイエールの保護は中東部の生産者を満足させるために差別化する必要性によって説明できる。

しかしながらコンテのための呼称の取得はグリュイエールの保護の問題を解消しなかった。最初の修正は、裁判所の判決により保護される生産地帯をジュラ県の南部le Revermontにまで拡張させた。まさにフランス・グリュイエール全国組合の本拠地があるアン県の地方紙が示すところでは、こうしたゾーニング拡張は始まりでしかない、とされた。ブルー・ド・コースの保護はロックフォール企業の圧力への対抗によって説明される[16]。

(2) CNAOFの長期にわたる雌伏期間

チーズの製造および販売に関する公共行政の規定に関する1953年10月26日のデクレでは、チーズの原産地呼称を制定することはもちろんであり、乳製品についてINAOに類似した機関を創出することは言わずもがなとされた。それでもチーズの呼称保護についての論争は続いた。「国内および国外市場での特定の問題を前にして、多くのチーズ製造業者が考えるように、完全な意味での真の原産地呼称をなすチーズ表示を法的に定義し、保護することが不可欠であろう」[17]。ワインのそれと同じものとしてチーズの原産地呼称の保護を組織するために、法律の報告と提案がなされた。結局1955年に、1919年の法律により制定された保護の利益をチーズに明示的に適用する法律が制定された。第2条ははっきりと以下を規定している。「原産地呼称への権利を持つためには、当該チーズは、地方的で忠実で、永続的な慣行に則った、伝統的な地理的区域において生産され、出荷され、加工された生乳に由来しなければならない。また当該チーズは固有なオリジナリティと明らかな名声を提示しなければならない」。

この法律は、裁判所の判決によらない手続きに応じた原産地の定義と承認を可能とし、ワインの20年後にして、チーズの原産地呼称を定義し、定形化された申請を受け付け、審査する権限のある全国チーズ原産地呼称協議会CNAOFを制定したのである。しかしCNAOFの構成と機能が確立されるためには1966年のデクレを待たなければならなかった。チーズの原産地呼称に関する法律に続いて、1960年に農業ラベルに関するデクレが発布された。こうして品質ラベルと原産地呼称との間の区別が明確化された。

1955年の法律の発布以前でも、複数のチーズが裁判所の判決から利益を得ている。それはマロワルとサン・ネクテールである。次いで、同法発布の後から1966年のデクレ（CNAOFを設立する）に至る前の10年間では、原産地呼称のデクレは4つだけが採択されている（カンタル（1957）、ルブロション（1958）、ライオルとサレール（1961））。

第二次大戦後以降裁判所により獲得された最初の頃の原産地呼称は、本質的に、山岳地帯のチーズを保護する呼称であった。そこには、平野部での工業化＝集約化のモデルへのある種の抵抗もしくは条件不利地補償、また当該チーズへの職能団体の広範な動員の効果が見られるかもしれない。山岳地帯のすべての酪農家が動員されたのである。フランス山岳経済連合会の1956年の会議の際に、彼らは山岳地帯のチーズの特殊性の承認を要求した。これこそが、この会議に出席していたジョルジュ・ベラールが主張したことなのである。

「山岳地域の自然的、もしくは獲得された適性。生産と製造、販売の恒常的慣行の実践により蓄積された経験。このために設置された設備。原産地の呼称や伝統的表示（製品がその下で表示される）と結合した評判。これらは確かに共通の地域的遺産をなしている。

山岳産品が効果的に、また正当にも誇ることができる特徴は、消費者によってよりよく評価されることができるので、生産者は他の大量の産品からこれを差別化することに利益を持っていることは明らかである。この場合、求められる特徴と品質を強調し、原産地呼称と伝統的表示を活用し、ブランド化や包装・調整（プレゼンテーション）などのすべての付随的要素による差別化を促進することが大事である。これらの製品への消費者の選好を強化することができるあらゆる情報活動はもちろんのことである」[18]。

当時はむしろ工業的製造の促進と発展の時代であり、裁判所の判決もこれを追認している。こうしてカンタルの生産区域は、生産者により要求されていたそれよりもより広大であったし、また1955年にはサン・ネクテール生産者組合が、生産をフェルミエに限定する原産地保護を獲得したものの（裁判所の判決が「サン・ネクテールは、新鮮で、完全で、搾乳後すぐに（冷却される前であってさえ）凝固された生乳で作られなければならない」と規定したために）、1963年には企業の圧力の下で、この組合は、上述の工業的生産禁止条項を取り消さなければならなかった。こうした企業は当時、危機にあったカンタルよりもいっそう利益のある販路を求めていたのである。こうした考え方がCNAOFを支配することになった。

(3) CNAOFと「規格化」の加速

CNAOFを設立する適用デクレが1966年に公布された。それ以降、原産地呼称を求めるチーズはその申請をCNAOFに提出し、裁判所への（増加しつつある）訴状を提出しなければならなくなった。しかしながら、いくつかの問題が必ずしも解決されていなかった。すなわち裁判手続きによる原産地呼称承認がなお可能であり続けたし、他方では、CNAOFはもっとも代表的な職能組織にしか関わらず、チーズの原産地呼称に適用可能な定義と承認の様式は必ずしも定義されていなかった[19]。最後にCNAOFは、裁判所による決定に対抗して増加しつつある訴状を検討するための、常設委員会を有していなかった[20]。CNAOFの設立は司法判決によって呼称を獲得した組合のアクターやラベル組合を有するアクターを再び動員した。例えばマロワルやマンステールがこのような場合であった。

1973年12月12日の法律と同日付のデクレが、ついに、CNAOFの機能と、チーズのための原産地呼称の付与の方式を制定した。この2つの規則は承認の司法的手続きを排除し行政的手続きしか取り入れていない。こうした規則はチーズの原産地呼称に適用可能な定義と承認の方式を規定している。それ以降、デクレが生産の地理的区域および製造、熟成の条件を決定しなければならない。その規定全体を順守させるために、チーズの品質と特徴、該当する職能団体に科せられる措置が精緻化されなければならない。いったん、この法的、規則的な措置が設定されると、CNAOFはそれぞれのチーズの定義を受けいれ、これを法律と適合させることができる。CNAOFがデクレを提案し、内部規則を議論し承認し、品質管理（コントロール）委員会を設置するのである。つまりチーズの原産地呼称はそれ以降、管理されるのである。結局1971年以降、また「原産地呼称チーズ会議Etats generaux」以降、「品質」概念は、呼称の定義に含まれ、管理されているのである。しかしそれは1970年代の概念に近い品質、すなわち規則性に基づいた品質なのである。両大戦間期のラベルの場合におけるように、AOCは、生産者が適合すべき内部規則を備えた組合により管理される。これらの組合は不正防止部局と共同で作業するようになった。生産者組合は、1972年に設立された全国チーズ原産地呼称委員会（ANAOF）へと結集した。これはCNAOFと職能団体との間のリエゾンの役割を演じる。

チーズの場合において、CNAOFのドクトリンは生産制限主義的ではなく、十分な生産量を保証することを目的としている。これらの法律は欧州共同体の生乳共通市場組織OCMの制定時（1968年）に制定されたこと、またその支配的言説は欧州市場の獲得、近代化＝集約化の言説であったことを忘れるべきではない。こうした観念はジャン・ミテーヌJean Mittaine（1974年にCNAOFの会長であった）の発言により説明される。「原産地呼称は製品の生産を制限するべきで、つまり生産制限的政策を促進するべきであろうか、それとも逆に、生産振興と折り合いをつけるべきであろうか。ワインについては、原産地呼称への品質の完全な同一化により、生産制限の方向で選択がなされた。これはまだ、チーズについては実現されてこなかったが、現在の傾向はむしろ、より広範な普及を保証するために十分な量へと、原産地呼称チーズの生産を基づかせることにある」[21]。

チーズの品質における生乳のクリュや、家畜飼料、乳牛の役割を考えることなどもはや問題となっていない。

CNAOFが組織化されるなかで、いくつかの呼称が付与された。すなわちボーフォール（1968）、ヌフシャテルとマンステール（1969）、シャウルス（1970）、プリニ=サン=ピエール（1971）、フルム・ダンベール、フルム・ド・モンブリゾン、ポン=レヴェック、ブルー・ドーヴェルニュ、セル=シュル=シェール、クロタン・ド・シャヴィニョル（1972）、である。平野のチーズ（シャウルスやヌフシャテル）にまで、とりわけヤギ乳チーズにまで保護が拡大された。

1960年代には、ヤギ乳チーズが利益増大の中心となり、熟成企業や乳製品販売商（crémiers）（フェルミエチーズの場合）によって、と同時に企業によって成長がもたらされた。トゥレーヌ地方やサントル地方では、フェルミエチーズの保護や純正ヤギ乳チーズの保護を申請するために、フェルミエ生産者が組織化された。1953年の法律はこの点についてあまり明確ではなかったからである。さらにサント=モール生産者は原産地呼称の法律として保護を求めた。というのもヤギ乳チーズ企業がポワトゥ=シャラント地方で発展しており、サント=モールのチーズの伝統的な製造区域で競合していたからである。つまるところ工業的ヤギ乳チーズ生産の産業的発展に歯止めがきかなくなった。すなわち、冷凍凝乳（カイエ）による生乳の保存長期化により、冬期のヤギ乳不足を改善することができたし、さらにヤギ畜産学が発展し、ヤギの脱季節化を開始することができた。こうして生乳生産量が増加し、年間を通じて存在し、このことが企業に対して通年で市場を維持することを可能とさせたのである[22]。1971年のデクレがヤギ乳チーズと半ヤギ乳チーズ（ヤギ乳50％以上）、混合乳チーズに対して、チーズの真の地位を与えた。このデクレはヤギ乳チーズに特定の形を与えた。それは「地域脱却dé-localisation」の問題を解消しない。しかしながら、サントル州について複数のヤギ乳チーズが原産地呼称を獲得した（クロタン・ド・シャヴィニョルcrottin de Chavignol、セル=シュル=シェールselles-sur-cher、プリニ=サン=ピエールPouligny-saint-Pierre）が、サント=モールSainte-Maureのチーズはいかなる保護も得ていない（サント=モール=ド=トゥレーヌを除いて、訳者注）。

1972～82年の間で、イズニーのバター以外には、いかなる原産地呼称も獲得されていない。CNAOFは裁判手続きによる呼称の再定義で多忙を極めたに違いなく、他方でたいていの山岳のチーズが保護されており、また時代は原産地の高付加価値化ではなかった。逆に1970年代末と1980年代初頭には生産条件、工業企業のリストラ、地域振興についての新しい構想によって、シャラントのバターと、ブリやカマンベールのように、19世紀初頭から要求してきたチーズについて、原産地呼称の取得が可能となった。

80年代初頭には、ブリとカマンベールが原産地呼称を獲得した。これらの呼称の仕様書は生乳生産条件についてはそれほど厳格ではないが、無殺菌乳lait cruの重要性を認め、製造技術に特別の注意を払い、とりわけルーシュ（ひしゃく）もしくはペル（ちりとり型シャベル）での型詰めを義務とした。ブリとカマンベールの名称は一般的となっていたので、こうしてノルマンディーのカマンベールとモーのブリ、またムランのブリが保護された。これらの選択は一般領域に落ちた名称の保護の困難を説明しており、それはまたピコドンPicodonと呼ばれるヤギ乳チーズによっても見られる。例えば南西部のカベクーCabécouと同様、ピコドンはフランス南東部の多くのヤギ乳チーズについての、ある種の一般的な名称となっている。アルデシュの、もしくはドロームのピコドンという二重の名称で、このチーズを保護することになる。ロックフォールの生産に直面して、とりわけロックフォール地帯における羊乳生産の集約化に直面して、ロックフォールの企業はピレネー=アトランティック県とコルシカでのチーズの製造を放棄した。このために、また地域のアクターたちの圧力に直面して、オッソー=イラティossou-iratyとブロッチュ・コルスbrocciu corseという2つの、ロックフォールとは別の羊乳チーズが1980年代初頭に呼称を取得した。

こうしてチーズはワインのように統制原産地呼称AOCの利益を受けてきた。システムはワインのそれに近いが、厳密には同一ではない。チーズについてはゾーニング手法はしばしば呼称の承認時点で関与した企業の集荷区域の境界に基づき、生産増大を期待することができた。きわめて広範な普及を確保するのに十分な量の原産地呼称チーズを生産することが重要だったのである。こうした考え方が、例えばフルム・ダンベールfourme d'Ambertとフルム・ド・モンブリゾンfourme de Montbrisonのように、同一のAOCの中に、親しいが、同じではない2つのチーズを結合させることを促した。仕様書は、と言えば、かなり柔軟である。結局、ワインとは異なり、しばしば組合は加工企業と熟成業者、希には生乳生産者を結集させる（ますます希になっているがフェルミエ生産者がいる場合、および協同組合構造が支配的な場合である）。

(4) AOCチーズのさらなる成功とテロワールチーズの復帰

1980年代半ばから、テロワール産品、とりわけいわゆる地方的なもしくはテロワールのチーズへの関心が増大している。こうした関心は生乳クォータの設定と同時に、消費の増加、地域振興運動から生じた。このように地方チーズは生産復興の対象となった。こうした復興をもたらす生産者の多くと、生産者を支援する地域振興アクターは、評判を獲得し、より遠隔の都市的な市場を獲得するために原産地呼称を取得しようとする。ラングルlangresやエポワスépoisses、アボンダンスがこうした例である。こうした産品が量販店と企業において魅力的であるがゆえに、またそのためにこれを保護しなければならないがゆえに、いわゆるテロワールのチーズのための呼称の申請がいっそう多いのである。原産地呼称はその後、多くの社会経済的争点を帯びていたために、呼称のゾーニングと仕様書の定義は多くのコンフリクトと妥協をもたらした。乳製品企業はますます呼称チーズの生産に投資している。1990年代初頭に、ますます多くの呼称の申請があっただけでなく、生産地帯および仕様書、生産量の観点から原産地呼称チーズの大きな多様性があった。

3. INAOへの統合とその効果

乳製品の原産地呼称申請の急増という事態を受け、INAOがAOC産品全体を管轄することになった。乳製品は1990年に、INAOの内部に設立された3つの委員会の1つとなった。永年作物（ブドウなど）と関連していない産品で、食品産業部門に統合されている乳製品という産品がINAOへと統合されることで、テロワールの定義についての検討、とりわけゾーニング基準についての検討が引き起こされた。乳製品のINAOへの統合はまた、欧州連合における原産地呼称の承認についての論争という背景において、マースリヒト条約により不可避となった法的ハーモニゼーションの枠組みにおいてなされたのである。

(1) INAOによる改革と欧州のハーモニゼーション

EU加盟国の中で論争が白熱した。南欧諸国とともに、フランスはいわば、原産地呼称観念の承認要求の急先鋒であった。しかしフランスのシステムは典型例となるにほど遠かった。すなわちINAOはワインと蒸留酒を管轄し、CNAOFは乳製品を管轄していたが、明確に確立したドクトリンもなければ、仕様書もかなり多様なのであった。さらに他の製品については、裁判所の判決による原産地呼称が残されたままであった。原産地呼称を改革する法律もまた1990年に制定された。これは、どんな産品であれ、すべての呼称の管理をINAOに委託するものである。改革はチーズとワイン（ワインについては生産区域との結合はほとんど疑問視されることはなかった）を同等に扱った。

乳製品は1990年に、INAOに統合するに際してきわめて重要な部門をなしていた。乳製品は、制定された3つのうちの1つの特別委員会を得た（訳注：他の2つはワイン・スピリッツと、それ以外の農産物・食品である）。こうしてワイン文化の機関であるINAOが食品全体の管理に直面することになったのである。

1992年に欧州レベルで合意が見られ、EUは原産地呼称観念を承認した。すなわちAOP（保護原産地呼称）とIGP（保護地理的表示）である[23]。ブリュッセル（欧州委員会）による地理的表示原則の承認は、フランスの法律には存在していなかった観念を導入した。すなわち場所への結合を証明しなければならない、という考え方である[24]。欧州レベルでの規則をめぐるハーモニゼーションと食品品質政策の定義とは、衛生的問題へも関心を向けさせた。それはチーズと、特定のAOCチーズの仕様書に直接関わる。つまり乳製品に関する欧州規則の案は無殺菌生乳の産品を禁止する恐れがあったのである。こうして規則のハーモニゼーションの2つの様式により「脅威を受けて」、フランスではチーズが文化遺産化の過程に強く組み込まれることになった。それ以来、チーズは偉大なワインと同様フランスの国民的遺産の重要な部分をなしている。論争は重要な地方的争点も帯びている。原産地呼称もしくはIGPが認められるとしても、その手続きは、国民的遺産に帰属する高級品の保護手続きと同一視され、それが原産地とする地域もまた「格付けされるqualifié」ことになる。このように製品の品質と地域的格付けが緊密に結合しており、農村振興計画は総じて地方産品の価値向上を統合するようになっている。ボーフォールとライオルのチーズの原産地呼称は、テロワールの地域ガバナンスを組み込み、地域振興のモデルをなしている。この2つのチーズとそのアクターの論理、地域振興への結合について豊富な文献が生み出されている。

(2) 新しいガバナンスと相互的貢献

INAO（1935年以来ワインのAOCを管理していた）に原産地呼称すべての管理を委任する1990年の改革と、原産地呼称の定義におけるEUのいっそうの重要性とが原産地呼称のガバナンスを修正した。この場合、AOCワインとAOC乳製品との間の共通のガバナンスを創出することが重要なのであった。

こうしてINAOと、とりわけ乳製品全国委員会CNPLが、AOC取得のためのドクトリンを定義し、乳製品にかかるデクレの修正の条件を考察しようとした[25]。第一に考察はゾーニング基準に関わる。企業の集乳区域に応じて原産地区域をゾーニングし、しかる後に正当化を見つけ出すのではなく、生産区域の一体性unitéについて考察することが重要なのである。INAOによる考察はまた仕様書の作成に関連し、とりわけ何によって環境ミリューへの結合が正当化されるかに関連する。こうしてワインとチーズの間のアナロジーが強調され、INAOのパンフレットのなかには、以下のような記述がみられる。「AOC＝テロワール＋ブドウ品種もしくは家畜品種＋人の才能」、だという。同時に場所への結合の証明の必要性が、ある種の「科学主義的」もしくは環境主義者的な逸脱を引き起こす。それは自然的要素を強調し、組合はとりわけこの等式の最初の項に働きかけるのである。この場合、チーズにとってのテロワールの一体性を見出そうとする。産品へのテロワールの影響が疑いえないような、テロワールである。

コンテチーズ生産区域を環境ミリューへと密接に関連づけるとしていた1990年代の論争と報告書の中に、物理的要素の優位性が見られる。しかしながらコンテの区域は、ワインについて考えられているようなテロワールとは比較しようがない。とりわけブルゴーニュ・ワインの場合、ゾーニングはブドウ畑の一枚にまで至るのである。コンテの呼称の区域はルヴェルモンRevermont地帯とジュラ高原、褶曲ジュラを同時にカバーしており、そのためにコンテ・グリュイエール業種委員会CIGCは、生産にかかる様々なテロワール（コンテに様々なクリュを与えている）を定義したのである。この委員会は、定義された様々なクリュのチーズの官能的特徴と植物相とについて検討し、こうしてコンテの呼称が正当化されることを証明したのである[26]。クリュ概念に与えられた重要性により、組合は仕様書を修正し、チーズ組合（フリュイティエール）の役割を強化することができた。こうして組合は、大企業へと製造を集中させることができたかもしれないグループ戦略から自らを保護することができた。すなわち生乳集荷区域は、それぞれのフリュイティエールを中心にして20kmの範囲に限定されたのである。

別のチーズの原産地呼称はとりわけ生乳生産条件について、その仕様書を修正した。テロワールへの結合を確立するために、それ以降、とりわけ草地といった地域資源へと家畜飼料を結合させなければならなくなった。同様に、家畜品種はブドウ品種と同一視され、それ以降、この観点から仕様書が精緻化され、ホルスタイン品種を禁止し、もしくはその比重を減少させた。こうしてAOCは在来種の復興と関連しているのである。

とりわけ呼称管理の観点からの改革に引き続いて、乳製品AOCについての、もう1つの別の論点が論争となっている。すなわち呼称組合のガバナンスそのものが疑問視されたのである。乳製品全国委員会CNPLの代議員たちは呼称組合に酪農生産者がいないことを批判した。つまり酪農生産者が入っているような組合が希だったのである。こうした批判は多くの理由により説明される。すなわちINAO乳製品委員会の会長――生乳生産者であり、ライオル協同組合の会長である――によって批判が促された。さらに生乳生産の制約がいっそう強いとすれば、その報酬はもはや同一であってはならないし、生乳生産者たちは、彼ら自身の生乳がどこに行っているか（特定のAOCについてそうであるように、AOCチーズにか、それとも飲料乳にか）を知らなければならない、というのであった。

しかしながら第二の局面では、地域への結合の確立における人間的要素の重要性を示そうとする考察が登場する。こうした考察は、INAOにより刺激された研究活動により全国レベルで[27]、また学術専門家委員会comitésの中で「ローカルに」も開始された[28]。それぞれのAOCによって、専門人員の入手可能性と、知識ネットワークに応じて、委員会commissionsの構成は異なっているが、専門家委員会は少なくとも一人は人文社会科学の代表者を含んでいる。これらの委員会の内部での議論がなされ、自然的要素と人間的要素の間の関係の問題、それぞれの相対的重要性の問題が提起される。

これらの考察のすべては、どのようにテロワールを考察すべきかについて、ワインのAOCについてもフィードバックをもたらした。様々なAOCの間で、とりわけワインとチーズの間での共通の文化がINAOで創出される傾向にある。

(3) 乳製品全国委員会CNPLにおけるAOCモデル？

こうした展開はガバナンスの観点からいくつかの困難を提起せずにはおか

なかった。山岳地帯の複数のAOC（コンテ、ボーフォール、ライオル）はその後、（別のAOCが再考され、AOCが新たに付与される際の基準としての）モデルとして考えられるようになった。ところが家畜在来種や草地によるテロワールへの結合、テロワールの一体性などは、平野部での呼称を困難にした。平野部の農業の歴史は、山岳地域の、また農業発展から取り残された地域のそれとは同一ではないのである。山岳地帯ではCNPLとINAOの部局のドクトリンの重要性が感じられる。多くのAOCにおいても、INAOの部局は乳業企業グループの論理と対立してきたのである。結局、改革はAOC組合の管理における乳業グループの強大さを解消しなかった。むしろ企業集中が加速し続け、欧州最大のチーズ企業の1つが、フランスのAOCチーズ生産のトップとなったのである。さらにこうした状況が1990年代中頃における全国チーズ原産地呼称委員会ANAOFの分裂の起源にある。1994年のシャンベリーのAOCチーズ会議の終了後に、AOC組合（東部の山岳地帯の組合と、とりわけライオル）は、テロワールへの根づきを促進し保護するために分派を構成し、ANAOFとは別の原産地呼称チーズ全国連合会を設立した。彼らはテロワールへの根づきをAOCの「真の哲学」と考えたのである。したがってAOCチーズの中には強い緊張があり、これはCNPLの内部にも反響をもたらした。

職能団体の間のこうした緊張は、学術研究によっても裏付けられ、こうした研究は、テロワールへの、地域振興へのその結合に照らして、AOCチーズを区別する傾向にあり、こうして様々なタイプのガバナンスを対比させるのである。東部のAOCをより厳格な結合、マッシフ・サントラルのそれをより緩い結合として区別したのが、ダニエル・リカールDaniel Ricardの博士論文によって展開された考え方である。部門的論理と地域的論理を対比させ、AOCチーズのタイプ分けを精緻化する、INRAの研究者の研究を引用することもできよう[29]。さらに業種組織もまた、地域振興へのAOCチーズの結合を研究しようとする博士論文を資金援助した[30]。

結局のところ、乳製品が1990年になってやっとINAOに統合されたとしても、それは似たような歴史を有している。チーズ生産者は、例えば両大戦間期にはクリュの概念に言及してワインの例に倣った。しかしながらこの時期において、ロックフォールは1925年の法律によって原産地呼称を取得したが、このチーズを管理するために設置された組織もまた、INAO設立のモデルとして役立ったのである。次いで1940～1950年にはラベルを有するチーズの生産者たちは、原産地に準拠した品質と高級品質とがはっきりと区別できるように、ワインのそれと類似した機関を設立しようとして、1919年の法律を真に適用しようとしたのである。1970～1980年にワインとチーズの間で、保護戦略が分岐したのは、酪農部門の工業的発展と、酪農の集約化（フランスと欧州の農業政策により求められていた）に直面してのことである。1990年代の新しい背景（原産地呼称に関する法律、マーストリヒト条約、生産および地域振興のアクターたち、消費者の間での、いわゆるテロワール産品の復興とAOC表示の高付加価値化）によって、ワインとチーズが接近することになった。最初の局面で、INAOの乳製品委員会が、テロワールのドクトリン（ワインの観念に準拠していた）に基づいていたとしても、乳製品もまたテロワールのワインの観点を進化させたのである。こうして20世紀以降、原産地呼称が、いわゆるテロワールのチーズとバターの保護と高付加価値化のモデルとなったのである。

注

1 Mayaud, Jean-Luc, 150 ans d'excellence agricole en France. Histoire du Concours général agricole, Pars, Belfond, 1991. 271 p.; Delfosse, Claire, Histoires de brie, Caen, Illustria, 2008, またバターについては Delfocce, Claire, "Saveurs et origins des beurres en France de 1850 a 1950", *Revue de géographie et culture*, no.50, 2004, p.29-44.

2 Stanziani, Alessandro, *Histore de la qualité alimentaire. XIXe-XXe siècle*, Paris, Seuil, 2005.

3 Toubeau, Maxime, "L'histoire et l'abandon du régime des délimitations", *Annales des falsification*, Bull. Intérieure de la répression des frauds, 1911.

4 ロックフォール会社は、19世紀末以降、コルシカで、また20世紀初頭以降、ピレネーアトランティック県で羊乳をすでに集乳していた。この羊乳はその場で加工され、次いでグリーン・チーズが、それが熟成されるべきロックフォールへと発送された。

5 *Une réussite française. L'appellation d'origine controlée. Vins et eaux-de-vie*, Paris, INAO.

6 Brosse, Anne-Line, *Les acteurs des filières auvergnates (1881-1955). Approche sociale et culturelle du processus de structuration des filières*, thése d'Histore sous la direction de Meyaud, Jean-Luc, Delfosse, Claire, Université Lyons 2, 2014.

7 1927年2月25日付けの法律が、職能組合に関する1884年3月の法律および1920年3月の法律を補完した。

8 マロワルを製造する最初の工業的乳業は広大な牧草地（自作農）と密接に結合していたのに対し、全国レベルの、もしくはパリの、さらには国際的な資本の乳業のティエラーシュへの定着は、第一次世界大戦後に発展し続け、1920年代初頭に、生乳価格の設定をめぐってきわめて強いコンフリクトを引き起こした。Delfosse, Claire, *Thiérache et maroilles: un ancrage historique et spatial*, LER-Chambre d'agriculture de l'Aisne, Syndicat du Maroilles AOC en Thiérache, 2007, 118 p.

9 組合の内部規則からの抜粋。

10 ヴォージュ県の文書。

11 Schlumperger, 1934, "Le fromage de Munster", *La France Latière*, p.113-115.

12 *Annales de la crémerie*, 1937.

13 Guittonneau, *Industire latière*, 1939.

14 こうして以下のチーズを見出すことができる。すなわちヌフシャテル、ライオル、カンタル、ブルー・ドーヴェルニュ、ブルー・ド・ラクイユ、ブリ、マロワル、ロックフォール、グリュイエール・ド・コンテ、リヴァロ・デュ・ペイ・ドージュ、ポン・レヴェック・デュ・ペイ・ドージュ、カマンベール・デュ・ペイ・ドージュ、カマンベール・ド・ノルマンディ、サン・ネクテールである。

15 ジョルジュ・ベラールは、1948年の会議での自らの発言の際に、品質と原産地の小委員会の存在について言及している。

16 Delfosse, Claire, La France fromagère（1880-1990）, Paris, Ed. La Boutique de l'Histoire, 2007.

17 Breart, Georges, *Le fleuve blanc*, Paris, Eds. Mazarine, 1954, p.253.

18 Breart, Georges, "Les produits laitières de montagne: leur mise en valeur et leur protection", *Bulletin de la FFEM*, 1957, p.653-654.

19 こうして例えば、フェルミエ産品と工業産品をめぐる闘争がつねに熾烈なものとなる。

20 我々は、マロワルの特定のアクターの訴えの申請に答えるための多くの手紙や、そのために費やされる時間を通じてこのことを示すことができた。

21 原産地呼称全国委員会CNAO会長のMittaine, Jean, "Appellation d'origine et qualité des fromages de terroirs français", *La physionomie de la France laitière*, 1974, p.157.

22 Delfosse, Claire, Jauen, Jean-Claude, "De la zoologie à la zootecnie. L'évolution de la sélection caprine au XXe siècle", *Ethnozzotechnie*, no.1, 1999.

23 AOPとIGPが示すのは、「ある地域または決められた場所、または例外的な場合では国の名称であって、この地域もしくは決められた場所、またはこの国を原産地とする農産物もしくは食品を指し示すのに資する」。AOPについて「品質または特性が自然的、人間的要素を含む地理的環境に本質的に、またはもっぱら起因しており、生産および加工、精緻化élaborationが、決められた地理的空間でなされる」。IGPについて「決められた品質または評判、あるいはその他の特性が、この地理的原産地に帰せられ、生産および／もしくは精緻化が限定された地理的空間で行われる」。

24 ある製品に原産地呼称の付与を可能とさせる仕様書は、当該製品の「品質もしくは特性が本質的に、もしくはもっぱら、自然的要素と人間的要素を含む地理的環境に由来する」ことを証明する要素を示さなければならない。

25 結局、新しい背景に直面して、またとりわけ自分たちの呼称がAOPとして認められるために、いくつかの組合はそのデクレの修正を要求した。こうした申請は仕様書と同時に呼称区域のゾーニングに関わる。

26 使用されている手法については以下を参照。Monnet, Jean-Claude, Gaiffe, Michele, "Terroir et comté", *Images de Franche-Comté*, no.17, 1998, p.2-5.

27 以下を参照。Casabianca, F., Sylvander, B., et al., "Terroir et typicité: un enjeu de terminologie pour les indications géographiques", in Delfosse, Claire, *La mode du terroir et les produits alimentaires*, Paris, Les indes savants, 2011.

28 組合に結集する生産者がAOC承認申請を行うとき、INAOは全国委員会comitéから構成される調査委員会commissionに対して、申請書の検討を担当させると同時に、INAO外部の専門家委員会に対して生産区域を定義することを委ねる。これらの専門家は「以下のような分野における彼らの科学的、技術的能力のために選ばれる。すなわち地質学および土壌学、農学、歴史学、醸造学、社会学、エスノグラフィー（原文ママ）」（INAO, 2002）。

29 Perrier-Cornet, Philippe, Sylvander, Bertil. "Firmes, coordinations et territorialité. Une lecture économique de la diversité des filières d'appellation d'origine", *Economie rurale*, no.258, p.79-89.

30 Frayssignes, Julien, *Les AOC dans le développement territorial: une analyse en termes d'ancrage appliquée au cas français des filières fromagèrs*, Thése de géographie soutenue à l'Université de Toulouse le Mirail.

第5章
忘れられたチーズの奇跡的復活

1. 序説

地理的表示により文化遺産化され、高付加価値化されるテロワールチーズの傍らで、古典的な（もしくは少なくとも量販店GMS[1]のような主要な）商業システムに取り込まれないような——しかし地元のvernaculairesネットワークと知識を動員する——普通のordinairesチーズが存在している。これらの産品は日常的製品と呼ぶことができる。それは（全国的にその名を知られ、また地域的要求を結晶させているような）地理的名称を持たない。しかしそれは、地域産品（歴史もなく、地域と結合した共通文化も持たない）を高付加価値化させるオルタナティブな地産地消的フィリエール（バリューチェーン）——2000年代初頭以降発展した——のそれでもない。こうした忘れられたチーズは、それでも地方では評判もあり、地域との古い結合を持っているのである。

我々はこれらを忘れられた地方チーズと呼ぶ。というのもそれは農業近代化政策と同時に文化遺産的高付加価値化政策の双方から取り残されているからである。しかしこうした忘れられた地方チーズは維持され、もしくは生産や販売の観点から一定の成功を収めてさえいる。いかなる集合的価値創造の対象ともなっておらず、現在のところ地理的表示も受けていない。真の衰退を経験してきたが、しかしこれらのチーズを生産し消費するアクターたちは、頑強性を示してきた。フランスのチーズの歴史の中でこれらのテロワール産品は別の軌跡を示しているのである。それはどのようにして周縁化されつつも生き長らえてきたのだろうか。どのようなアクターたちがこれをもたらしたのだろうか。販売形態はどのようなものであろうか、特定の無名性において維持することをこれらの製品に可能とさせた、オペレーターたちや消費者とはどのような人たちなのであろうか。

その原産地帯以外では、あまり知られていないものの、近年、価値創造＝承認が試みられている、2つの地方チーズの歴史を分析することにしよう。オート・ロワール県のダニ熟成artisousチーズと、ヴォージュ山脈南部のバルカスbargkassチーズである[2]。これらは低山岳地帯のチーズで、それぞれ異なった2つの農業および酪農経済に統合されている。我々はまず最初に、1950年代（近代化と地域的専門特化の時代）から、1980年代（これ以降、チーズの復興とテロワール産品が数多く見られる）にいたる、その軌跡を辿ることにしよう。次に我々は、1990年代、とりわけ2000年代以降、これらのチーズが、成功の度合いに違いはありつつも、新しいアクターたちをいかに動員しているかを見ることであろう。

これらのチーズの特徴の1つは、承認され、高付加価値化された地域的専門特化を示していないことである。したがってしばしばそれは古い公的資料が欠落している。その軌跡を辿るために、我々は技術的文献（チーズ企業の著述、改善計画）や農業に関するモノグラフィー（これらの産品に言及している）を渉猟した。また我々は主として聞き取りによる調査を行ったのである。

2. 「脇役産物」の軌跡

第二次大戦後以降、農業における集約的近代化と地域的専門特化の確立の時代の兆しが見え始めた。この時期に山岳システムは脆弱化し、アクターたちによる、抵抗を促した。ライオルやボーフォール、コンテのチーズ組合（フリュイティエール）[3]の抵抗が知られているが、家庭チーズや名称のないチーズの抵抗はあまり知られていない。しかしながら、農業専門特化の確立と酪農生産の集約化、生乳集荷の一般化、新しい販売方法の到来に伴う、農家の自家消費や近隣の村人への直売の減少にも関わらず、少量の、地方流通網の枠内で、乳製品が生産され続けている。これこそバルカスやダニ熟成チーズの場合であり、これらはそれが生産されている州の主役産品ではなく、脇役産物と呼ぶことができる[4]。

(1) 農業近代化により脆弱化されたダニ熟成チーズ

ダニ熟成チーズはオート・ロワール県とマルジェリードMargeride地方で生産される小型チーズ（300～600g）で、子牛（久しい以前からその肥育が地域の評判をなしてきた）のための生乳余剰分で作られている。

非常に類似しているシャロレ地方のヤギチーズ同様[5]、これは女性のチーズであって、彼女たちはバターも作っている。それは主に自家消費され、しばしば脱脂された生乳から作られる。バターと同様、消費の余剰分が家禽・卵卸売商人により集荷されたり、ピュイ=アン=ヴレPuy-en-VelayやブリウードBrioude、イサンジョYssingeauxに近い町の市場で販売される。ピュイPuyの町の周辺のバーンBains村はダニ熟成チーズの産地として知られている。ピュイ=アン=ヴレのプロPlot市場はこのチーズの販売の歴史的な場所として記述されている。家禽・卵卸売商人はクレルモン・フェランやサン・テチエンヌの都市住民にもこのチーズを販売する。このチーズは近隣の都市住民により高く評価されている。それはまた農場での、バター販売と結びついた直売の対象であり、家計の副収入となり、これにより女性たちは食料品を買うことができた。

このチーズの生産過程に関わるノウハウは経営の内部で受け継がれ、マニュアル化されておらず、経営ごとに、また季節に応じてまちまちである。脱脂されていようがいまいが、生乳に由来するこのチーズは、家族の必要と入手可能な生乳量に応じて、経営ごとに、その規模と味が異なっている。これらすべてのチーズは共通の特徴を持ち、それがこのチーズにその名称を与えている。すなわち外皮を熟成するartisous（ダニ）の存在である。これらのダニの存在は自然なものである。1940年にこのダニの記述が見られるが、しかしこのダニの存在は熟成の失敗、オーヴェルニュのチーズを製造する際のチーズ企業の手入れの悪さとして記述されている。こうして、熟成庫が比較的暖かかったとき（20°C）やチーズ外皮がブラシをかけられていなかったときには、カンタルやライオルの外皮にダニが観察されるのはめずらしくはなかった[6]。こうした熟成工程が示しているように、これらのチーズはそれほどの時間を必要としない。つまり熟成庫での手入れが最も少ないのである。

ぼろぼろと崩れる外皮を持ったこうしたチーズの、その形状と大きさ、特徴はまちまちで、地方的消費習慣に対応した、このようなチーズは1960年代の生産と消費の新しい標準には対応していなかった。結局、こうした標準は、フランス人やヨーロッパ人の消費者全体を喜ばせ、完全に管理された衛生的品質のイメージと結合した、特徴のない風味の産品を促進するのである。消費者の嗜好の変化とならんで、ダニ熟成チーズは、量販店が体現する新しい流通形態とは両立不可能である。量販店は、ゴンドラケースの中で、個包装され、安定した、規則的なチーズを販売するようになったからである。

その生産地帯の農業システムの変化もまた、このチーズにとって不利であった。オート・ロワール県は当時、複合作物経営から酪農経営専門へと特化しつつあった。クリームの集荷があった時代、女性たちは脱脂乳を利用し続けることができたが、その後、1960年代末には生乳の集荷が一般化することになったのである。オート・ロワール県にまで集荷に来る（イサンジョを通ってリシュ=モンRiches-MontsからブリウードやオルラックOrlacにいたる）隣接諸県の複数の酪農協同組合の発展により、集乳が促進され、この県の酪農への専門特化が確立したのである。国内の農業食品計画および農村整備計画（農村刷新Renovation Rurale政策）の枠組みにおいて1960年代末に発展した農業集約化と食品振興計画が、この家庭手作りチーズにとって障害となった[7]。

しかしながらその生産は完全に放棄されてはいない。何人かの女性はこれを作り続け、ピュイ=アン=ヴレをはじめとした近隣の小さな村や町の市場で、あるいはたんに近所の人たちを対象とした農場直売で販売し続けている。嗜好の共同体が維持されており、これは経営で生産されたダニ熟成チーズの余剰分のいくばくかの販路を確保するのには十分なのである。

(2) マンステールの影に隠れた典型的チーズ：バルカス

バルカスの歴史と生産方法は様々である。バルカスとはアルザスの山岳チーズの意味である。結局、このチーズは専門特化した山岳の酪農およびチーズの経済、夏季放牧システムに統合されている。これはヴォージュ山脈の高原放牧地帯オート=ショームHautes-Chaumes地帯で生産されている。この地帯はヴォージュ山脈の尾根に沿って分散しており、主としてアルザス側斜面の酪農家によって経営されている。それはグリュイエールタイプの加熱圧搾チーズであり、その起源については論争が多い。その生産は18世紀に移民してきたスイスのチーズ職人により導入されたのであろう。専門家（markairesと呼ばれるチーズ職人）により季節的に生産されていたこのチーズは19世紀初頭に高原放牧地帯オート=ショームの生乳の利用の典型として考えられた。

しかし19世紀中葉以降、このチーズはマンステールとジェロメgéroméチーズ製造に取って代わられ、その生産が衰退した。結局1870年と1914～18年の戦争がヴォージュの酪農経済を解体したのである。同様に、ヴォージュ渓谷の工業発展がとりわけオート=ショームの農業の魅力を減殺した。小さなチーズのマンステールは、渓谷の経営者にも、また農民＝労働者の農業にもよりよく適応したのである。マンステール=ジェロメは1930年代に、このチーズとその生産区域を定義するために、保護組合の対象となった。マンステールはまたアルザスとロレーヌの両方の側の斜面を両立させる任務を持ち、このことが、バルカスと呼ばれるグリュイエールが持たないような地政学的役割を、マンステールに付与したのである。バルカスはアルザス語の単語であり、そのためにドイツ語に近いのである。そのうえヴォージュのグリュイエールチーズは中東部の加熱圧搾チーズ生産の普及により、市場競争に曝されていた[8]。しかしながらバルカスは消滅しなかった。つまりそれはマンステールの副産物となる傾向にある。というのも、バルカスによって夏の生乳生産量ピーク時点で、またマンステールの市場飽和時点で生乳生産を維持することができるからである。

第二次大戦による新たな破壊の後に、バルカス生産は絶え絶えになり、その製造区域は、オーネックHohneckやプティ=バロンPetit-Ballon、ファンヌマFennematt周辺のいくつかの高原放牧地へと縮減された[9]。1950年代以降、地域経済はいっそう脆弱化した。すなわちアルザスの工業地帯の工業的雇用が魅力的となり、労働者＝農民の地位は農業経営においてもはや解決策とならなかった。マンステールの生産自体が深刻な変容を被った。すなわちその製造は高原放牧地から隣接した渓谷へと下っていった。こうした移動は新しい農地の入手可能性（工業の働き手の増加による農業経営放棄）や粗飼料生産の改善、一頭あたり生乳生産量増加により可能となった。さらに主として民間の乳業が渓谷で設立され、これらの乳業が加工と同時に夏季放牧の制約からの解放をもたらしたのである。ロレーヌ側斜面では生乳は広く乳業への出荷に向けられ、もはや放牧経営は魅力的ではなくなった。

しかしながらヴォージュ山脈は、在来の牛であるヴォージュ品種の維持と並んで、フェルミエ生産の抵抗により特徴づけられている。アルザス側斜面の何人かの生産者はオート=ショームにおけるフェルミエ・マンステールの生産と並行してバルカス生産を維持している。2つのチーズは主として直売や訪問販売で売られ、いくつかのチーズ小売店が、近隣の町で販売するためにオート=ショームにまで仕入れにやって来る。

バルカスについてもダニ熟成チーズについても、1950-60年代に生産構造が疑問視させられた。しかしながら何人かのフェルミエ生産者は新しい生産力主義的農業（フェルミエ製品を軽視する）への統合に抵抗した。忠実な地方消費者に対する直売のおかげで、もしくは自家消費により、これらの2つのチーズは農業集約化の時代を生き延びたのである。これらは近隣都市と結合した農村地域社会における、長期にわたり構築されてきた緊密な関係の維持を説明している[10]。

(3) 忘却と再発見の間で

このように同じく不利な背景においても、バルカスの軌跡がダニ熟成チーズのそれと異なったのは、1960～70年代のヴォージュ地方におけるツーリズムの発展によってである。そこでは冬期ツーリズムも発展しはじめた。チーズ小屋marcairies[11]が観光客受け入れを行い、農家民宿レストランへと転換する傾向にある。1964年にオー・ラン県農家民宿レストラン協会が設立され、この兼業の地位を公式に承認させた（農業ツーリズム）。オー・ラン県農業会議所も農家民宿レストラン向けのサービスを開始し、1970年から1982年までその数は50～73に増加した[12]。これらの農家民宿レストランと共に、農場の産品が農家レストランに向けられるようなシステムが発展した。チーズ小屋での食事が1960年代にコード化され、乳製品に広範な場所を与えた。すなわち、マンステールのみならずバルカスが多様な料理に添えられた。観光客への直売が農家レストランへの販売に加わった。チーズが成功したために、1970年代には県観光委員会がチーズ街道を制定したほどである[13]。こうして1950～60年代における農業近代化と、高地放牧のなし崩し的放棄にもかかわらず、特異な山岳農業モデルが登場し、夏季放牧のフェルミエ生産の維持を可能とした。バルカスは、このように再編成された放牧経済に統合され、そこでは複数の農産物が何よりもまず農家民宿レストランを潤わせたに違いない。

生乳クォータの制定と真正なフェルミエ、職人的チーズへの魅力により、1980年代の新しい背景はバルカスの生産を新たに飛躍させた。生乳クォータの制定により、フェルミエ生産は生乳を高付加価値化させ、もしくは（集乳から取り残されたアルザスのいくつかの経営の場合におけるように）生き残る手段となった。結局、特定の乳業による集乳の停止（ヴォージュ県における、次いで1980年代初頭以降のオー・ラン県の渓谷における）は、フェルミエ生産を躍進させた。そのうえフェルミエが生乳生産割当クォータを獲得できたことでフェルミエへの転換が促進された。農業支援機関（生産組合や農業会議所、農業技術研究センターCETA）は、こうした転換を促し、農業者のための研修を組織した。1980年代もまた、農場での加工や直売への転換にとって好ましい農業多角化政策の確立により特徴づけられている。なるほど研修などの技能訓練は主としてマンステール部門に関わるが[14]、それでもバルカスも忘れられてはいなかった。チーズの標準化とミクロ・フィリエール組織化の傾向が同じ場所で起こったのである。マンステール・フェルミエ生産者協会APMFにより支援されて、マンステール渓谷の一人の生産者と地域の熟成企業が、バルカスに着想を得たサン=グレゴワールSaint-Gregoireチーズ[15]を作るために、ポリニPolignyの国立酪農工業学校ENIL[16]と連携した。それはある種の均質的なバルカスを作ることを目指した。「マンステールにとってのマンステール・チーズ業種組織組合SIFMがそうであったように[17]、私が参加していた農業技術研究センターCETAによって、生産を均質化させることが期待されていました。渓谷の名称を冠するチーズによって、すべての生産者が同一の製品を作れるように、です」[18]。10人ほどの生産者がサン=グレゴワールの製造を開始したが、成功は短期間で終わり、今日では3～4人だけがこの製造を維持している。わずかな成功にとどまったのには、とりわけこの製品の製造に参加した熟成企業へとサン=グレゴワールの出荷が義務づけられていたことによる。しかしながらサン=グレゴワールのかつての古参の生産者が告白しているように、このチーズの管理技術は、農業経営のなかでチーズ生産を編成するのに貢献した[19]。

それでもなお、フェルミエの復興のおかげで、バルカスと呼ばれるチーズ（あるいはそれと似た）の生産が飛躍的に増えているのは事実である。チーズ小屋の系譜を持たない、新しいフェルミエ生産者がヴォージュ山脈に登場している。それぞれの生産者は、加工企業との対話から、もしくは試行錯誤から、自分自身のレシピを発展させている。結局、伝統的生産者がヴォージュの古いグリュイエールに由来する製造方法を適用していたのに対して、新しい生産者はいっそう、その製造工程において改良的であった。「トム・ド・サヴォワ風」バルカスや、中位加熱（42度C位でのカイエの加熱）圧搾のバルカスが登場したのも、この時期であった。そのうえ、チーズの綴り字が多様化されたことに見られるように（例えばbarikass）、バルカスという名前がこの時期に普及したように思われる。

ダニ熟成チーズの場合、生産は衰退の一途を辿っている。地理的な名称を持たないこのチーズは、なお卑しい製品として考えられており、まだ地方的には意味をもたらしてはいない。フェルミエチーズ生産への転換があれば、かなり秘伝的な産品を中心とした経営組織を全体的に改善することができたかもしれない。しかもオート・ロワール県の農業職能機関はフェルミエを振興していないのである。こうしてバルカスとダニ熟成チーズという2つのチーズの軌跡は異なっている。バルカスはマンステール・フェルミエの飛躍の運動から利益を引き出したのである。しかしマンステール・フェルミエが熟成企業により需要され、その生産地帯を越えて移出されているのに対して、バルカスはこうした評判にもあずからず、地方的流通で満足している。こうしてかなり孤絶したダニ熟成チーズとは逆に、バルカスの飛躍が可能であったのは、評判の高いマンステール・フェルミエと結合して、また観光の圧倒的ダイナミズムから利益を引き出したからなのである。

3. チーズ復興の時代

1990年代はテロワール産品の文化遺産化とAOCの増殖の時代であった。チーズにとっての文化遺産的転換と呼ぶことができるような現象が見られた。すなわち偉大なるチーズの高付加価値化から地方的チーズへの移行が見られたのである。それは組織的復興の対象となっているのであろうか。またその復興は近年の地産地消の再興から利益を得ているのであろうか。結局のところ、これらのチーズは地域振興政策にどのように統合されているのであろうか。こうした価値創造はどのような形を取るのであろうか。

(1) ダニ熟成チーズ、集合的価値創造の発端

1945年以降、ダニ熟成チーズの生産量は年を追うごとに減少してきたが、1990年代は新しい衛生規格の制定（1992年）により、経営内で製造される地方チーズにとっての転換点となった。この規格はとりわけ家禽・卵卸売商と直売形態を脆弱化させたのである。こうしてその生産を存続させ、新しい法律的背景へとこれを適合させるために、ピュイ=アン=ヴレPuy-en-Velayの産地の生産者たちは1993年にブランド、ル・ヴレle Velayを立ち上げるべく組織された。この呼称はたんなるエピソードではなかった。というのもそれはこのチーズを地域、ル・ブレに結合させようとしたからであり、この地域はこの生産の地理的発祥地とされていたからである。1980年代におけるバルカスにとってのサン=グレゴワールと同様に、このブランドはこの製品の最初のマニュアル化をなしていたが、このイニシアチブにはあまり人が集まらなかった。それは20人ほどの生産者しか関与させなかったが、当時はその倍以上の生産者がいたのである。2003年でもなお20人ほどしかこのブランドには参加せず、150tほどの生産量であった[20]。集合的行動という点でも、なによりもまず生産者に忠実な消費者への影響力という点でも、このチーズの直売方法は、それほど有効な手段ではなかった。そのうえ、いかなる工業的な競争相手もおらず、このチーズは少し特別で、きわめて地方的な評判しか持たなかったために、ほとんどチーズ製造企業の関心を引かなかったのである。しかしながらこのチーズはその文化遺産的で、アイデンティティ的な価値を持つがゆえに認められはじめた。こうして2004年には保存協会confrérieが設立された。

しかしながらダニ熟成チーズの生産が増大し、新しいアクターを関与させるには2000年代まで待たなければならなかった。この飛躍の象徴である、マルジェリードMargeride（カンタル県とオート・ロワール県にまたがる）の30人の生産者集団が、カンタルAOP部門から離脱して、ル・ヴレ地方の外でこの生産を発展させたのである。その目的は何よりもまず、生産者の生乳を高付加価値化させることであった。このイニシアチブは、オーヴェルニュの市場を再活性化させ、このチーズの歴史的消費地帯を有効に活用しようとすることにあった。しかしながら開始された行動は、伝統的なフィリエールと断絶し

ていた。つまりたんに職人的なレベルでの、すなわち酪農企業laiterieでのその生産によってだけでなく、主に量販店を通じた販売方法によっても、それまでのこのチーズのやり方とは異なっていた。そこではまたも、生産者は規則的なチーズ（セルフサービス売り場でプラスチックフィルムの個包装で販売できる）を製造するためにチーズ専門家と協力している。製造および販売方法は、それ以来、マルジェリードのテロワールと地方を強調しつつも完全に再編成され、消費習慣に依拠している。2006年には生産者集団は熟成工房を設立した。工房は当初、組合に加盟する生産者の生乳を、ロゼール県のある農協によって加工してもらい、その生乳チーズを引き取って熟成していた。農協の再編を前にして、2012年に、この組合の生産者メンバーの1人がダニ熟成チーズの生産を開始し、その後これが団体の名称を冠するフェルミエとなった[21]。

2010年以降、生乳クォータの廃止により乳業の背景はきわめて緊張に満ちたものとなった。ローヌ・アルプ・オーヴェルニュ地域圏における複数の生産者組織は自らの地域チーズを保護し、高付加価値化するために結集した[22]。ダニ熟成チーズもこうしたダイナミズムに貢献した。ル・ヴレのブランドはより統一的なブランド「オート=ロワールのダニ熟成チーズL'artisous de Haute-Loire」のために放棄された。それは旧来のブランドとほとんど同じ仕様書によって、40人以上の生産者を結集することができた。この集団は今日、着実に地歩を固め、生産条件は合意を得られている。地域振興アクターによる推進を通じて、この製品は地方的ダイナミズムを創出することができる。かつては、製造の失敗と見なされた、かなり特殊な熟成は、今日、地方的ノウハウの地位へと昇格している。ダニ熟成チーズの歴史的テロワールもまた高付加価値化されている。ダニ熟成チーズの復興はそれ以降、オート=ロワール県人の文化遺産保全と農業経営維持の争点となっている。このチーズは、はじめて職能的、公的、政治的な地方的支援を得た。アクターたちは呼称のアプローチを開始した。これはこの県における近年の別の2つの成功（ピュイのレンズ豆とファン・グラ・メザン牛肉Fin Gras du Mezenc）から刺激された。オート・ロワール県はAOPチーズ地帯がない、旧オーヴェルニュ地域圏の唯一の県だったのである[23]。

オート・ロワール県ではダニ熟成チーズはいかなる類似産品によっても競

合がない。しかしマルジェリードのイニシアチブではそうではなく、生産者はAOPカンタルから離脱し、――原産地保護申請行動を採用することなく、自らの生乳を高付加価値化するために――、忘れられた産品を地域で復興しようとするのである。

ル・ヴレとマルジェリードという2つの事例で、2014年の酪農危機を通じてダニ熟成チーズが農業維持のオプションとして捉えられている。これは巨大農協に属さない2つの集団の組織化を促し、工業的集中化への抵抗形態をなしている。こうした復興は地域振興アクターの支援により、また文化遺産的価値付けの支援によりなされる（一方では保護協会、もう一方でのダニ熟成チーズ祭り）。しかしながらこれらの2つの行動はお互いに接点を持たず、県の同一の背景の中に統合されていない。マルジェリードでのダニ熟成チーズの高付加価値化はその地域の支配的AOPチーズ（カンタル）の疑問視という背景に統合され、とりわけ（それほど草地生産と経営自律性を促進しない）仕様書の批判と、企業による生乳生産者へのAOP振興への働きかけの批判と軌を一つにしている。

(2) バルカスの成功と失敗

バルカスもまた同様の状況にあると思われる。結局のところ、マンステールの高付加価値化をめぐって強い緊張がある。すなわちヴォージュ山脈のアクターたちによって、きわめて広大すぎ、またヴォージュ平野にまで広がりすぎていると考えられている空間をめぐる緊張である。またマンステール保護組合の中での、フェルミエ生産者と乳業との間での緊張であり[24]、飼料とヴォージュ品種についての仕様書に関する緊張である。ヴォージュ品種は高地放牧地における高付加価値化の中心にあるが、AOPマンステールの仕様書には欠如しているのである。ヴォージュ品種は1950-1960年代の農業近代化政策にもかかわらず維持されており、バロン・デ・ヴォージュBallons des Vosges地域圏自然公園PNRを含む地域アクターたちにとって新たな関心の対象となっている。結局のところ、このPNRは、品種（ヴィラール=ド=ランVillard-de-Lansやタリーヌ、アボンダンス）を高付加価値化するためにチーズ（ヴェルコールのブルー・チーズとトム・デ・ボージュBauges）の復興とブランド化に貢献したヴェルコールVercorsやボージュBaugesの地域圏自然公園PNRを見習っている。ヴィラール=ド=ラン品種によるヴェルコールのブルー・チーズ[25]や、タリーヌ品種とアボンダンス品種によるトム・デ・ボージュは、バルカスの高付加価値化とヴォージュ品種と結合させようとする。しかしバルカスの生産者は必ずしもすべてがヴォージュ品種を利用しているわけではない。そのうえイニシアチブはむしろ外生的であり、集団を作るのが困難である。在来種＝産品の歴史的結合はこの地域においてきわめてコンフリクトに満ちている。というのも経済的、アイデンティティ的な争点を強く帯びているからである。こうして、この品種と文化遺産的産品（マンステールもしくはバルカス）、オート=ショームのような地理的区域とを結合させる、あらゆる形態の高付加価値化は多くの緊張の源泉である。最終的にヴォージュ品種組合は同品種の生乳を活用する独自のチーズを創出した[26]。バルカスを定義するための集合的行動もまた困難である。というのも、技術もチーズの形状や大きさもきわめて多様だからである。オート・ロワール県において経営を結集させるための潜在力を示しているダニ熟成チーズとは逆に、バルカスの生産者たちはそれほど競争による脅威に曝されておらず、地産地消に基づいたその農業モデルにおいて堅調なのである。

ダニ熟成チーズやバルカスの歴史を想起することは、とりわけ、「副産物coproduits」ないし「過少産物sousproduits」の歴史を辿ることである。その長きにわたる衰退期間において、地方的な消費実践（食習慣や市場での、もしくは旅行での購買実践）が、こうしたフェルミエ産品の存続を可能とした。ダニ熟成チーズは主として地域の忠実なクライアントにより需要され、消費された。この産品へのこうした愛着によってこそ、小さなフェルミエ産品を維持することができたのである。バルカスの場合、このチーズは地産地消、とりわけ地域のツーリズムにより活性化された地産地消のおかげで維持することができた。こうして、このような分析を通じて、たんにもっぱら生鮮で地方的な品質の産品の販路としてだけでなく、歴史的産品として、地産地消が登場するのである。こうした歴史的産品は長い流通様式には統合されにくい。こうした分析はまた、クリームやチーズ専門店＝熟成企業といったアクターの存在や、歴史あるテロワール産品の維持における彼らの役割が重要であることを示している。

注

1 Grandes et Moyennes Surfacesの略。
2 バルカスはバロン・デ・ヴォージュ州自然公園PNRにとっての研究対象となっており、ダニ熟成チーズはPiellre Le Gallの博士論文の事例をなしている。すなわちLa gouvernance territorial des productions fromagères du Massif Cenrarl de 1955 à nos jours, Thèse de Doctorat en gèographie, sous la direction de Clare Delfosse et de Pierre Cornu, Laboratoire d'Etudes Rrales.
3 Delfosse（2013）参照。
4 Lacombe, N., Les coproduits entre marginalization et relance. Le cas des viands de petits ruminants en éleuage méditerrainéen, thèse doctorat de géographies, Université de Corte, 2016.
5 Delfosse（1994）参照。
6 チーズ業種委員会委員会の私的文書；Roche, L., Archer, E., L'Agriculture de Le Puy-deDome, Publication de la DSA 63, 1945.
7 AD 63, 520 W 8-15, 1969.
8 Delfosse（2007）参照。
9 Marthelot（1949）参照。
10 Delfosse（2013）参照。
11 夏季放牧でのチーズ製造場所を指し示すための地方的名称で、サヴォワの高地放牧alpagesのチーズ小屋chaletsやオーヴェルニュのチーズ小屋buronsと同義。
12 Savouret（1985）およびDietrich（1987）、Simon（2001）を参照。
13 Delfosse（2010）参照。
14 G. Savouretは1983年に実施された訓練研修を報告している。というのも「（チーズは）酪農生産の盛んな時期に、つまり夏によりよい貯蔵の利点を提供する」からである（Savouret, 1985）。
15 この呼称はマンステール渓谷の別の呼び名、ヴァル=サン=グレゴワールVal-Saint-Gregoireに由来している。
16 Ecole Nationale de industrie Laifiéreの略。
17 1978年に、マンステール・チーズ業種間組合SIFMが設立された。この組合は管理委員会を通じて、フェルミエもしくは酪農会社のマンステールの品質を監視しようとする。組合の設立以降、またオー・ラン県農業会議所の支援により、フェルミエ生産者のCETAが1981年に同県に設立された。品質を改善し、製造技術を共有し、技術支援を確保することで、メンバーたちは管理委員会の要請に合致した製品の製造を目的としていた（Delfosse, 2010）。
18 サン=グレゴワールの設立に参加した農業者からの聞き取り（2014）。
19 筆者聞き取り。
20 オート・ロワール県農業会議所による。
21 ブランドArtisous de Margerideでのチーズ生産は2016年で、12～13tを超えていない（筆者聞き取り）。
22 これは例えばイゼール県とドローム県のサン=フェリシアンSaint-Félicienチーズの場合とアルデシュ県のサン=フレシアン、カイエ・ドゥーcaille douxの場合である。Bosneagu（2017）参照。
23 ブリウード地区だけがAOCブルー・ドーヴェルニュ生産地帯に入っている（出典:INAO）。
24 このマンステール・フェルミエ（その多くがオー・ラン県で生産されている）の生産場所を比較するだけで十分である。AOPマンステール生産地帯はヴォージュ県全体と、オート・サオーヌ県の一部、モーゼル県、ムルトゥ・エ・モーゼル県、さらにバー・ラン県、これらの県の一部にまで広がっているのである（出典:INAO）。

25 Della-Vedova（2016）参照。

26 2015年にcoeur de massif（山塊の中心部）というチーズが発表された。このチーズの商標が申請され、そこでは牛のヴォージュ品種が条件の1つをなしている。

参考文献

Bosneagu A., Le saint-félicien, un fromage rhônealpin, mémoire de Master 1 études rurales, Université Lyon 2, 2017.

Chambre d'Agriculture de la Haute-Loire, 100 ans d'agriculture en Haute-Loire : 1900-2000 évolution ou révolution, Le Puy, Impr. Jeanne d'Arc, 2000.

Delfosse C., Le Gall P., Etude ethnographique et historique du fromage bargkass, Laboratoire d'Etudes Rurales, Université de Lyon 2, 2015.

Delfosse C., Le métier de crémier-fromager de 1850 à nos jours, Boulogne, Éditions de la mer du Nord, 2014.

Delfosse C., « Produits de terroir et territoires. Des riches heures du développement rural à la gouvernance métropolitaine », Sud-Ouest européen. Revue géographique des Pyrénées et du Sud-Ouest（35）, 2013, p. 17-29.

Delfosse C., Ancrage historique et spatial du Munster Géromé, Rapport SIFM, Laboratoire d'Etudes Rurales Université Lyon 2, 2010.

Delfosse C., La France fromagère（1850-1990）, Paris, France, la Boutique de l'histoire, 2007.

Delfosse C., Recherche Sur L'antériorité, La notoriété et Le caractère traditionnel du Fromage de chèvre du Charolais, Paris, SEGESA, 1994

Della-Vedova G., Les acteurs du développement rural en Isère : canton de Villard-de-Lans 19e-21e siècles, 2016, Laboratoire d'Etudes Rurales, Université Lyon 2, thèse sous la direction de Jean-Luc Mayaud.

Dietrich G., « Le Munster, Paysages et systèmes d'élevage », dans Pierre Brunet, Histoire et Géographie des fromages, Caen, Presses Universitaires de Caen, p. 67-77, 1987

Lacombe N., Les coproduits issus de systèmes productifs: entre marginalisation et relances, INRA Corte, 2015, thèse sous la direction de Claire Delfosse.

Marthelot P. « L'exploitation des chaumes vosgiennes : état actuel », dans Bulletin de l'Association de géographes français, n° 202 203, 26e année, Mai-juin 1949, p. 77-83.

Roche, L., E. Archer, L'Agriculture de Le Puy-de-Dôme, Publication de la DSA 63, 1945.

Savouret G., La vie pastorale dans les Hautes-Vosges, Ed. Serpenoise – Presse Universitaire de Nancy, 1985.

Simon A., « Agriculture et Tourisme: Deux Activités Complémentaires Pour Un Développement Original Des Hauts Pâturages de La Montagne Vosgienne », Ingénieries-EAT（27）, 2001.

公文書:

- AD 15, 1191 W 130 Fermes pilotes（1953-1962）
- AD 43, 129W10 Foyers de progrès agricole à Saugues, Brioude, Craponne, Le Monastier, Yssingeaux, création, fonctionnement : courriers, notes, arrêtés.（1957-1964）
- AD 63, 520 W 8-15

乳業やフェルミエ生産者、クリームおよびチーズ小売商（現役および引退者）、地域振興担当者からの聞き取り。

あとがき

編者の一人である森崎は、日本の和菓子を研究する過程で、老舗和菓子店のご主人や和菓子職人さんから日本の伝統的な食文化を伝える困難と悦びを教えていただいた。またこうした和菓子を支える農業生産者の方々を北海道帯広市や群馬県昭和村、岐阜県中津川市、兵庫県丹波市、岡山県真庭市等各地に訪問し、さらに農業者を支える農業普及員や市役所の担当者の方々からお話を伺ってきた。

日本の食文化と、それを通じた農業生産振興と観光振興などの地域振興をどのように進めるべきか。このような問題意識から国際比較に取りかかることにし、手始めにフランスの栗菓子とその産地のアルデシュ県を調査し、成果として取りまとめた（森崎、須田、2011）。幸い、科学研究費助成事業（学術研究助成基金助成金）の国際共同研究加速基金（国際共同研究強化（A））に採択され、フランスのリヨン第二大学のクレール・デルフォス教授の下で研究することができた。デルフォス教授はフランスの食文化、なかでもチーズを専門とする地理学者であり、そのような経緯からフランスのチーズの研究に手をつけることになった。

幸運であったのは、以前からアルデシュ栗AOPの取材でお世話になっていたアルデシュ山自然公園の副会長であるアランGibert Alainさんとそのパートナー、マリーMarieさんからホームステイ先として、リヨン近郊に住む弟ジャン・ガリスJean GALLICEさんを紹介してもらったことだ。ジャンさんは、イザラリヨン大学の教授でもあり、私の研究をよく理解し、妻のキャティCathyさんと2人で、研究生活を支えてくれた。さらにガリス家は、サヴォワ県のヴァロワール村の出身で、先祖の家をセカンドハウスとして利用していたことから、ボーフォールチーズのアルパージュについて、滞在しながら頻繁に現地調査を行うことができた。こうしてアルデシュとの縁が切れることなくチーズの研究が行えることになったのである。とりわけ、アルデシュ栗業委員会（CICA）のセバスチャン・デブリュSébastien Debellue氏には栗まつりでもお世話になった。

リヨンから足を伸ばして、本書のレポートに登場していただいた生産者の方々を訪問するなかで、アボンダンスの山口さんのお話には特に惹かれた。私にとって酪農経済や乳製品加工については一からの出発であり、準備不足で時期尚早であることは理解しつつ、山口さんのお話からは、伝統的な食文化と、それを通じた農業生産振興に深い示唆をいただけた。早くこのことをお伝えしたい一心で原稿を書き進めた。本書に誤りがあったとすればそれは未熟な私の責任である。前もってお詫び申し上げます。

研究滞在生活が終わりに近づき、コロナ禍から徐々に社会経済活動が再開されようとした矢先に、ウクライナで戦争が始まってしまった。どうやら人類はあまり進歩していないようだ。フランスでは下院選挙で急進左派を中心に環境政党や社会党、共産党が躍進した一方、日本では代表制民主主義がきちんと機能してきたのかな、と、あきれかえるしかないような事態が連日、ニュースに取り上げられている。為政者が声高に言うのとは別の意味で「民主主義の危機」なのだろう。「普遍的価値」とやらを振りかざすのではなく、人々が安心して暮らし、バランスの取れた食事を取り、健康な生活を送れるような仕組みを食文化と農業を軸にして、どのように地域レベルで構想することができるだろうか。ヘンリー・ソローがしたように、まさに畑や森から民主主義を構想し直すのである（Zask, 2016）。

本書で取り上げた事例は、そのままの形では日本には取り入れられないかもしれない。サヴォワのボーフォールなど、冬のリゾートがあるからこそ、スキー場での兼業などに依拠することで生産を維持してきた側面もあろう。それでもこの数年間で、金メッキがはげた薄暗い闇の中で、なおぼんやりと見えるようになったこともあるのではないか。それぞれの地域が持っている、それぞれの資源を用いて、もしくは資源をみんなで作り上げることで、まっとうな暮らしを立ち上げることである。本書のアルプス北部のような観光資源には恵まれていなくとも、水や土には恵まれている（台風の季節には甚大な被害をもたらすこともあるけれど）。土壌学者の藤井一至氏によれば、「日本は農業大国になれるほどの肥沃な土を持っている」（藤井、2018, p.212）そうではないか。家畜飼料や肥料の輸入に過度に依存することがどれほどリスクが大きいか思い知らされたことであろう。本書が日本各地での山地酪農やチーズ工房の発展に資することがあれば、編者の一人として望外の喜びである。

本書をとりまとめるに当たり、以下の方々をはじめ、多くの人のご協力を得た。チーズの学びの機会を与えてくれたリヨン第二大学農村研究部LERのクレール・デルフォスClaire Delfosse教授（部長）に感謝申し上げる。同研究部のピエール・ル・ガルPierre Le Gallさん、ナタリーNathalie BRUNARDさん、そして研究室の博士課程の皆さんに感謝申し上げる。農業畜産大学のフリップ・ジャンノーPhilippe JEANNEAUX教授には、丹波栗（とアルデシュ栗の比較）のセミナーの機会をいただき、貴重な経験をさせていただいた。心から感謝している。

インタビューに快く応じてくださった、ヴァロワールFerme du Petit BorgéのクララClara MARTYさんとジュリアンJulien DURAND-TALLOUTさん、ミロニエルのモニック・ペリュスMonique PERRUSSETさん、アボンダンス組合のジョエル・ヴァンドレJoël VINDRETさん、ボーフォール組合のマキシム・マテランMaxime MATHELINさん、生産者の皆さん、そして、アボンダンス、Les Noisetiersの山口潮久さんには、酪農の素人が今回の原稿に至るまでの過程を温かく見守り、かつ組合へのご紹介をはじめ、原稿にも適切なアドバイスを賜り、たいへんにお世話になった。心から感謝を申し上げる。また在リヨン領事館の副領事都築和仁氏、広報・文化担当の西川由里子氏に山口さんをご紹介いただき感謝申し上げる。

そして、ジャンさんとキャティさん夫婦には筆舌に尽くしがたいほどにお世話になった。日本人は働き過ぎというイメージもあったためか、常に私を家族や友人との交流に誘ってくれた。またマルシェでの買い物の方法から家庭料理、年中行事の食文化についても多くのことを教えてくれた。こうして出会った方々との交流も様々な学びを授けてくれ、また人間関係の豊かさをもたらしてくれた。環境問題に敏感で、ガーデニングにも熱心なキャティさんの暮らし方は私の将来のお手本になりそうである。彼らの孫、エレアÉléaとトムTomは、本書にも多く登場してもらった。ヴァロワールでともに長く過ごし、チーズ工房や放牧の取材にも付き添ってくれた。彼らの年齢で、すでにチーズの種類に詳しく、好みがはっきりしていることにフランスのチーズ文化の深みを感じた。彼らが日本語や日本文化に関心をもってくれたことにも感謝している。また彼らの写真の使用を快諾してくれたご両親メロディーMélodyさんとセドリックCédric Calcagniさん夫妻に感謝している。筆者も彼らの家庭料理をご馳走になったりとたいへんお世話になった。

　このような経験ができたのもこれまでの大阪市立大学名誉教授佐々木雅幸先生、大阪公立大学商学部公共経営学科立見淳哉教授のご指導のおかげである、あらためて感謝申し上げる。また、前著に引き続き本書の刊行をお引き受けくださった水曜社代表取締役社長仙道弘生氏、同社編集部松村理美氏、営業担当佐藤政実氏に、深くお礼を申し上げたい。最後になったが、コロナ過での渡航を心配しながらも応援してくれた実家の家族に、そして、フランスの滞在を日本から支援しつづけてくれた夫に心から感謝を伝えたい。

参考文献

藤井一至（2018）『土：地球最後のナゾ』光文社
森崎美穂子、須田文明（2022）「フランスにおける文化遺産ー栗の伝統文化に見る地域振興と文化政策ー」『文化政策研究』15号、pp.89-101
Zask, J.（2016）*La Démocratie aux Champs*, La Découverte

本研究は科研費助成事業国際共同研究強化（A）、19kk0301の成果である。

【索引】

編著者

森崎 美穂子（もりさき・みほこ）【第1章、第2章、レポート（翻訳：第3章、第4章、第5章）】
帝京大学外国語学部国際日本学科准教授。日仏比較食文化の研究に従事。
主要著作に『和菓子：伝統と創造』（水曜社,2018）、「和菓子と地域農業：白小豆を巡る取引形態」（佐々木雅幸編著『創造社会の都市と農村』水曜社）他。

Philippe Jeanneaux フィリップ・ジャンノー【第3章】
クレルモン=フェラン獣医畜産大学 VetAgro Sup 教授。農村地域の持続可能なダイナミックな振興について研究。コーネル大学トーマス・ライソン・センター客員研究員。
主要著作にAgriculture en mouvement（『変容しつつある農業』avec M. Capitaine, Educagri, 2016. Repenser l'économie rurale（『農業経済再考』）coordination éditoriale avec P. Perrier-Cornet, QUAE, 2014. Strengthening sustainable food systems through geographical indications: An analysis of economic impacts（『地理的表示を通じた持続可能なフードシステムの強化：経済効果の分析』）FAO & EBRD, 2018.

Claire Delfosse クレール・デルフォス【第4章、第5章】
リヨン第二大学 Université Lumière Lyon2 教授、農村研究部LER部長。農村地理学、とりわけチーズの研究に従事。
主要著作にLe métier de Crémier-Fromager: De 1850 à nos jours（『クレミエ=フロマジェの仕事：1850年から今日まで』）Editions Mer du Nord, 2014. La France fromagère 1850-1990（『チーズのフランス』）Boutique de l'histoire, 2007. Histoires de bries（『ブリー・チーズの歴史』）Illustria Librairie des Musées, 2008. 編著にLa Mode du terroir et les produits alimentaires（『テロワールの隆盛と食品』）Indes savantes, 2011.

Pierre Le Gall ピエール・ル・ガル【第5章】
イザラリヨン ISARA Lyon 農業大学講師。
博士論文「Gouverner la qualité des productions fromagères en Auvergne. Approche systémique des Appellations d'Origine, de l'après-guerre à nos jours」（オーヴェルニュのチーズ生産の品質統治）

須田 文明（すだ・ふみあき）【第1章、第2章（翻訳：第3章、第4章、第5章）】
農林水産省農林水産政策研究所主任研究官。フランスの農業・農村研究に従事。
主要訳書に、P．ブルデュー『結婚戦略』（藤原書店）他。共訳書にボルタンスキー・シヤペロ『資本主義の新たな精神』（ナカニシヤ出版）他。共著に「テロワール産品を通じたルーラル・ジェントリフィケーション」（木村純子・陣内秀信編著『イタリアのテリトーリオ戦略：甦る都市と農村の交流』白桃書房）他。

フランスチーズのテロワール戦略
—風土に根づく新たな価値創出

発行日　2023年3月31日　初版第一刷

編著者　森崎 美穂子、フィリップ・ジャンノー、
クレール・デルフォス、ピエール・ル・ガル、
須田 文明
発行者　仙道 弘生
発行所　株式会社 水曜社
〒160-0022 東京都新宿区新宿1-26-6
TEL 03-3351-8768　FAX 03-5362-7279
URL http://suiyosha.hondana.jp/
装幀・DTP　中村 道高（tetome）
印刷　日本ハイコム株式会社

ISBN978-4-88065-543-7 C0036